国际科技合作政策与管理丛书

科技应对气候变化南南合作研究

South-South Cooperation to Address Climate Change Through Science and Technology

科技应对气候变化南南合作课题组
中国科学技术交流中心
北京理工大学科技评价与创新管理研究中心 著

科学出版社
北 京

图书在版编目(CIP)数据

科技应对气候变化南南合作研究 / 科技应对气候变化南南合作课题组，中国科学技术交流中心，北京理工大学科技评价与创新管理研究中心编著. —北京：科学出版社，2016.10

（国际科技合作政策与管理丛书）

ISBN 978-7-03-050344-2

Ⅰ.①科… Ⅱ.①科… ②中… ③北… Ⅲ.①气候变化-国际科技合作-编 Ⅳ.①P467

中国版本图书馆 CIP 数据核字（2016）第 257533 号

责任编辑：邹 聪 李丽娇 / 责任校对：张怡君
责任印制：徐晓晨 / 封面设计：无极书装
编辑部电话：010-64035853
E-mail:houjunlin@mail.sciencep.com

科学出版社 出版
北京东黄城根北街 16 号
邮政编码：100717
http://www.sciencep.com

北京凌奇印刷有限责任公司 印刷
科学出版社发行 各地新华书店经销
*
2016 年 10 月第 一 版　开本：720×1000 1/16
2019 年 1 月第三次印刷　印张：15 3/4
字数：280 000
定价：78.00 元
（如有印装质量问题，我社负责调换）

编委会

主　　编：孙　洪

副 主 编：陈　雄　辛秉清　陈纪瑛

编委会成员：（以姓氏拼音为序）

　　　　　　陈　爽　冯霞辉　呼万丽

　　　　　　胡菲宁　江舒桦　李凤亭

　　　　　　李　捷　李　昕　刘　云

　　　　　　马成祥　马志云　吴冬秀

　　　　　　许佳军　颜晓虹　杨　冰

FOREWORD
前　　言

  当前，气候变化已成为全球关注的焦点和共同面对的问题。发展中国家因为贫困、落后，更容易受到气候变化的不利影响，迫切需要资金和技术应对气候变化。《联合国气候变化框架公约》指出：在"共同但有区别的责任"原则下，发达国家应提供资金和技术，帮助发展中国家应对气候变化，但发达国家对此表现出两种不同的态度。一方面，发达国家基于政治和经济利益考虑，不断加强对伙伴发展中国家的气候变化科技合作，支持气候变化科技援外，在发展中国家布局布点，维护自身的主导地位。另一方面，发达国家在气候变化国际谈判中转移矛盾，将矛头对准中国等发展中大国，强调发展中大国的现实和未来责任，要求中国、印度等发展中大国同时做出减排承诺，并利用在国际气候援助资金分配上的发言权对发展中国家"分而治之"。在发达国家的影响下，发展中国家内部阵营分化，也出现了不和谐的声音，小岛国和最不发达国家作为气候变化最大的受害者，希望中国等发展中国家承担减排义务，以此来推动全球变暖问题的解决，作为发展中国家的中国承受了很大的压力。

  气候变化南南科技合作是团结发展中国家，应对谈判压力，实现互利共赢的重要手段。我国非常重视与发展中国家开展气候变化领域的科技合作，21世纪以来，随着经济、科技水平的提升和"一带一路"战略的实施，我国在气候变化领域开展了大量的南南科技合作，为提升发展中国家应对气候变化能力、服务政治外交、促进我国气候变化技术走出去发挥了重要作用。据《中国对外援助白皮书》和《中国应对气候变化的政策与行动》，气候变化已成为我国对外技术援助的重要领域，2014～2015年，我国在清洁能源开发、农业、防灾减灾、卫星气象监测等领域实施了100多个气候变化技术合作项目，涉及100个发展中国家，举办了130多期发展中国家应对气候变化培训班，培训了近3500名应对气候变化领域的官员、学者和技术人员，向10多个发展中国家援赠清洁能源和节能产品，显著增加了我国的国际影响力，并在气候变化谈判中取得了广大发展中国家的支持。

长期以来，政府和学术界主要关注我国与发达国家气候变化科技合作，对于气候变化南南科技合作缺乏深入系统的研究。例如，对发展中国家技术需求研究停留在宏观层面，对气候变化国际科技援助缺乏系统分析，对我国气候变化南南科技合作管理体系和技术储备没有深入分析等。在国家重点基础研究发展计划（课题编号2010CB955804）、国家科技支撑计划（课题编号2012BAC20B09）的支持下，中国科学技术交流中心成立了课题组，开展气候变化南南科技研究工作，对发展中国家需求、气候变化国际科技援助特点、我国气候变化南南科技合作管理和技术体系、气候变化南南科技合作绩效评估方法等进行了研究分析，总结了我国气候变化南南科技合作的相关经验、合作模式、影响因素、存在的问题等，为气候变化南南科技合作更好地实施提供了政策建议。

课题组根据研究成果编写了《科技应对气候变化南南合作研究》，共分七章。第一章为绪论；第二章分析了不同发展中国家气候变化优先技术需求和技术转移障碍；第三章分析了美欧等发达国家、国际组织气候变化科技援助策略和特点；第四章分析了我国气候变化南南科技合作政策管理体系，确定了我国可供输出气候变化的重点技术；第五章进行了我国气候变化南南科技合作绩效评估研究；第六章利用文献计量分析了我国南南科技合作产出和特征；第七章分析了我国气候变化南南科技合作的影响因素、问题和政策建议。

由于气候变化南南科技合作涉及面广，加之时间仓促，本书在编写工作中难免存在疏漏，欢迎各位读者对本书的不足之处给予批评指正，我们力求完善。

编 者

2016年4月

CONTENTS

目 录

前言
第一章 绪论 ………………………………………………………… 1
   第一节 气候变化南南科技合作发展形势概述 ……………… 2
   第二节 气候变化科技援助与南南科技合作研究 …………… 5
   第三节 我国气候变化南南科技合作的优势与意义 ………… 12

第二章 发展中国家应对气候变化技术需求与转移障碍研究 …… 15
   第一节 气候变化对发展中国家的影响 ……………………… 16
   第二节 联合国发展中国家气候变化需求评估 ……………… 17
   第三节 发展中国家气候变化重点领域技术需求 …………… 20
   第四节 典型国家气候变化技术需求分析 …………………… 25
   第五节 发展中国家技术需求特点分析 ……………………… 42
   第六节 发展中国家气候变化技术转移障碍 ………………… 44
   第七节 本章小结 ……………………………………………… 49

第三章 气候变化国际科技援助研究 ……………………………… 51
   第一节 气候变化框架公约下发展中国家技术转移机制 …… 52
   第二节 发达国家气候变化科技援助策略 …………………… 56
   第三节 国际组织气候变化科技援助策略 …………………… 60
   第四节 本章小结 ……………………………………………… 63

第四章　我国气候变化南南科技合作研究 65
第一节　我国气候变化南南科技合作政策管理体系分析 66
第二节　我国气候变化先进适用技术分析 84
第三节　我国气候变化南南科技合作机制、途径与模式分析 89
第四节　本章小结 100

第五章　气候变化南南科技合作绩效评估研究 103
第一节　绩效评估理论方法 104
第二节　气候变化南南科技合作相关专项整体绩效评价体系 117
第三节　基于知识生产函数理论的合作研究项目绩效评价分析模型 126
第四节　本章小结 136

第六章　基于文献计量的我国南南科技合作产出和特征分析 137
第一节　分析模型 138
第二节　我国南南科技合作产出论文、合作模式与特点分析 140
第三节　我国南南科技合著论文的资助特点分析 161
第四节　南南科技合著论文中我国地位分析 164
第五节　气候变化重点领域国际合作网络分析 168
第六节　本章小结 184

第七章　我国气候变化南南科技合作影响因素、问题和政策建议 187
第一节　气候变化南南科技合作影响因素分析 188
第二节　气候变化南南科技合作存在的主要问题 196
第三节　政策建议 199
第四节　本章小结 201

参考文献 209

附录 221

致谢 243

第一章 绪论

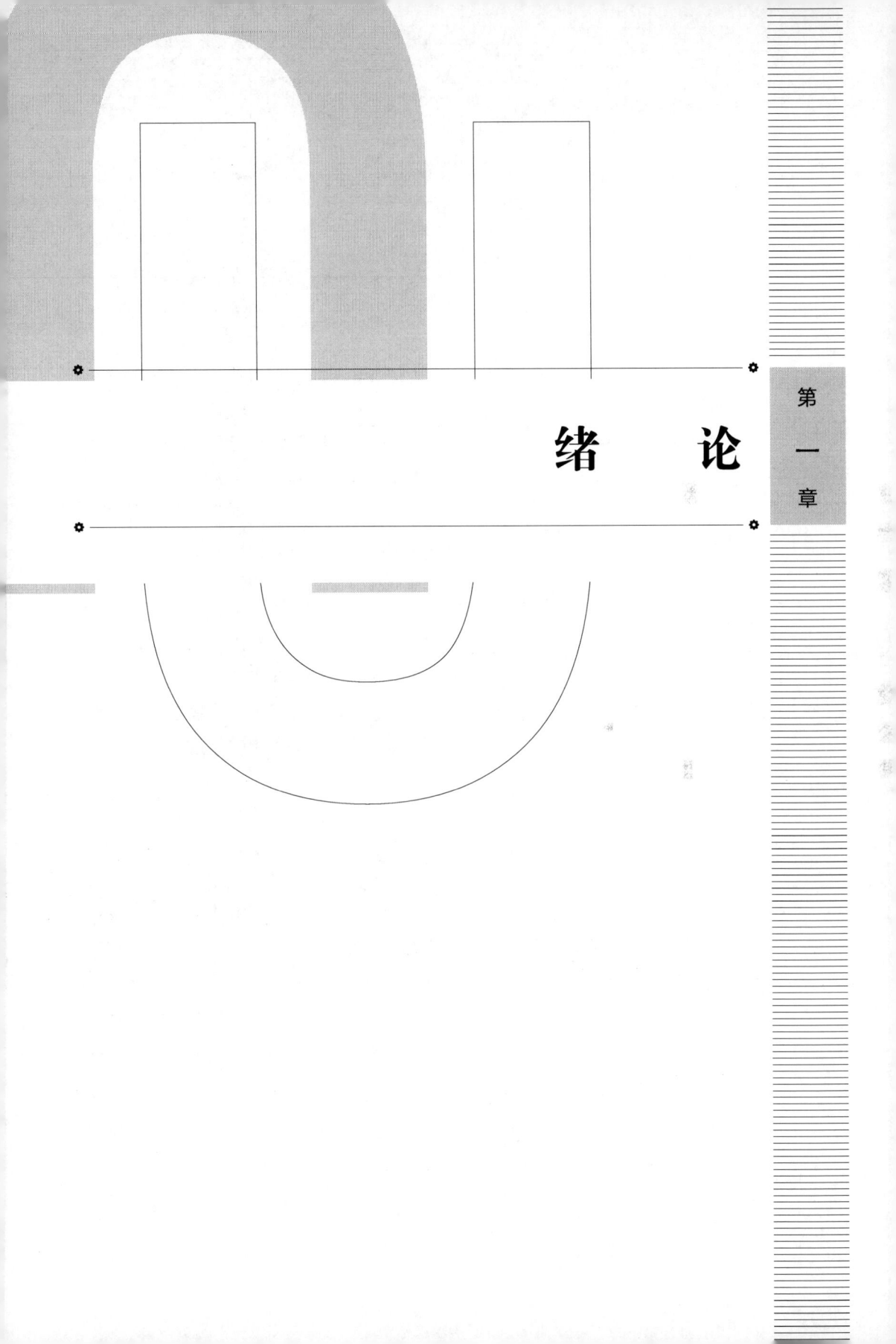

第一节 气候变化南南科技合作发展形势概述

南南合作是发展中国家自己发起、组织和管理的,在双边、多边、地区和地区间等多个层次为促进共同的发展目标而开展的合作[1-4]。南南合作始于20世纪五六十年代。1964年第一届联合国贸易发展会议上,77个发展中国家和地区结成了77国集团。但由于发展中国家整体发展水平落后,长期以来南南合作影响力有限,并没有实质性的发展[5,6]。进入21世纪,随着发展中国家整体实力的提升,特别是中国、印度等发展中大国的崛起,南南合作的程度不断加深、广度不断扩大。在区域合作方面,上海合作组织、"基础四国"(中国、印度、巴西、南非)、拉美太平洋联盟等区域合作组织相继成立,原本的77国成员国在2013年时达到134个[7]。在南南贸易方面,2012年南南贸易额已占世界商品出口额的1/4[8]。在影响力方面,气候变化谈判等国际性场合中发展中国家的地位和话语权明显提升,立场受到重视。在发展态势方面,区域经济一体化成为南南合作的重要推动力,发展中大国在南南合作中的作用明显增强,扮演着"领头羊"的角色。

在气候变化领域,南南科技合作正在发挥越来越重要的作用。发展中国家普遍缺乏应对气候变化所需的资金和技术,自身应对气候变化能力不足。在发达国家履行公约提供气候援助的意愿低迷、力度有限的同时,气候变化的不利影响使发展中国家寻求气候技术援助的要求更为迫切。在这种情况下,发展中国家对气候技术援助的需求开始扩散至新兴大国,发展中国家之间互助式气候援助的重要性日益凸显。气候变化南南科技合作是包容式、开放式的合作,它以气候治理技术转移、清洁能源开发、经济发展模式借鉴、发展援助资金合理配置为主要实践内容[9],目前具有如下的发展态势。

(一)南南科技合作已成为发展中国家应对气候变化的重要手段

科技是发展中国家应对气候变化的重要手段[10]。发展中国家因缺少先进的、有利于减缓温室气体排放的技术[11],其经济发展和基础设施建设具有明显的高排放特征[12]。同时,由于缺乏先进有效的适应技术,发展中国家更易受到气候变化的不利影响[10,13]。部分发达国家淡化历史责任，向发展中国家提供资金、转让技术的政治意愿不足[14]。由于发展中国家在资源环境禀赋、经济水平、人口素质和发展阶段上拥有相似之处，同时都致力于消除贫困、改善环境、应对气候变化、实现可持续发展，发展中国家之间正在通过南南科技合作，互通有无，共享经验，提高应对气候变化的能力，开展"气候自救"，气候变化南南科技合作日益深化。2009年，基础四国气候变化磋商机制形成，在政府间框架协议下，四国已在气候变化技术领域开展了大量成效显著的合作。同时，东南亚国家联盟（简称东盟）、小岛屿国家联盟、上海合作组织、非洲联盟（简称非盟）等高度重视气候变化领域的合作，科技交流与合作日益深化，经贸往来日益频繁。南南科技合作已成为发展中国家应对气候变化的重要手段。

（二）气候变化南南投资和技术贸易不断扩大

全球南南环境贸易的增长迅猛，据估计，到2020年南南环境贸易额将达到1.9万亿美元[15]。可再生能源技术贸易在南南绿色贸易中的比重很高，可再生能源技术南南贸易的增长速度高于其在全球贸易的增速。而且许多低收入国家为绿色贸易市场的扩张做出了重要贡献，2013年发展中国家新增风能装机容量20.7吉瓦，比2012年增加14.6%，占全球风电新增装机容量的58%[16]。埃塞俄比亚、肯尼亚、南非等发展中国家宣布了商业化风电建设的长期规划，中国、印度、孟加拉国、印度尼西亚（简称印尼）、尼日利亚、越南、阿联酋已经成为太阳能光伏组件的重要市场。在主要新兴经济体的引领下，可再生能源领域的投资大幅增长。2010年，可再生能源投资额从2009年的1600亿美元上升至2100亿美元，其投资增长主要源于非经合组织国家，尤其是巴西、中国、印度三大新兴经济体[17]。

（三）发展中大国对于气候变化南南科技合作的投入不断加大

随着经济科技水平的提升，一些发展中大国也通过南南合作的方式自愿向发展中国家提供气候变化资金和技术支持。中国宣布成立200亿元人民币的气候变化南南合作基金，用于发展中国家应对气候变化。印度把"在增强发展中国家科技实力方面起领导作用"作为南南科技合作的原则，设立面向发展中国家的奖学金吸纳优秀青年进入科研领域，与东盟、南亚等国家创建框架/基金。泰国自2003年起由受援国转变为捐赠国，启动了南南合作计划（The Thai International Cooperation Program，TICP）、同发展中国家技术经济合作计划（Technical Cooperation among Developing Countries，TCDC）、第三国培训计划

（Third Country Training Program，TCTP）等，在泰国的特长领域开展培训、派遣专家和开发项目，领域涉及农业、卫生健康等，年度经费已达1亿美元。在南非协调倡议下，非盟和非洲发展新伙伴计划制定了非洲科技联合行动计划，拿出5亿美元支持非洲国家开展合作研究，南部非洲共同体设立了气候变化工作组和科技创新战略工作组，协调南南科技合作事务。

（四）发达国家重视对伙伴发展中国家开展气候变化技术援助

主要发达国家基于自身政治、经济利益，重视对伙伴发展中国家开展气候变化技术援助。美国、德国和日本是发达国家中提供气候援助最多的三个国家，2010~2012年三国共提供了约380亿美元的气候援助[18]。美国国际开发署发布了《气候变化与发展的战略（2012—2016）》，促进发展中国家向低碳发展转变，增加发展中国家适应气候变化能力。德国一直积极履行《联合国千年宣言》，2003~2012年累计提供了180多亿美元的气候援助[19]。日本推行环境外交，通过向发展中国家推广先进的环保技术，开拓低碳产品市场，提升国际影响力，2003~2012年累计提供了400亿美元的气候援助[18]。发达国家日益重视气候变化技术援外，其意图一是拉拢分化发展中国家，二是加快全球战略布点，抢占和维护其在发展中国家的利益。

（五）国际组织成为南南、南北科技合作应对气候变化的平台

主要国际组织把气候变化与主要业务相结合，在项目设计和实施中，把应对气候变化与千年发展目标、减贫、环境保护和发展中国家能力建设等相结合，坚持长期、持续、稳定的支持。联合国开发计划署（United Nations Development Programme，UNDP）把应对气候变化作为环境和能源领域的重要战略主题，通过实施技术援助项目，增加发展中国家应对气候变化的知识、经验和资源，帮助发展中国家获得、管理气候融资。联合国教科文组织启动了全球气候变化倡议，在北京理工大学设立了"南南科技合作应对气候变化"教席，促进南南科技合作应对气候变化战略规划研究、技术转移机制研究和技术培训等，在巴西帕拉州联邦大学设立了"南南合作促进可持续发展"教席，在马来西亚建立了南南合作国际科技创新中心，促进技术推广和创新，实施有关气候变化减缓和适应的政策框架[20]。联合国环境规划署（United Nations Environment Programme，UNEP）成为联合国气候技术中心与网络（Climate Technology Centre and Network，CTCN）的领导机构，履行气候变化公约技术机制。

（六）发展中国家内部出现分化

在气候变化谈判中，已形成欧盟、伞形集团（美、日、加、澳、新等发达国家）和"77国集团加中国"三大利益集团，三大集团之间的角逐决定了气候变化谈判的基本格局。随着谈判进程的深化，在发展中国家内部也分化形成了多个联盟[21]，巴西、中国、印度、南非组成了基础四国，马尔代夫等受全球变暖威胁最大的几十个小岛屿及低海拔沿海国家组成了小岛屿国家联盟，中非、哥斯达黎加等非洲和南美洲热带雨林国家组成了雨林国家联盟。在2015年巴黎气候变化大会上，美国、欧盟联合79个非洲、加勒比海和太平洋岛屿国家组成"雄心联盟"，力图通过中国、印度等国试图反对的"按标准汇报碳排放情况"措施[22,23]。虽然发展中国家内部阵营出现了利益分化，但发展中国家对于加强内部合作，敦促发达国家提供气候变化资金和技术的整体立场并没有变化。

第二节 气候变化科技援助与南南科技合作研究

一、科技援助与南南科技合作的概念及技术转移理论

国际科技合作是科技全球化时代科技合作的重要形式[24]，科技援助与南南科技合作均属于国际科技合作的理论范畴。科技援助是指技术先进的国家和多边机构向技术落后的国家在智力、技能、咨询、资料、工艺、培训等方面提供资助的各项活动[25]。技术援助的主要形式有培训技术人才、接受留学生、派遣专家和技术人员、提供技术服务、开展示范项目等[26]。从技术援助的角度看，相关援助理论已比较成熟，主要集中在发展经济学、国际关系学、国际政治经济学等方面[25]。发展经济学认为发展中国家落后的主要原因是国内资源不足，需要通过援助、投资等方式引进国外资源，代表理论有哈罗德-多马增长模型、两缺口模型等[27]；国际关系理论中关于援助的研究集中在现实主义、理想主义和建构主义三个理论流派[28]；国际政治经济学将国际政治与世界经济相结合，对于援助的研究集中在现实主义、自由主义和结构主义[29]。

南南科技合作是国际科技合作的一种重要形式，是发展中国家自己发起、组织和管理的，在双边、多边、地区间等为促进共同发展目标而开展的科技合作[1-4]。南南科技合作以技术援助为主，是技术和知识从高位势发展中国家向低位势发展中国家转移的过程。随着发展中国家水平的提升，发展水平相当的国家对等科技合作占南南科技合作的比例逐步提升。因此，可以把南南科技合作认为是多个发展中国家或地区的科研人员或组织为了共同的研究目标，共享科技资源，实现科学或技术上的优势互补或强强联合，共同参与解决技术问题或创造新的科学知识的活动。南南科技合作的方式包括技术示范、技术培训、合作研究、人员交流、技术咨询、对外直接投资等。南南科技合作的理论主要涉及援助理论和技术转移理论。

从本质上讲，南南科技合作与科技援助属于技术转移范畴。技术转移最初用于解决南北问题，现已延伸到南南合作及国家内部的技术合作[30]。第一届联合国贸易发展会议把国家间的技术输入与输出统称为技术转移。《联合国技术转移行动守则草案》认为技术转移就是指转移制造某种产品、应用某项工艺或提供某种服务的系统知识，但不包括只涉及货物出售或只涉及出租的交易[31]。范保群等[32]将技术转移归纳为知识诀窍的转移和分配说、技术知识应用说等八种观点。

技术转移渠道分为市场和非市场渠道，技术援助属于非市场渠道。国际技术转移的主要途径包括知识和信息传播、人员交流与流动、版权或技术许可证转让、设备和软件购置、合作研发与生产、创办新企业等。蔡声霞和高红梅[33]将技术转移模式分为技术进出口、许可证、外商直接投资、企业联盟、分包、反向工程、技术援助、技术交流等。郭燕青[34]把技术转移的途径归纳为专项贸易、合作生产、技术服务和许可证贸易、交钥匙工程和直接投资。段媛媛等[35]从技术供方角度将技术转移模式进行分类，分为"企业–企业"模式、"高校院所–企业"模式、"政府–企业"模式。技术转移的阶段包括选择、引进、吸收和扩散。

技术转移之所以能实现，主要是经济技术发展不平衡，使不同国家、地区、部门之间存在技术势差，这种势差在发展中国家之间也存在[36]。Schott[37]认为国家间科技水平的差距是技术转移的重要原因，落后国家应积极主动寻求与发达国家间的合作。刘云[38]认为技术转移和国际科技合作的客观需求为大科学时代科技问题的复杂性和成本、全球科学资源分布不均及科学领域交叉融合的需要。技术转移成因的主要理论为技术转移选择论、技术转移周期论、技术转移均衡论、技术转移差距与双重差距论等[39-41]。影响因素研究集中在技术供方、技术受方、技术转移的机会、技术选择、转移渠道方式、外汇平衡、投资利益保护等方面[42-46]。

应对气候变化涉及的领域和国家众多，需要依靠广泛深入的国际科技合作，而发展中国家应对气候变化能力不足，更需要技术和资金应对气候变化。研究认为科技合作对于提高发展中国家的应对气候变化能力具有重要作用。Kim Jeong-In 研究认为向非洲进行技术转移是经济有效的援助方式，有助于非洲应对气候变化。Drimie 和 Gillespie[47]研究了气候变化对艾滋病高发地区的影响，认为需要加强对南部非洲的气候变化技术援助。Frame 和 Carpenter[48]认为科技水平落后国家更倾向于国际合作。Forman 等[49]研究认为国际科技合作对于减少气候变化对亚洲畜牧业的风险具有至关重要的作用。Karakosta 等[50]以能源技术为例，认为气候变化技术转移对于发展中国家和发达国家都将产生正面效益。Lybbert 和 Sumner[51]认为需加强农业技术转移，提高发展中国家农业适应气候变化能力。随着气候变化的加剧，发展中国家一方面在继续争取发达国家的资金和技术援助，另一方面发展中国家之间的南南科技合作也在不断深化。

二、发达国家气候变化科技援助与合作相关研究

科技是应对气候变化的关键已成为国际社会的共识。当前，世界各国都纷纷制定应对气候变化的战略，把气候变化国际科技合作作为国家科技战略的重要组成部分，通过发起多边计划实施技术援助，确保本国在气候变化国际事务中的主导地位。气候变化领域国际科技合作已成为当前科技合作的重要内容和热点议题。Price[52]认为经济发展推动了国际科技合作的发展，国际合作有助于分担科研成本。

美国在气候变化国际科技合作中占有举足轻重的地位[53]。美国全球变化研究计划（US Global Change Research Program，USGCRP）和美国气候变化技术计划（US Climate Change Technology Program，USCCTP）构成了美国的气候变化科技计划体系，强调通过国际科技合作，利用全球资源，保证美国在气候变化中的领先地位[54]，主导并发起了由发达国家和发展中国家共同参与的氢经济国际合作伙伴计划、碳封存领导人论坛、气候和清洁空气联盟等多边科技合作计划和机制，引导并加速气候变化科技研发。2013年发布的《总统气候行动计划》强调美国要领导应对全球气候变化的努力[55]。在气候变化技术援助方面，2009年发布的

多,如朱焱、张妹等[68,69]多名学者从外交角度对我国气候外交策略进行了研究。冯存万[9]研究了南南合作框架下的我国气候援助,认为欧美国家技术出口管制为我国气候技术援助赢得空间。余应福[70]认为我国应加大应对气候变化领域的技术援助力度。我国对于气候变化南南科技合作的研究较少,主要集中在合作策略、合作机制和案例研究上。

在气候变化南南科技合作策略研究方面,刘燕华和冯之浚[13]提出在发展中国家内部开始分化的背景下,将气候变化南南科技合作作为援外的新策略,要设立专项资金促进南南气候技术转移,鼓励企业输出气候技术、产品和标准。辛秉清等[71]对发达国家应对气候变化科技援外策略进行了研究,认为发达国家对气候变化科技援外给予了机构、资金、人员等保障,制订了详细的援外规划和差别化的合作策略,提出了对我国的建议。秦海波等[18]对美国、德国、日本的气候援助政策、机制和行动进行了比较研究,并提出了对我国开展南南气候合作的建议。鹿宁宁[72,73]分析了美国、日本、德国三国技术援助举措及对我国的启示,建议系统建立技术援助框架,成立技术援助的全权负责机构,采用绩效导向型管理模式并建立技术援助评估机制,加强对国内外的宣传。温翠苹[74]比较了我国与印度的援非策略,发现印度注重科技援助和人才培训,有利于提升印度在非洲的大国形象,我国侧重于大型工程、基础设施建设,对科技援助不够重视,认为双方在援非方面有分歧,也有利益交汇点。

在气候变化南南科技合作机制研究方面,高钰涵等[75]对南南气候技术转移的资金机制进行了研究,发现联合国基金是面向发展中国家气候技术转移的主要渠道,但面临资金量不足、到位不及时、多边资助比例难协调等问题,建议完善资金机制,鼓励私营资金参与技术转移,公共与私营资金相结合,寻求双边和多边合作。刘云等[76]对气候变化南南技术转移进行了分析,归纳了技术培训、技术示范、联合研究、合作交流平台、企业联盟、成套设备出口6种技术转移途径,提出了政府主导、市场主导和国际组织主导3种实施机制,以及技术转移的主要障碍资金、知识产权和能力建设问题。

在国别研究上,陶静婵[77]、贺双荣[78]、朱慧[79]等分别对南非、巴西、东盟、小岛屿国家联盟等的气候国际科技合作进行了研究。在合作案例研究方面,国内对气候变化南南科技合作的研究集中在周边和非洲国家,与国家的外交重点相契合,且集中在农业、可再生能源等优势领域。

对于周边国家,温珂等[80]对中国-印度、中国-泰国生物技术合作进行了研究，发现我国开展南南科技合作的主动性不足，经费问题是最突出的问题，建议政府设置南南科技合作资助计划，并在相关政策设计上给予扶持。马敏象等[81,82]研究了云南面向东盟技术转移对策，提出了加强政府引导，建立与东盟国家的国际科技合作体系，加强科学技术与对外贸易相结合等建议。黄岚和韦铁[83]分析了中国与东盟国家在技术转移中存在的知识产权瓶颈问题，分别提出了贸易中和投资中的知识产权策略。聂志强和刘婧[84]发现新疆-中亚技术转移的重点领域为农业、工业和地质矿产，主要路径为执行政府间协议、民间合作与交流，后者将成为主渠道。高志昂等[85]研究了我国农业园对孟加拉国技术转移，发现孟加拉国农业园区建设面临水旱灾害、技术束缚、农民参与度不高三大问题，建议我国农业园区技术更新，输出成熟的装备、设施、技术产品。秦德智等[86]对中国-东盟国际技术转移网络服务平台进行了研究，发现技术转移障碍为供需信息不畅、金融服务不完善、跨国技术转移服务人才缺乏和技术转移风险较高。李婷[87]对广西-东盟技术转移进行了研究，认为技术转移服务工作支持力度不足，服务形式单一，供需信息交流不畅，成功率不高，人才综合素质有待提高。

对于非洲国家，付云海和袁国保[88]对中非杂交水稻技术合作进行了分析，建议促进官方沟通、转变当地农业发展观念、推动种业合作开发、强化示范引导、激活产业链。程伟华等[89]研究了中国对非洲智力援助，建议为受援国培养高端人才、提高受援国科研实力、改善民生条件、加强文化交流。周海川[90]分析了援非农业技术示范中心可持续发展面临的问题，为目标定位、资金、土地、沟通、项目监测评价等，建议建立援非签证、种子（苗）等绿色通道和合作交流平台，进一步健全金融保障机制和监督评价。周泉发和黄循精[91]对我国援非农业技术示范中心可持续发展战略进行了分析，发现认识和利用当地自然资源、引入精耕细作种植模式、解决非洲粮食危机、关注小农利益、授人以渔及加强交流等是实现示范中心可持续发展的重要方法。祝自冬[92]研究了中国参与农业多边南南合作的成效和困难，建议做好战略规划，利用多边平台，扩大农业双边合作，完善政策支持措施，加强南南合作能力建设，建立健全技术支持体系与监测评价体系。

国内对于气候变化南南合作研究的相关研究内容有限。苏明山等[93]研究了基础四国加强气候变化科技合作的必要性和可能性，认为四国开展合作研究具有优势互补的双赢特点。陈喜荣[94]分析了中国巴西开展合作研究的前景。吴美蓉和王志民[95]对中巴资源卫星合作进行了分析。陈丽香[96]对中印开展气候变化合作研究进行了分析。郭玉等[97]利用文献计量分析了中印科技合作的现状。

从总体上看，我国气候变化南南科技合作的相关研究比较分散。

第三节　我国气候变化南南科技合作的优势与意义

一、气候变化南南科技合作的优势

我国与发展中国家合作历史较长，开展气候变化南南科技合作，在技术、资金、发展阶段、合作基础等方面具有显著优势。

（1）技术优势。改革开放以来，随着国家对科技的重视和投入，我国科技水平取得了显著进步，科技实力呈现"跟跑""并跑""领跑"三跑并存的态势。在应对气候变化方面，我国已研发推广应用了一批气候变化成熟适用技术，在水资源、农业、卫生、环境保护、减灾防灾、可再生能源等重点领域，形成了较完备的适用技术体系，为支撑我国经济社会可持续发展发挥了重要作用。以可再生能源为例，我国可再生能源装机容量占全球总量的24%，新增装机占全球增量的42%，已成为世界节能和利用新能源、可再生能源第一大国。此外，我国拥有学科门类齐全的科研机构、大学，研发人员总量已位居世界第一。技术、机构和人员上的实力使我国具备"走出去"的手段。

（2）资金优势。2014年，我国国内生产总值（Gross Domestic Product, GDP）达63.61万亿元，处于世界第二。虽然，我国仍然是世界上最大的发展中国家，仍有7000多万的贫困人口，但已经有能力拿出部分财政资金支持气候变化南南科技合作。据统计，2014年我国商务部援外经费已经达到142亿元，拟建立的"气候变化南南合作基金"将达到200亿元。我国倡议设立的亚洲基础设施投资银行于2016年年初正式成立，初始注册资本达1000亿美元。上述资金来源和机制使我国有相对充足的资金开展气候变化南南科技合作。

（3）发展阶段优势。我国是世界上最大的发展中国家，仍然面临着减贫、工业化、城市化等挑战。我国幅员辽阔，既有发达省份，又有落后地区，气候上拥有温带、亚热带、热带等多种气候类型，地理条件上有沿海、内陆和小岛屿地区，自然环境上有干旱、沙化、雨林地区。许多发展中国家所处的自然环境、发展阶段与我国不同地区有很大的相似性。因而我国的气候变化成熟适用技术更具有针对性和适用性，且具有成本优势。Brautigam[98]认为我国是发展中国家，且作为在近期拥有类似发展经历的伙伴，它在发展上取得的成功使其有了很高的可信度。许多发展中国家希望学习借鉴我国的发展模式和应对气候变化措施。因此我国的发展经验也能够为其他发展中国家提供借鉴。

（4）合作基础优势。20世纪50年代，新中国成立后不久，我国在自身财力十分紧张、物资相当匮乏的情况下，就开始对发展中国家提供经济技术援助，累计已向160多个国家提供了援助，与120多个国家结成了稳定的合作关系，取得了显著成效。总体上看，发展中国家政府和民众对我国的援外效果感到满意，希望进一步加强与我国的合作，争取我国的支持。以中非合作为例，我国和非洲之间有着十分稳固的合作基础，中非命运共同体的意识深入人心，中非政府、经济、科技和人文合作历史见证了风雨同舟、患难与共的中非关系。

此外，我国与东南亚、南亚、中亚、蒙古等国家和地区接壤，具有周边合作的地缘优势。

二、气候变化南南科技合作的战略意义

开展气候变化南南科技合作是互利共赢的，不仅有助于提升发展中国家的应对气候变化能力，而且对于我国支撑谈判、实施对外战略、推动企业"走出去"等都具有战略意义。

（1）开展气候变化南南科技合作有助于我国在气候变化国际谈判赢得主动权。自哥本哈根气候变化大会以来，为应对国际社会压力，我国把应对气候变化融入国家经济社会发展中长期规划，坚持减缓和适应气候变化并重，通过法律、行政、技术、市场等多种手段，全力推进应对气候变化工作，在"国家自主贡献"中提出将于2030年左右使二氧化碳排放达到峰值，为减缓气候变化做出了重要贡献，应对来自发达国家的压力。广大发展中国家是气候变化国际谈判的重要阵营，开展气候变化南南科技合作，一方面有助于向发展中国家输出清洁能源、节能技术、节能建筑交通等低碳技术，帮助发展中国家发展经济，减少温室气体排放，减缓全球变暖趋势；另一方面有助于提高发展中国家应对气候变化能力，减少气候变化对发展中国家造成的不利影响，降低因气候变暖、极端天气造成的损失。以上两方面有助于进一步提升我国在国际社会，特别是发展中国家中的形象，在气候变化谈判中争取更多发展中国家的支持，共同抵制发达国家压力，为我国和发展中国家争取更大的发展空间。

（2）开展气候变化南南科技合作有助于推进"一带一路"、周边外交等对外战略的实施。"一带一路"地区经济发展方式粗放，单位GDP能耗、原木消耗、物质消费和二氧化碳排放高出世界平均水平的一半以上，单位GDP钢材消耗、水

泥消耗、有色金属消耗、水耗、臭氧层消耗物质达到或超过世界平均水平的两倍[99]。"一带一路"地区既是人类活动强烈区，又是生态环境脆弱区，不少国家处于干旱、半干旱环境，森林覆盖率低于世界平均水平，人均生态足迹超出生态承载力的80%以上。发展方式粗放、生态环境脆弱已成为该地区可持续发展的瓶颈，但也为开展气候变化科技合作提供了契机和空间。气候变化属于全球性问题，"一带一路"国家、周边国家对气候变化技术有较强的需求，气候变化南南科技合作具有中性且不易引起"新殖民主义""中国威胁论""资源掠夺论""污染当地环境、忽视工人安全"等争议的优点，将气候变化与"一带一路"、周边外交相结合，有助于推进"一带一路"、周边外交等对外战略的实施，促进我国与其他发展中国家双边关系，取得显著的外交效益。

（3）开展气候变化南南科技合作有助于推动我国企业"走出去"。气候变化涉及基础设施、设备、产品、技术、服务等一系列产业链和环节，蕴含丰富的投资机会。《巴黎协议》也强烈促请发达国家实现在2020年前每年向发展中国家提供1000亿美元的承诺。在气候变化、节能环保、防灾减灾等方面，我国企业具有较强的技术实力。在联合国气候变化资金、我国气候变化南南合作基金及亚投行等资金机制支持下，开展气候变化南南科技合作，将有助于带动我国企业走出去，促进气候变化对外直接投资和技术、产品、设备、标准输出，促进气候变化国际产能输出，扩大我国技术产品影响，提升我国软实力。

（4）开展气候变化南南科技合作有助于提升我国气候变化科学研究水平。发展中国家有大量独特的科技资源，例如，世界34个生物多样性热点地区主要集中在发展中国家，优质种质资源多集中在非洲、美洲等地区的发展中国家，南亚、东南亚等地区的国家具有印度洋气象观测的绝佳条件。通过开展气候变化南南科技合作和资源互换，我国科研人员有机会接触利用发展中国家独特的科技资源，掌握第一手研究数据，降低研究成本，提高我国在气候变化领域基础研究的广度和水平。

当前，气候变化给各国尤其是发展中国家造成的不利影响越来越严重[100]。广大发展中国家应对气候变化能力不足，对于气候变化资金和技术有较大的需求。欧洲、美国和日本等发达国家和地区利用自身经济和科技实力向发展中国家提供气候技术援助[101-103]，取得了一定的援助效果，并获得了相应的收益。我国开展南南科技合作已有较长历史，在发展中国家具有一定的影响力。在气候变化背景下，应继续发挥自身优势，加强气候变化南南科技合作，促进气候变化实用技术输出，实现互利共赢[104-106]。

第二章 发展中国家应对气候变化技术需求与转移障碍研究

科技是应对气候变化，实现可持续发展的重要手段[107]。在全球气候变化背景下，发展中国家由于贫困、落后，缺乏资金、技术，应对气候变化能力普遍不足，更易受到气候变化的不利影响，对气候变化技术的需求尤为强烈[100,108]。正因如此，《联合国气候变化框架公约》（United Nations Framework Convention on Climate Change，UNFCCC）将发展中国家气候变化技术转移作为优先和长期事项[109,110]。在 UNFCCC 相关技术转让机制支持下，联合国启动了发展中国家气候变化技术需求评估工作。

我国和其他发展中国家有着相似的挑战和共同的发展愿景[13]。在全球气候变化背景下，我国的气候变化技术和经验可为其他发展中国家提供帮助。加强气候变化南南科技合作，不但有助于促进我国适用技术、产品输出，也有助于缔造双方命运共同体意识，维护发展中国家的整体利益，实现互利共赢。明确发展中国家应对气候变化技术需求是促进南南技术转移的前提。目前，由于语言问题、缺少研究渠道等因素，国内对于发展中国家应对气候变化技术需求缺少深入研究，仅停留在宏观层面，没有具体到国别和技术。本章对 20 个代表性发展中国家的联合国气候变化技术需求评估报告（Technology Needs Assessment，TNA）进行分析，结合问卷调查、专家研讨等方式，确定了发展中国家应对气候变化技术转移的需求、特点及障碍。

第一节　气候变化对发展中国家的影响

政府间气候变化专门委员会《气候变化评估报告》研究表明[100,108]，近几十年来，气候变化已经对自然环境和人类的生存发展产生了巨大影响，如加剧淡水资源短缺，增加洪涝风险，导致农业减产，加速海岸带侵蚀，加剧生态恶化，破坏生态多样性，增加热带病、传染病的风险，影响居民健康。发展中国家由于贫困、落后，缺乏资金、技术，应对气候变化能力不足，更易受到气候变化的不利影响。特别是当气候变化、自然资源压力与快速的城市化、工业化和经济发展所带来的环境问题交织在一起时，会对发展中国家的可持续发展带来冲击，详见表 2.1。

表 2.1 气候变化对自然和人类环境的影响

领域	影响
淡水资源	加剧水资源短缺：某些中纬度地区和热带地区，可用水量会减少；冰川中储水量预计会下降，影响世界 1/6 人口。增加洪涝风险：强降水事件很可能增加，会增加洪涝风险
农业和渔业	导致作物减产：热量资源的改善会延长农作物生育期，但极端事件会造成农业生产的不稳定，增大饥荒风险。影响渔业：持续变暖将使某些鱼类物种的分布和产量发生区域性变化，并对渔业产生不利影响
海岸带系统和低洼地区	海岸带侵蚀，引发灾害：海平面上升，预计数百万以上的人口会遭受洪涝之害，亚洲和非洲的大三角洲地区、小岛屿更甚。影响海洋生态：海表温度升高 1～3℃，预计会导致更频繁的珊瑚白化和大范围死亡；包括盐沼和红树林的海岸带湿地会受影响
生态系统	加剧生态恶化：许多生态系统的适应弹性可能被气候变化、旱涝和土地利用变化、污染等的叠加所超过。影响生物多样性：温度升高将加剧动植物物种迁移甚至灭绝的风险；海洋酸化，预计会对海洋壳体生物及其寄生物种产生负面影响
健康	增加热带病、传染病的风险：由热浪、洪水、风暴、火灾和干旱导致的死亡、疾病和伤害增加；腹泻疾病增加；地面臭氧浓度增高，心肺疾病的发病率上升

资料来源：IPCC. Climate Change 2014: Impacts, Adaptation, and Vulnerability [R]. Cambridge: Cambridge University Press, 2014.

发展是发展中国家压倒一切的任务。发展中国家正处在工业化、城市化早期或中期阶段，面临着大规模基础设施建设任务，能源、交通、建筑、工业等高能耗行业迅速发展，是经济发展的重要支柱，也是温室气体排放的重要来源。一些发展中大国因为温室气体排放量大，受到国际社会特别是发达国家的指责，要求承担减排义务，另一些发展中国家虽然温室气体排放量少，也开始面临着资源和能源瓶颈及环境恶化的困境，存在寻求低碳发展道路的意愿[111]。发展中国家与发达国家在减缓与适应气候变化技术（能效技术、低碳技术和适应技术）上差距巨大。由于自身经济、技术能力、研发投入等不足，发展中国家在气候变化技术方面都处于落后地位，对于气候变化技术有较强的需求。

第二节 联合国发展中国家气候变化需求评估

在联合国有关技术转让框架和技术开发与转让机制下，全球环境基金会、联合国开发计划署、联合国环境规划署等机构提供资金和技术支持，帮助发展中国家确定气候变化相关的优先领域和技术，包括减缓气候变化领域和适应气候变化领域的技术，为发展中国家气候变化技术转移提供支撑。自1999年起，联合国已完成近80个发展中国家的技术需求评估报告。

一、需求评估的现状

联合国发展中国家气候变化需求评估由GEF、UNDP、UNEP、UNEP Risoe、CTI（Climate Technology Initiative）、《联合国气候变化框架公约》秘书处、EGTT（Expert Group on Technology Transfer）共同实施，并吸收了评估对象国的政府、研究机构参与。联合国发展中国家气候变化需求评估主要分为以下三个阶段。

第一阶段为1999～2008年，该阶段共完成70个发展中国家的需求评估报告，其中近70%的报告于2004年以前完成。由于是首次开展技术需求评估，各国的评估方法、报告格式内容都有很大不同，且数据内容都已比较陈旧。

第二阶段为2009～2013年，被称为"TNA Phase Ⅰ"，该阶段共完成36个发展中国家的需求评估报告，包括11个非洲与中东国家、13个亚洲与东欧国家、8个拉美国家。该阶段汲取了上一阶段需求评估的经验、教训，按照统一的方法进行评估，除了为新国家编写评估报告外，还为第一阶段的20多个国家进行了更新。最终形成的报告内容除发展中国家技术需求评估报告外，还包括技术行动方案和项目建议。

第三阶段从2014年开始，拟开展26个发展中国家的需求评估，这一阶段被称为"TNA Phase Ⅱ"，目前仍在进行中。

二、需求评估的流程

为帮助指导发展中国家确定技术需求，联合国开发计划署发布了《气候变化技术需求评估手册》（2002年、2004年、2010年先后三个版本），并按以下流程进行技术需求评估：①成立评估小组，制订评估方案；②分析评估国的基本情况和优先发展事项；③筛选确定技术需求的优先领域和子领域；④采用多准则决策分析方法筛选确定优先技术；⑤制订促进应对气候变化技术转移的行动方案。详见图2.1。

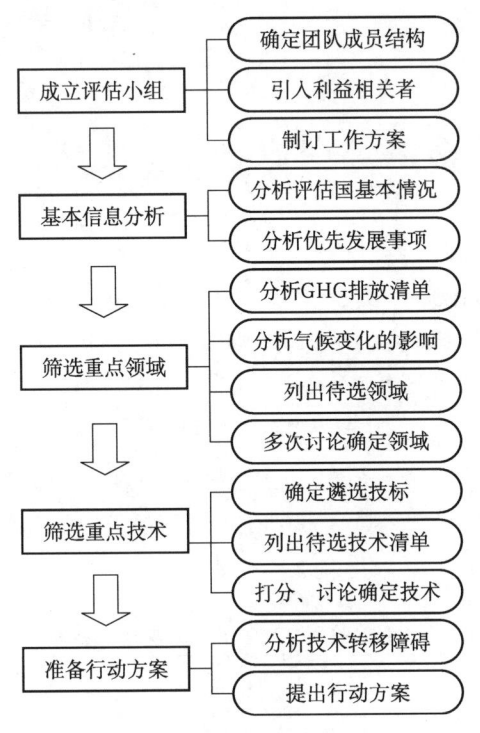

```
成立评估小组 ─┬─ 确定团队成员结构
              ├─ 引入利益相关者
              └─ 制订工作方案
       ↓
基本信息分析 ─┬─ 分析评估国基本情况
              └─ 分析优先发展事项
       ↓
筛选重点领域 ─┬─ 分析GHG排放清单
              ├─ 分析气候变化的影响
              ├─ 列出待选领域
              └─ 多次讨论确定领域
       ↓
筛选重点技术 ─┬─ 确定遴选指标
              ├─ 列出待选技术清单
              └─ 打分、讨论确定技术
       ↓
准备行动方案 ─┬─ 分析技术转移障碍
              └─ 提出行动方案
```

图 2.1 技术需求评估的流程

三、需求评估的不足

联合国发展中国家气候变化技术需求评估首次比较全面地评估了不同发展中国家应对气候变化技术需求，为发展中国家开展应对气候变化技术转移提供了科学和决策支撑。但技术需求评估也存在一些不足，例如，在优先技术的遴选中，虽然引入了对象国政府、科研院所、私营企业等利益相关者，但缺少金融部门参与；联合国为技术需求评估制定了一套方法和标准，但不是所有国家都按照这种评估体系筛选优先技术，部分国家的优先技术需求明显脱离实际；提出的技术需求虽然详细到技术层面，但仍然比较模糊，没有分解到具体的技术工艺、参数、型号等细节，没有明确技术需求和对接的机构；技术的优先程度没有衡量，只是定性的排序，对产业的导向也不明确；对环境保护技术的关注不够；评估过程中提出了一些方案建议，但政府后续战略不清晰。以上在研究时需要注意。

第三节　发展中国家气候变化重点领域技术需求

根据气候变化话语权、外交关系、经济社会发展程度、自然地理条件等因素，在文献分析和专家咨询的基础上确定了泰国、肯尼亚、阿根廷等20个代表性发展中国家，在地域上覆盖了亚洲、非洲和拉美地区，在经济发展程度上覆盖了低收入国家（包括最不发达国家）、中等收入国家和新兴工业化国家，在地理特征上覆盖了内陆国、小岛国、临海国等。通过对上述20个发展中国家气候变化技术需求评估报告的分析，发现技术需求的重点领域和优先技术集中在以下领域[112-133]（详细技术需求见表2.2～表2.4）。

表2.2　部分亚洲发展中国家气候变化 技术需求

国别	领域	重点领域与重点技术	国家类型
泰国	减缓	能源：智能电网，废弃物发电，第二代和第三代生物燃料，工业燃烧能效提高，碳捕获与封存	中高等收入国家
	适应	（1）农业：气象预测和预警，作物改良（标记辅助育种和基因工程），精细农业术；（2）水资源：水利基础设施管理，气候预测技术，早期预警系统；（3）气候建模：建立国家气候数据信息中心，东南亚气候变化观测数据的获取和管理，综合分析模型	
印度尼西亚	减缓	（1）林业和泥炭：林地碳封存和排放的测量和监测，泥炭地重新测绘，预防和处理林火；（2）能源：光伏技术，废热发电，公共交通（轨道交通、快速公交）；（3）废弃物：机械分拣和生物处理，好氧堆肥和低固体厌氧消化	中低等收入国家
	适应	（1）农业：（水稻）耐旱耐涝品种及种植技术，海水养殖技术，优质肉牛品种及养殖技术；（2）水资源：雨水收集利用，废水处理回用，水资源预测模型；（3）海岸带管理：防波堤及护岸（建造技术），滨海土壤改良（海垦）	
越南	减缓	（1）能源：风电，节能灯，热电联产，快速公交；（2）农业：沼气作燃料，奶牛养殖饲料添加剂，水稻干湿灌溉；（3）林业：可持续森林管理，造林，红树林恢复	中低等收入国家
	适应	（1）农业：遗传学育种，水稻种植向高地谷物转变，三熟制水稻向两熟制水稻及虾、鱼、禽类养殖转变；（2）林业：遗传学育种，农林间作；（3）海岸带管理：海上堤坝，沿海湿地恢复，洪水预警系统；（4）水资源：雨水和径流水收集利用，灌溉流域管理	

续表

国别	领域	重点领域与重点技术	国家类型
柬埔寨	减缓	(1)交通：城市节能公共交通，汽车排放标准；(2)能效：节能照明，节能家用电器	最不发达国家
	适应	(1)水资源：家庭清洁水供应（包括从屋顶集雨、水井），社区供水（包括小型水库、小水坝和小型集水地）；(2)海岸带管理：红树林管理	
老挝	减缓	(1)林业：森林保护，农林间作，造林，可持续社区森林管理；(2)农业：有机农业（减少肥料和农药），养殖粪便制沼气，畜牧养殖饲料优化，农业废弃物作能源	最不发达国家、内陆国
	适应	(1)水资源：极端灾害预警系统，高效灌溉技术，居民清洁饮用水供水系统；(2)农业：牲畜疾病防控，作物多样化种植	
斯里兰卡	减缓	(1)能源：生物质和垃圾制能源，智能电网，建筑能耗管理系统；(2)交通：公共交通与非机动出行相结合，高峰期汽车共乘和停车换乘，电气化铁路；(3)工业：节能电机，变速驱动电机，基于生物质残渣的热电联产，乙醇厨灶和生物质气化炉具	中低等收入国家
	适应	(1)农业：可持续渔业和土地管理，多样化种植和精确农业；(2)卫生健康：极端天气预警及信息发布网络，医疗废物处理；(3)水资源：雨水收集利用，钻井技术；(4)海岸带管理：沿海沙丘和红树林恢复；(5)生态：自然保护区管理及退化地区恢复技术	
孟加拉国	减缓	能源：天然气联合循环，家用太阳能光伏，先进燃气轮机，先进天然气联合循环，整体煤气化联合循环，先进煤粉燃烧技术	最不发达国家
	适应	(1)水资源：恢复堤防，灾害早期预警及综合灾害管理，对海平面上升、潮汐涨落、海水入侵、沉降和海岸侵蚀的监测，潮汐河流管理；(2)农业：耐盐、耐旱、短熟水稻品种开发，改进作物种植，灌溉和水资源管理，土壤肥力管理，土地利用规划	
蒙古	减缓	(1)能源：大型水电站技术（100兆瓦以上），陆上大型风电技术，煤粉燃烧技术；(2)民用与商业：高效照明（如紧凑型荧光灯、LED灯），公寓楼外墙隔热性能改善	内陆国、中高等收入国家
	适应	(1)耕作农业：集成保护性耕作和整体管理的小麦种植体系，使用滴灌和覆膜的蔬菜生产体系，土豆种子生产；(2)畜牧业：气候预测和预警系统，动物品种选育，动物疾病管理，可持续牧场管理	
哈萨克斯坦	减缓	(1)发电：小水电和煤粉高效燃烧技术；(2)水泥生产：能效提高和节能，湿法向干法生产技术转变	内陆国、中高等收入国家
	适应	(1)粮食生产：免耕技术，作物多样化；(2)绵羊育种：季节性/迁移性放牧，工业化放牧和舍饲，机械化农场；(3)水资源：灌溉用水计量，滴灌技术，极端天气预防技术	

表 2.3　部分非洲发展中国家气候变化技术需求

国别	领域	重点领域与重点技术	国家类型
南非	减缓	（1）能源：清洁发电技术（太阳能、风力、清洁煤电），工业和采矿业能效提高（包括锅炉能效提高技术），废弃物管理；（2）交通：城市公交系统改善（如快速轨道交通、电车、道路规划），燃油效率改进；（3）农林业：保护性农业，控制草原和森林的野火	新兴工业化国家
	适应	（1）农业：耐旱品种开发，农业信息技术，虫害控制与管理；（2）卫生健康：安全供水和卫生设施，控制病媒传播疾病的传播；（3）水资源：提高用水效率的技术，包括水定价，提高灌溉效率，减少供水损失	
埃塞俄比亚	减缓	（1）能源：①清洁发电（大小水电、光伏、风电）；②工业：节能和提高能效技术，替代能源；③交通：替代能源（液化石油气、压缩天然气），替代交通方式，紧凑型车，基础设施和系统改进；④家庭：替代燃料（液化石油气、天然气），高效炉灶。（2）农业：减少放牧牲畜的甲烷排放（基因改良、饲料添加剂），减少N_2O排放技术（优化灌溉和排水、改进施肥管理、土壤pH调整、土壤压实）。（3）土地利用和森林：森林管理，造林，木材燃料可持续利用。（4）废弃物：堆肥，卫生填埋，综合固废管理	最不发达国家、内陆国
肯尼亚	减缓	（1）能源：农村家用太阳能发电系统，农作物太阳能干燥；（2）废弃物：从厌氧消化中回收甲烷（农业废弃物处理），废纸回收利用，再生纸（减少森林砍伐）	中低等收入国家
	适应	（1）农业：抗旱高粱，滴灌，花粉保存；（2）水资源：雨水收集利用，地表径流集水，太阳能海水淡化	
赞比亚	减缓	能源，农业和林业：地热发电，麻风树制生物柴油，生物乙醇，高效炉灶，改进过的木炭生产（改善传统窑、砖窑、金属窑），减少毁林，保护性农业，离网生物质气化炉	中低等收入国家
	适应	（1）水资源：雨水收集利用技术，干旱期间钻井为家庭供水，提高井应对洪水的能力；（2）农业：保护性农业，耕牧混合农作，多种经营，作物多样化种植和开发新品种	
马里	减缓	（1）能源：水电，太阳能光伏，改良炉灶，生物燃料；（2）农林业，水稻强化栽培，微剂量施肥，再造林	内陆国、低收入国家
	适应	（1）农业：牧草（饲料作物）培育，土地规划，农业气象技术，品种改进（粟、水稻、玉米、高粱）；（2）水资源：打井技术，小型水坝技术，现代井（大口径井）	
加纳	适应	（1）水资源：气候监测与早期预警技术，雨水收集利用，社区供水系统，防洪技术；（2）农业：气候监测与早期预警技术，节水农业，土壤养分综合管理，生态害虫管理	中低等收入国
摩洛哥	减缓	（1）节能：建筑高效节能技术（如保温、节能照明和太阳能利用）；（2）可再生能源：以熔盐作为传热流体的太阳能发电厂，集中式光伏发电，水电	中低等收入国家
	适应	（1）水资源：雨水收集利用，洪水预警，充气坝，含水层人工回灌，饮用水技术（包括海水淡化、藻毒素去除）；（2）农业：滴灌技术，高效灌溉，直接播种技术	

国别	领域	重点领域与重点技术	国家类型
毛里求斯	减缓	岸上风力发电，太阳能光伏（>1兆瓦），高效锅炉及热回收	小岛国、中高等收入国家
	适应	（1）海岸带管理：海岸植被恢复，沿海湿地保护和恢复，沙丘恢复，抛石护坡（堤）；（2）水资源：海水淡化，雨水收集利用，水资源评估和水文模型；（3）农业：综合虫害防治技术，滴灌和微灌等水资源高效利用技术，病虫害快速诊断	

表2.4 部分拉美发展中国家气候变化技术需求

国别	领域	重点领域与重点技术	国家类型
阿根廷	减缓	（1）能源：热电联产；（2）交通：交通运输模式改善；（3）废弃物：城市和农业废弃物制能源；（4）农业：少用传统氮肥的固氮，改进家牛饲养方式减少温室气体排放	新兴工业化国家
	适应	气候和水文的观测	
厄瓜多尔	减缓	（1）废弃物：厌氧消化塘，小型厌氧消化，堆肥，垃圾填埋气的捕获与利用，垃圾焚烧发电，生活垃圾离子体气化；（2）农业：改进畜牧业饲养方式减少温室气体排放	中高等收入国家
	适应	（1）海岸带管理：堤坡和河岸保护，海滩植被管理；（2）水资源：人工补给地下水；（3）农业：可持续作物管理，高效农业用水管理，沼泽地生态恢复，气候监测与预警	
秘鲁	减缓	废弃物：垃圾回收，人工填埋与半机械化垃圾填埋场（包括垃圾填埋气的回收利用），堆肥，厌氧消化制沼气，垃圾焚烧作能源	中高等收入国家
	适应	（1）水资源：雨水收集，废水处理，人工补给地下水，打井，节水设备，供水管道检修，海水淡化；（2）农林业：再造林，梯田，灌溉系统；（3）海岸带管理：暴雨入渗沟	

一、减缓[①]领域的重点领域与优先技术

温室气体当前主要排放源、未来潜在排放源及减排潜力是确定减缓优先领域的重要标准。经分析，绝大多数发展中国家把能源和农林业列为减缓的优先领域，部分国家还将废弃物处理、工业列为优先领域。

（1）能源领域的优先方向为能源工业、交通和家用节能。

---

① 减缓：通过减少温室气体排放（源），增加温室气体吸收（汇），以减少温室气体在大气中的积累，达到减缓气候变化的目的，措施包括改变能源结构使用低碳能源、提高能效、保护森林、优化农业生产方式、恢复退化土地等。

能源工业的优先技术与发电、供热相关，包括使用可再生能源、提高化石能源利用效率和热电联产。可再生能源技术中，首先是太阳能光伏发电、生物质厌氧消化（制沼气）最优先，其次为风力发电涡轮机、小水电和常规水力发电技术、废弃物转化为能源等。由于发展中国家大量无电人口处于农村或偏远地区，因此小型户用离网发电设施更受青睐，在需求中占很大比例。在提高化石能源利用效率方面的优先技术为燃气轮机联合循环。

交通领域的优先技术为车用燃料转换（如用电力、液化天然气、液化石油气作为替代能源）、交通运输模式的转变（如采用大运量快速公路铁路运输）、换用小排量节油型汽车等。与能源工业相比，交通领域的技术需求更侧重于行为习惯的改变等软技术。

家用节能技术中，太阳能热水器、节能照明（如紧凑型荧光灯）、节能炉具等为优先技术。

（2）农业领域的优先技术为改进作物管理，或为养殖废弃物管理、牛羊等家畜饮食配方改良。改进作物管理主要针对水稻种植，优先技术包括土壤养分管理等土肥管理技术、有机农业、少耕免耕等土壤保护技术、生物肥料、肥料定量和灌溉技术、作物多样化等。林业领域的优先技术为造林和再造林、林火的监测与预防、可持续的社区森林管理技术。

（3）废弃物管理领域的优先技术为垃圾填埋及填埋气回收、垃圾焚烧能源利用等。

（4）工业领域的优先技术为落后生产工艺的更新升级，包括水泥生产（干法）、钢铁冶炼（电弧炉、轧制单元、连铸技术）、铝生产等。

二、适应[①]领域的重点领域与优先技术

对气候变化的脆弱性是确定适应优先领域的重要标准。经分析，绝大多数发展中国家把农业和水资源列为适应的优先领域，部分国家还将海岸带管理、卫生健康列为优先领域。除部分依赖旅游经济的国家外，把生态环境保护列为优先领域的国家很少。

（1）农业领域的优先技术为作物管理，或为土地管理、农田水利和节水灌溉、高效牧场和牲畜管理。作物管理的优先技术为利用生物技术对作物品种进行改良，包括新品种选育、抗旱品种、抗逆性强的品种和成熟期短的品种选育

---

① 适应：通过利用科学技术，加强管理和调整人类活动，减轻气候变化对自然生态系统和社会经济系统的不利影响。

等。土地管理的优先技术包括土壤保护、保护性农业、提高土壤肥力、免耕等。减缓和适应均把农业作为重点领域，减缓领域的农业技术主要目的是减少养殖业、稻田耕作引起的温室气体排放，适应领域的农业技术主要目的是在气候变化影响下稳定农产品产量，两类技术略有交叉。

（2）水资源领域的优先技术为雨水收集利用及其他集水技术，还包括供水环节的供水系统升级以减少输水渗漏，水处理环节的城市污水处理与回用，以及气候监测与预警系统、水井技术等。

（3）海岸带管理领域的优先技术与应对海平面上升的海岸防护技术、适应海平面上升技术相关，包括沿海线湿地恢复、海塘和防护堤技术、基于社区的灾害预警技术、防灾预案和排水系统改善。

（4）卫生健康领域的优先技术为有助于防治水和食源性疾病、热带病的卫生基础设施改善和服务提升、安全饮用水、卫生条件升级、疾病诊断技术等。

可以看出，发展中国家对于应对气候变化技术有很强的需求，利用科技应对气候变化已成为广大发展中国家的共识。

第四节　典型国家气候变化技术需求分析

一、泰国

（一）泰国概况

泰国是东南亚的重要国家之一，位于中南半岛中部，与老挝、柬埔寨、缅甸接壤，南部紧临安达曼海和泰国湾。泰国属于热带季风气候，分为热、雨、旱三季，年均气温 24～30℃，年降雨量约 1000 毫米。泰国大部分地区为山地和高原，南部为岛屿，北部为山区，中部为平原，东北部为高原。

泰国是新兴工业国家和新兴市场经济体，以贸易、农业、旅游业为经济支柱。2000 年以来，泰国经济获得迅猛发展，成为东南亚经济的"火车头"。2013 年，泰国人均 GDP 为 5673 美元。

泰国设有国家科技与创新政策委员会管理科技事务。2008年出台了《科技与创新基本法》，把科技与创新作为驱动力。目前，泰国基本实现了所有学科的布局，国家层面也制定了科技战略与规划。泰国总体科研水平落后，研发投入不足，近十年来R&D占GDP比例为0.21%～0.26%，但科技发展迅速，在水稻、木薯、橡胶品种改良等方面在世界上有一定影响和地位。泰国开展国际科技合作的重点领域包括农林渔与食品、卫生医药、生物技术、清洁能源、空间与遥感、节能减排、高铁等，积极参与南北、南南及多边科技合作。

（二）泰国的应对气候变化工作

泰国政府比较重视应对气候变化工作。为指导全国应对气候变化工作，泰国成立了国家气候变化委员会（National Climate Change Committee），由首相担任委员会主席，自然资源与环境部的部长担任副主席，委员由能源部、工业部、科技部等9个部门的常务秘书长和国家经济与社会发展委员会秘书长组成。同时，泰国还成立了自治政府组织温室气体管理组织（Thailand Greenhouse Gas Management Organization），负责执行各类气候变化减缓项目（包括CDM项目），提高政府和私营部门温室气体管理能力。

泰国是东盟国家中为数不多的在国家层面制定应对气候变化规划的国家，制定了《气候变化管理国家战略规划（2008—2012）》和《气候变化国家总体规划2010—2019》，其中《气候变化国家总体规划2010—2019》以提高泰国气候变化适应能力，减少气候变化影响，支持减少温室气体排放和增加碳汇，整合气候变化管理的知识、数据库和工具为目的。2014年，泰国在《发展中国家适当减排行动》（Nationally Appropriate Mitigation Action，NAMA）中提出到2020年，在能源和交通领域减排7%～20%，将通过发展可再生能源或其他替代能源，在工业、建筑、交通和发电领域提高能效，在交通领域使用生物燃料，发展环境友好的可持续交通运输系统等措施实现减排目标。

在减缓方面，如《电力发展规划2010—2030》要求天然气在能源中比例从70%降至42%，热电联产、新能源，以及从邻国（老挝、缅甸、中国等）购买电能的比例将大幅提升以减少对进口石油的依赖；《可再生能源发展规划（2008—2022）》，目标到2022年可再生能源在能源供给的比例达到20%，鼓励泰国成为东盟地区生物燃料和可再生能源技术出口的中心；《节能促进法》加强了对工厂和建筑节能的约束和投资；《国家节能规划2011—2030》目标到2030年能源弹性由0.98减至0.7，能源强度降低25%。

（三）减缓领域的现状与优先领域

泰国是东盟地区第二大经济体和能源消耗国，贡献了东盟地区约 30% 的温室气体排放量（2008 年泰国自然资源和环境政策与规划办公室数据）。能源领域是泰国温室气体排放的第一大排放源，能源领域温室气体排放量占 54.2%（2008 年数据）。2000～2008 年，泰国温室气体排放量增长率约为 4.7%，泰国发电 70% 是使用天然气（泰国湾拥有丰富的天然气储量）。绝大部分国家电网自 1960 年后没有经过重大升级，远距离输电损失高，对故障监测、识别困难，维修不便，人工抄表等问题大量存在。因此，泰国把能源领域作为减排的优先领域。温室气体排放量的前三个行业是发电、工业和交通。泰国的可再生能源发展现状如下。

（1）太阳能：泰国的太阳能资源丰富，年均日太阳辐射量为 18.2 兆焦/米^2，是泰国可选择的替代能源。受益于中国的先进技术，太阳能光伏产品的价格迅速下降，泰国的太阳能市场也逐渐繁荣起来。在政府 30% 的补贴下，泰国市场对太阳能热利用的需求正在上升。由于太阳能热利用的技术比光伏发电简单，在政府的支持下泰国本地的生产商就能满足国内需求。

（2）风能：由于风速低（50 米高度平均风速为 4 米/秒）且不稳定，泰国风力发电的潜力相当有限。泰国具有风力发电潜力的地区集中在南部沿海地区。除风能资源有限外，风力发电投资成本高也限制了风力在泰国的应用。风电对于泰国来说还是一项新技术。为促进风电发展，泰国政府实施了风力发电价格保障体系，给予了电价优惠，中国的低成本风电技术在泰国风电市场具有较强的竞争力。

（3）水电：自 1964 年开始，泰国使用水电。由于水力发电可能会影响周围环境，今后泰国可能不太会在本国建设大型的水力发电站，取而代之的是环境友好的小型和微型水电站（同等条件下比光伏电站更便宜时才会考虑小水电站）。为了促进水电的发展，泰国实施确立了水力发电价格保障体系，给予了电价优惠。尽管不在本国建设大型的水力发电站，但泰国却计划在缅甸建设大型水电站。

（4）生物质：过去薪木、甘蔗渣、稻壳是泰国最重要的能源。随着政府对生物质燃烧发电的补贴［小于 1 兆瓦的生物质能源发电厂给 0.5 铢/（千瓦·时）补贴，大于 1 兆瓦的电厂给予 0.3 铢/（千瓦·时）补贴］，泰国生物质发电市场也在逐步兴旺起来。生物质由居民燃料逐步变为生物质发电的主要原料。

(5) 沼气: 从农业、工业废弃物以城市固体废弃物产生沼气是泰国替代能源的一个选择。泰国需要新的生物质气化技术，如从草、玉米棒和木薯根制沼气，需要科研和资金的投入。

(6) 生物燃料: 由于拥有丰富的农业资源，泰国发展生物燃料的潜力非常大。泰国是东南亚甘蔗产量最大的国家，是亚洲木薯产量最大的国家，是世界上主要的棕榈油生产国之一。甘蔗、木薯、棕榈油都是生物燃料的主要生产原料。但木薯和甘蔗生产的数量仅能满足消费，而不能满足生产生物燃料。目前，在泰国市场上乙醇汽油的乙醇汽油比为1:9，乙醇汽油比为2:8和15:85的乙醇汽油也能够买到但数量有限。生物柴油与普通柴油的混合比为3%～5%。

减缓领域的重点技术需求：智能电网、废弃物发电、第二代和第三代生物燃料、工业部门的燃烧能源效率、碳捕获与封存，见表2.5。

表2.5　减缓领域优先技术

领域	考虑了成熟度的优先领域	综合考虑了成熟度和气候变化影响的优先领域
能源供应	智能电网 区域供冷	智能电网
可再生能源技术	太阳能热利用 太阳能光伏发电 废弃物发电 生物质发电 生物质热利用 第二代和第三代生物燃料	废弃物发电 第二代和第三代生物燃料
能效提高	照明系统 建筑物外壳 工业电机和驱动装置 工业燃烧 轨道交通	工业燃烧
其他	碳捕获与封存	碳捕获与封存

资料来源: Thailand's National TNA Team. Thailand Technology Needs Assessments Report for Climate Change [R]. Bangkok: National Science Technology and Innovation Policy Office of Thailand, 2012.

(四) 适应领域的现状与优先领域

泰国受气候变化影响最大的两个行业是农业和水资源，其他还包括土地利用。泰国共有25个流域和许多子水系统。

1. 农业

农业是泰国的重要部门之一，全国可耕地面积约占国土面积的41%，全国劳动力中超过40%的人口是农民。泰国的主要农产品包括大米、木薯、甘蔗和海虾等，农产品是泰外汇收入的主要来源之一。泰国在全球粮食安全中也扮演着关键角色，泰国是世界上最大的大米出口国，占据了全球大米市场约1/3的份额。气候变化导致泰国大米产量和质量的下降，从长期看影响泰国大米出口的竞争力和全球粮食安全。干旱及因气候变化加剧的病虫害导致木薯和甘蔗产量减少，影响淀粉生产、动物饲养和乙醇生产产业。农民和农场对于气候变化的适应能力是保障国家农业安全的重要因素。泰国农业经济办公室（Office of Agricultural Economics）把水稻、甘蔗、木薯和棕榈油作为国家主要经济作物，呼吁政府对获取气候变化适应技术给予足够的支持。

2. 农业领域的优先技术

泰国受气候变化影响较大的农产品为农作物（大米、木薯、甘蔗）、海虾。蔬菜因主要在灌溉地区种植，供水充足，受气候变化影响有限。果树在长期洪涝、高温等极端天气下减产的损失较大，灌溉和水资源管理是降低损失的重要方式，因此，果树受气候变化影响有限。农业领域的重点技术为气象预测和早期预警系统、作物改良技术（标记辅助育种和基因工程以提高农作物对旱涝、病虫害的抗性）和精细农业技术（滴灌、土壤传感器、温室、土壤管理、水资源管理）。收获后的处理技术（包装、物流、食品安全）、家畜养殖未被列入重点领域。分子育种、标记辅助育种等技术已在国内研发准备实施，并准备向周边国家转移。土壤管理、水资源管理、病虫害管理等精细农业技术因科研和人才资源丰富应用比较容易。气象预测和早期预警系统和基因工程还处于研发的初始阶段，如果能从国外引进，将会提高研发效率。

3. 水资源管理

气候变化导致极端天气更加频繁，引起降雨、洪水、干旱强度和频次的变化，进而影响农业生产。根据Koontanakulvong和Chaowiwat 2011年的预测，2015～2039年，当前洪水多发地区约有19%的地区洪水规模可能会显著下降，27%的地区洪水规模可能会显著上升，27%的地区可能基本不变，当前干旱多发地区约有7%的地区干旱规模可能会显著下降，3%的地区干旱规模可能会显著上升，64%的地区可能基本不变。虽然冰川融化对低纬度地区海平面的影响较小，但泰国湾东部的Sattahip湾海平面每年上升2.5毫米，Koh Lak海平面每年下降 0.4 毫米。海平面上升导致海岸带受到侵蚀。目前泰国水资源管理基础设施正面临严重的能力和维护问题。储水的主要手段是大型和中型水库，但它们主要分布在流域的上游，下游很少有水库储存雨水。雨水是泰国水资源的重要来源，但仅有 6% 的雨水被现有水利设施收集。目前，全国只有 17% 的农业地区使用灌溉（主要集中在国家中部），其他地区依然是雨养农业。由于地形因素和社会限制而不适宜开发新的大型或中型水库时，开发小型水库、池塘及水网是在这些地区缓解水资源缺乏的一种手段。此外，目前的水利基础设施和渠道维护不充分，河岸侵蚀和泥沙沉积使水库和河流的存储容量大大减少，管道的泄漏也影响输水网络的效率。泰国遇到的各类水资源管理问题（如洪水、干旱及洪灾与旱灾并存等）严重影响了经济和社会发展。由于农业是泰国经济的重要支柱，正确地管理其水资源势在必行。

水资源管理领域的重点技术分为两个层次，第一个层次的重点技术需要外部资金或技术转移：为通过管道或运河输运水资源的网络和基础设施的管理（包括分区）、季节性气候预测、使用观测和建模数据传感器网络、海水入侵的管理、灌溉结构与橡胶坝减少旱涝灾害、城市洪水管理。第二个层次的重点技术在国内就可以研发：遥测技术、社区水流量的概念图、利用水利工程提高当地水资源管理效率（包括雨水收集）、降低风险的非结构化技术/实践、二级和应急水源的开发和管理（包括调剂使用）、水资源供给和需求的场景设置、开发城市供水和排水的概念图。

4. 建模

建模为农业、水资源等领域应对气候变化提供分析和应对工具。目前，泰国没有一个综合性的掌握并对外提供气候变化数据的国家数据中心。现有的数据中心仅有特定的数据，并服务于特定的政府机构，使得跨部门获取数据进行建模非常困难。目前，泰国监测记录的天气、水质和空气质量仅能用于国内天气预报，没有官方途径和有效手段从东南亚其他国家获取区域层面相关数据，并用于研究和预测，只有几个研究机构试图收集和管理区域数据。此外，每个部门根据自己的需要，使用特定模型分析气候变化的影响（如灾害、农业、水、经济、卫生），没有一个集成的模型估计气候变化对整个行业的影响。

建模领域的重点技术为建立国家信息中心（硬件层面的优先技术，在国家层面建立综合性的信息中心，汇集与气候变化相的具有高可信度的各类观测数据）、数据转移和管理（数据库管理层面的优先技术，获取东南亚甚至更广范围的气候变化相关观测数据，丰富国家信息中心数据库），综合的分析模型［WRF（ARW）model］。

二、印度尼西亚

（一）印尼概况

印尼是世界上最大的群岛国家，人口居世界第四。印尼自然资源丰富，海洋面积约为陆地面积的2倍，石油、天然气储量丰富，森林覆盖率60%以上。印尼属于热带雨林气候，年平均温度25～27℃，无四季差别。

印尼是东南亚最大经济体，经济发展依赖农业、工业、服务业。2004年后，印尼积极采取措施吸引外资、发展基础设施、整顿金融、扶持中小企业，取得积极成效，经济保持较快增长。2014年，印尼GDP总量8900亿美元，人均GDP约合3531.45美元。

印尼把建设国家创新体系作为促进科技发展的重点工作，由国家创新委员会负责创新体系建设。在"印尼2011～2025年国家中长期发展规划"中，印尼提出将科技和人才作为实现"自给自足、发达、繁荣、公正"目标的三大战略之一。尽管印尼高度重视科技发展，但由于缺乏资金、人才和管理，科技发展相对滞后，与发达国家和新兴国家相比，仍有很大差距。近年来，印尼在稻米良种培育、电动汽车开发、传统医药和信息通信领域取得显著进展。印尼高度重视国际科技合作，重点领域包括粮食与农业、能源、交通运输、卫生与制药、新材料等。

（二）印尼的应对气候变化工作

印尼政府重视应对气候变化工作。2007年，印尼通过了《国家长期发展规划（2005—2025）》[Indonesia Long-Term Development Plan（RPJP）2005—2025]，确定了减排目标；2000年和2008年先后两次发布了《国家信息通报》，2007年发布了《气候变化国家行动方案》和"国家发展规划：印尼对气候变化的反应"，2009年发布了"印尼气候变化行业路线图"。印尼减排目标是在没有外力支援的情况下，到2020年将温室气体排放量减少26%，在国际援助的支持下温室气体排放量减少41%，其中林业和土地利用两个环节将减少碳排放量14%。根据印尼政府发布的各项政策，森林、垃圾处理、能源等各环节都有具体的减排指标和减排方案。印尼的减排行动得到了地方政府的全力支持，部分地方政府还为本地区专门制定了适合自己的减排计划。此外，印尼还准备出台应对气候变化的法律法规，为节能减排提供法律保障。

（三）减缓领域的现状与优先领域

印尼减缓的三个重点领域为林业、能源和废弃物，这三个领域温室气体排放量约占总排放量的87%。

1. 林业

林业是印尼经济发展的重要支柱产业，印尼约有17%的人口直接或间接依赖林业生存。泥炭地和土地利用、土地利用变化及森林（Land Use, Land Use Change and Forest，LULUCF）是印尼温室气体排放的主要来源，根据《印尼第二次国家信息通报》测算，2004年泥炭地和LULUCF温室气体排放量约占印尼全年排放总量的60%，2005年上述行业温室气体排放量约占印尼全年排放总量的75%。毁林使印尼成为世界第三大温室气体排放国。林业的高排放问题是由制度因素和技术缺乏造成的，温室气体排放主要来源于森林砍伐、森林退化及泥炭地火灾和分解。为降低林业的温室气候排放，印尼加强了对森林的保护，并加快林木种植，扩大森林面积。

林业领域的优先技术为碳封存和排放的测量和监测（包括森林增长建模技术）、泥炭地的重新测绘（搞清泥炭地的数量，预测潜在温室气体排放量）、水资源管理（预防和处理森林火灾）。这些优先技术中只有水资源管理与减排直接相关，其他两项技术更侧重于现实"可衡量、可报告、可核实"。除上述技术外，集约造林技术（包括病虫害、杂草和火灾管理）、减少经济林的伐木也比较重要。

2. 能源

能源是印尼的第三大温室气体排放来源。能源使用中，约50%为石油，其次是天然气、煤炭等。能源行业对印尼的国民经济发展至关重要，不但会为印尼赚得外汇收入，同时是为了满足国内需求。印尼政府重视清洁能源和节能工作，地方政府出台了支持可再生能源利用的相关政策，并要求火电站使用的燃煤都必须经过处理以降低碳排放量。

能源领域的优先技术为能源领域的光伏技术、工业领域的高效电动机、交通领域的改善公共交通〔轨道交通、快速公交系统（Bus Rapid Transit，BRT）〕。除上述技术外，能源领域的地热发电厂、先进火电站、核电、生物质发电技术，工业领域的热电联产、泵和通风系统，交通领域的车用天然气、智能交通系统也比较重要。

3. 废弃物

废弃物是印尼的第二大温室气体排放来源，排放主要由市政固体废弃物和城市污水产生。40%的市政固体废弃物经过填埋处置，35%露天焚烧，8%非法抛弃，2%堆肥回收。绝大部分城市没有固体废弃物管理规划，由于预算紧张，地方政府也并没有把废弃物管理作为优先领域。解决城市固废问题不能仅依靠技术，还要依靠资金、制度、法律、公众意识等。

废弃物领域的优先技术为机械分拣生物处理、堆肥技术（好氧堆肥）和低固体厌氧消化。除上述技术外，高固体厌氧消化、半好氧填埋、垂直固定床气化技术、卫生填埋技术也比较重要。

（四）适应领域的现状与优先领域

1. 粮食安全

农业是印尼的关键行业，吸纳了大量人口就业。印尼的可耕地由40%的湿地和水稻田、40%的旱地、15%的轮垦地及其他土地组成。先进的作物种植和海水养殖技术尚没有得到应用。在气候变化影响下，印尼农业较为脆弱，粮食安全受到严重威胁。印尼农业部、海事渔业部为此都启动了许多措施。粮食安全领域的优先技术为耐旱耐涝作物（水稻）品种及种植技术（还包括与品种相适应的作物管理、水资源管理、土壤管理技术等）、海水养殖技术、优质肉牛品种及养殖技术。除上述技术外，高效灌溉技术、种植日历、种子和种苗的生产、储存和分销技术也比较重要。

2. 水资源（适应）

随着人口膨胀和气候变化影响，作为岛国和热带国家的印尼面临日益严重的水资源短缺的压力，爪哇和巴厘地区就已经发生水平衡赤字。虽然印尼已开发了多种雨水利用的方式，但仍有许多老百姓没有认识到雨水利用的重要性。大型的集雨水池因人们不愿意出售土地而建设缓慢，小型的集雨设施推广数量也有限。市政废水回用的技术已在印尼应用，但能在短时间内提供高质量回用水的水厂仍非常有限，滤料仍依赖进口。市政再生水原来主要用于农业灌溉，现在也用于工业、商业和居民生活用水。市政再生水在社区应用的一个障碍是，因为旧观念的影响，人们对再生水还不能完全接受。水资源领域的优先技术为雨水收集利用、废水处理回用、水资源预测模型。除上述技术外，人工降雨技术、堤围泽地和缺水技术、家庭水处理系统、监测和预警系统、人工湿地技术也比较重要。

3. 沿海的脆弱性

印尼是一个群岛国家，海岸线长达 9.5 万千米。沿海地区有 50%～60% 的人口居住，拥有重要的基础设施和经济资产，重要的旅游景点也位于沿海地区。沿海地区对印尼来说至关重要，也更易受到气候变化的不利影响。气候变化不仅导致海平面上升，引发洪涝灾害，对印尼海岸线和成千上万的岛屿造成威胁，而且会破坏海洋生态系统，影响海洋渔业。具体来说，气候变化会对沿海地区依赖农业和渔业生存的人们造成直接影响。印尼政府为减少气候变化对沿海地区的影响采取了许多措施，但绝大部分工作仍处于试点阶段。沿海的脆弱性的优先技术为防波堤及护岸（建造技术）、滨海土壤改良（海垦）、防波堤技术。除上述技术外，水闸和挡潮堤技术、海岸修复技术也比较重要。

三、哈萨克斯坦

（一）哈萨克斯坦概况

哈萨克斯坦位于中亚，是世界上最大的内陆国。哈萨克斯坦与俄罗斯、中国、吉尔吉斯斯坦、乌兹别克斯坦、土库曼斯坦等国接壤。哈萨克斯坦地形复杂，以平原和低地为主，属大陆性气候，冬夏气温悬殊。

哈萨克斯坦经济以石油、天然气、采矿、煤炭和农牧业为主，加工工业和轻工业相对落后，大部分日用消费品依靠进口。2010 年以后，哈萨克斯坦经济强劲反弹，出口增长。2014 年，哈萨克斯坦 GDP 达 1784 亿美元，同比增长 4.3%，人均 GDP 高，经济实力居独联体第二。

哈萨克斯坦的科学技术实力非常落后，国家最高科技委员会负责科技事务，2011 年颁布了《科学法》，对科技经费分配、管理和监督进行改革。总体上，R&D 占 GDP 比例不高，近 5 年来约占 0.2%，科研机构水平和研发投入不能满足发展需要。哈萨克斯坦国际科技合作的重点领域包括能源、农业、生物、航空航天、核能和环保。

（二）哈萨克斯坦的应对气候变化工作

哈萨克斯坦比较重视气候变化工作。根据 1997 年发布的《哈萨克斯坦国家战略发展规划（至 2030 年）》，哈萨克斯坦的七个国家战略优先发展方向中有两个涉及气候问题，分别是提高居民健康和福利、能源开采及利用。2009 年，哈萨克斯坦宣布了量化减排指标，2020 年温室气体排放量比 1992 年减少 15%，2050 年温室气体排放量比 1992 年减少 25%。2010 年发布的《哈萨克斯坦战略发展规划（至 2020 年）》提出，拟通过建设一座核电站、开发小水电和风电、增加太阳能的利用等方式，将 2020 年替代能源在能源消费总量中的比例增至 3%，能源强度比 2008 年水平降低 25%。

在法律层面，《环境法典》确定于 2013 年启动国家温室气体排放配额与交易系统，覆盖能源、制造、交通、化工、矿业等行业。2012 年通过的《节能和提高能效法案》在国家机关、国有企业、大型能源用户等强制实行节能措施。其他与气候变化相关的规划、法规还有《哈萨克斯坦低碳发展计划（2050 年）》《2007—2024 年哈萨克斯坦可持续发展的概念》《水法》《森林法》《土地法》等。

（三）减缓领域的现状与优先领域

1. 能源

哈萨克斯坦温室气体排放主要来源于能源领域。哈萨克斯坦自然资源非常丰富，集中了世界上 0.5% 的矿物燃料储备。国家电力有 12% 来自水电，88% 来自热力发电（84% 使用煤发电，16% 使用油或气发电），热力发电的份额还在上升。除了向俄罗斯出口电能外，还从塔吉克斯坦、乌兹别克斯坦进口电能。目前，哈萨克斯坦热力发电厂设备普遍过时，效率低下，污染环境，约 40% 的发电设备已经工作 30 年，需要更新换代。

2. 工业

哈萨克斯坦的工业主要是矿业和制造业，2010 年占工业的比重分别为 60% 和 30%。哈萨克斯坦是区域内主要钢铁生产国。水泥工业占哈萨克斯坦 GDP 的比重较小，但绝大部分水泥厂仍使用落后的高能耗的湿法水泥技术，能耗高。如果能转为干法生产可提高效率，节约能源。

3. 农业

农业是哈萨克斯坦重要的经济部门。畜牧业以牛羊养殖为主，产值约占农业产值的 50%，其发展潜力巨大，还没有充分利用。长期以来，畜牧业一直是农业人口的重要就业渠道，也是收入的主要来源。畜牧业是农业领域温室气体的主要排放源。

4. 土地利用

国土面积的 64% 是沙漠和半沙漠地区，沙漠化的进程仍在加速。土壤以低腐殖质土壤为主，土壤退化现象非常严重。风蚀和水蚀是最大的因素，此外，全国有机肥的使用水平非常低、单一性种植等因素也是主要原因。尤其是哈萨克斯坦北部的耕地主要单一性种植春小麦等谷物，营养物和腐殖土损失严重。

1990～2009年，由于农业用地退耕，CO_2的净吸收量增加了，但由于森林的衰老和树木的减少，森林的CO_2吸收量减少。草场由于过度放牧和不合理的使用而退化，退化草地的面积达到6000万公顷。

5. 废弃物

目前在哈萨克斯坦每年人均固废2000吨，仅有3%～5%被回收，剩下的被运至露天垃圾处理场。不断增加的工业和市政废弃物已成为一个紧迫的生态问题。传统的垃圾处置方式效率不高，且有垃圾填埋气泄漏的危险。此外垃圾中有毒有害物质（如水银）的处置也变得越来越紧迫。未经处理的工业废弃物，特别是矿业废弃物对环境危害很大。

从经济、社会、环境效益及减排效果因素考虑，领域优先程度由高到低分别为能源、工业、农业、废物处理和土地利用。能源领域有关子领域优先程度由高到低分别为发电、供热、石油开采和加工、硬燃料提取和处理。综合考虑成本与收益，发电领域的优先技术由高到低分别为小水电技术、煤粉高效燃烧技术、风电技术、煤气化技术、天然气代煤技术。工业领域有关子领域优先程度由高到低分别为水泥生产、金属生产、建筑工业、机械装置、化学工业。综合考虑成本与收益，水泥生产领域的优先技术由高到低分别为能效提高与节能技术、湿法向干法生产技术转变、碳捕获与封存技术、高炉熔渣造粒技术。

综上所述，哈萨克斯坦减缓领域的优先领域为工业和能源行业，具体为发电和水泥生产。发电领域的优先技术为小水电和煤粉高效燃烧技术。水泥生产领域的优先技术为能效提高和节能、湿法向干法生产技术转变。

（四）适应领域的现状与优先领域

哈萨克斯坦是气候变化最脆弱的国家之一，面临着咸海干涸、巴尔喀什湖变浅、冰川退化、里海沿海地区水资源短缺和洪水风险等问题。同时，哈萨克斯坦还面临景观退化和贫困的风险，据估计，超过60%的土地面临严重的沙漠化，土壤肥力的下降减少了农牧业的生产力。空气、水和土壤污染、动植物退化、自然资源枯竭等问题加剧，导致生态系统被破坏，沙漠化、发病率和死亡率增加。

1. 农业

哈萨克斯坦地广人稀，全国可耕地面积超过2000万公顷，主要农作物包括小麦、玉米、大麦、燕麦、黑麦。小麦，主要是春小麦，拥有最大的作物面积和总收益。哈萨克斯坦农业主要靠天吃饭，粮食和豆类产量水平主要是依赖天气状况，每年变化幅度大。在好的年份，如2007年和2009年，粮食和豆类不仅可以满足国内需要，还可以用于出口。2008年和2010年因为干旱，产量均比上年下降了近一半。哈萨克斯坦非常干旱，境内基本上是干草原、沙漠和半沙漠。每年大约有25万公顷的土地被从农业用地转为其他用地。一些地区的土壤被农药和有毒物质污染，原因包括侵蚀、盐碱化、沼泽化、化学污染等，其中最大的因素之一是侵蚀（风、水）。由于能出产高质量的小麦，哈萨克斯坦不仅是粮食生产国，也是粮食主要出口国。哈萨克斯坦每年出口600万～800万吨粮食，出口潜力可达1000万吨。春小麦播种时间很大程度上决定谷物和种子的水平和质量。哈萨克斯坦气候条件需要一个特殊的方法来确定春小麦最佳播种时间。

2. 牧业

哈萨克斯坦畜牧业非常重要，几个世纪以来一直是食物和农村收入的重要来源，但发展潜力没有充分利用。畜牧业以牛羊养殖为主。羊主要在南部和东部地区养殖，牛的养殖分布在全国各地，但大部分集中在南部和东部。哈萨克斯坦羊的养殖比牛的养殖更依赖天气。牛大多是舍饲养殖，羊主要在牧场放牧。哈萨克斯坦南部的气候条件决定了季节性迁移放牧及牧草的情况。因此，在适应气候变化方面，绵羊育种是优先领域。畜牧生产的数量也相当高，但由于质量不高，在国际市场上没有竞争力。在集约农业，特别是牧场和饲料资源有限时，推广舍饲养殖可以提高羊养殖业适应气候变化的能力。

3. 水资源管理

哈萨克斯坦水资源用于农业灌溉、城市供水及工业用水。哈萨克斯坦农业用水占水资源消耗总量的70%。哈萨克斯坦供水设施老化，供水损失和能耗严重。目前，哈萨克斯坦已经引进了玻璃纤维和聚乙烯材质的供水和污水处理管道技术，用于替代已使用多年的铁质管道。几家生产玻璃纤维和聚乙烯管道的工厂已经建成，并引入了节能30%～40%的节能泵和新的水处理化学品及过滤材料（沸石）。喷灌设备和滴灌系统也在少数地区农业灌溉中得到应用。国内也建设了一些水利设施，如水库、水坝。

哈萨克斯坦适应的重点领域包括农业和水资源，适应的两个重点领域农业和水资源，子领域为粮食生产和绵羊育种、水资源管理和农业灌溉。粮食生产领域的重点技术为免耕技术[①]、作物多样化和开发抗性品种，绵羊育种领域的重

---

① 免耕技术：保存土壤和水分技术，可以显著提高土壤肥力，更好地控制风和水侵蚀，改善土壤保持水分的能力，并增加有机质含量。

点技术为（在南部地区恢复）季节性/迁移性放牧①、发展工业化的放牧和舍饲（特别是在北部地区）②、牧场改良，水资源领域的重点技术为农业灌溉用水计量（目的是用于节水）、滴灌技术（以及其他高效节水灌溉技术）、极端天气预防技术③，此外，对灾害有效地监测、预测和预警也是非常重要的。

四、南非

（一）南非概况

南非地处非洲高原的最南端，人口约 5400 万，属热带草原气候，气温比南半球同纬度其他国家相对低，矿产资源极其丰富。南非是非洲第二大经济体，属于"金砖五国"和"基础四国"之一，通信、能源、交通业发达，国民生活水平高。近年来受多重因素影响，南非经济增长乏力，2014 年南非 GDP 约合 3500 亿美元，同比仅增长 1.5%。

南非科技体系健全，由科技部负责统筹全国科技创新事务，先后发布了《南非国家研究与开发战略》《10 年创新规划（2008—2018）》，指导全国科技发展。南非科技发展水平处于非洲前列，在天文、古人类学、生物多样性、南极研究等领域具有明显地理优势，在深矿技术、小卫星工程、HIV/ADIS 疫苗、贫困导致的多发病、氟技术等领域具有明显的知识优势。

（二）南非的应对气候变化工作

南非高度重视应对气候变化工作。2005 年南非就召开全国气候变化会议。2008 年，南非发布了《减缓气候变化长期情景》（Long-Term Mitigation Scenarios, LTMS），决定采取综合措施，力争使南非的温室气体总排放量在 2020～2025 年达到峰值，在 2030～2035 年开始下降。2011 年，南非发布了《南非应对气候变化政策》白皮书，为应对气候变化描绘了清晰的路线图。确定的气候变化战略优先议题为风险管理、减缓行动、部门应对、政策与规章调整、知情决策和计划、综合规划、技术研究、开发与创新等。

南非属于水资源紧缺型国家，气候变化可能带来的关键风险包括供水威胁和降雨模式的改变。温度上升可能扩大疟疾和其他媒介传播疾病的发病地区，

---

① 恢复季节性/迁移性放牧，根据草场容量合理放牧，采取安全检疫等措施，发展兽医，加强卫生监督。
② 建设机械化的农场，机械化农场包括繁殖农场、幼崽养殖农场、肥育农场等农场和具有一个完整的生产周期的农场。
③ 剩下的排序还有：供水和污水处理网络和设备的改造、管道网络泄漏检测和消除以控制泄漏、雨水和融雪水的收集及水库的建设。

也会对作物种植构成挑战。二氧化碳含量的上升可能会减少草原牧草的蛋白质含量,从而影响畜牧业生产。渔业和渔民的生计将会受到海洋温度变化的影响。气候变化的影响同时导致生物多样性的丧失,例如,气候变化很可能会导致开普植物王国生物多样性显著减少,进而影响旅游业。

(三) 减缓领域的现状与优先领域

南非对全球温室气体排放的贡献很小,占总排放量不足2%。但南非的高能源密集型经济,以及对火力发电的依赖使得南非成为二氧化碳排放量最高的第14名国家,人均排放量超过许多欧洲国家,超过发展中国家平均水平的3.5倍(2007年数据)。虽然南非不承担减排义务,但是一旦发达国家带头减排,发达国家阵营希望中国、南非等发展中国家效仿。南非可能会在未来的高压下接受减排承诺,这就需要承担更大的减排负担。减缓领域的重点领域是能源、交通和农业。

1. 能源

南非80%的温室气体排放与能源生产相关,因此能源生产是最重要的减缓领域。廉价的能源给当地产业带来了低成本竞争优势,促进了能源密集型行业的发展。工业消耗了近50%的电力,商业和住宅能源用户占据了2%的温室气体排放。城市化进程直接带动能源消费快速增长,具有潜在减排潜力。

南非发展清洁能源的潜力非常大。在太阳能方面,南非受到高水平的太阳辐射,日平均太阳辐射量为4.5~6.5千瓦·时/米^2。太阳能资源分布于整个国家,部分地区存在差异。但太阳能利用在南非并不广泛。光伏技术只是在小范围内使用,如农村地区,没有接入国家电网。在风力发电方面,风力发电在南非是一项新技术。南非拥有丰富的风力资源,尤其是沿海岸区域。但由于当地风条件和成本原因,风电的应用受到限制。国家电网的电没有风力发电。对风力一直使用传统的方式,如对抽水。在洁清煤利用方面,由于南非煤炭储量丰富,发电和其他工业高度依赖煤炭,因此洁清煤利用技术对减少温室气体排放,提高环境质量具有重要意义。提高燃煤、燃油、燃气锅炉效率的技术也非常重要。

能源领域的优先技术为清洁发电技术,包括太阳能发电、风力发电、清洁煤电技术;工业和采矿业能效提高,包括锅炉(煤、油、气)能效提高技术;废弃物管理技术,包括由末端处理变为从源头减少垃圾的产生,主要是通过对生产过程的优化改进,减少垃圾产生,提升废弃物回收利用率。

2. 交通

交通运输约占全国温室气体排放量的 1/5，并迅速增长。人均交通运输温室气体排放量或每千米交通运输温室气体排放量目前都是比较高的。减少温室气体排放量对于降低物流成本，减少污染和交通拥堵，减少交通事故有重要作用。南非的交通运输主要使用液体燃料，城市公共交通系统由小公共汽车组成，非常落后。快速轨道交通、电车可以作为改善城市公共交通系统的措施。通过城市规划交通改善交通流量，包括设置自行车车道，行人援助和基于计算机辅助交通管制系统的红绿灯同步。交通运输的优先技术为城市公共交通系统改善，如快速轨道交通、电车，激励措施鼓励人们使用公共交通，道路规划；燃油效率的改进。

交通领域还有一些适应措施：包括损失预防，如评估气候变化给各种运输方式（如道路、海上交通、铁路和航空交通）带来的风险，并提出解决方案；减少损失，如调查属于气候变化导致道路基础设施损坏的潜在保险问题；行为修正，如提高政府车辆的效率。

3. 农业

农业的温室气体排放仅占全国排放量的 1/20，排放主要来自反刍动物肠道发酵（牲畜）。农业领域的优先技术为保护性农业，利用土壤生物活性和种植制度减少土壤的过度干扰，保持作物残留物在土壤表面，以减少对环境的破坏，并提供有机质和养分，包括最低限度干扰土壤、永久土壤覆盖层、轮作；开发新作物物种和品种，如耐旱等属性；控制草原和森林的野火，虽然适度的火灾对于维护稀树大草原的生态健康是必要的，但当前的火灾频率是可以减少的且不对生态造成破坏；信息技术，综合利用了气候变化影响科学知识和专家意见的畜牧生产系统和经济金融信息帮助农户快速调整农业生产，更好地做出决策；农村地区宏观经济多样化和生计多样化，评估和测试替代作物提高生产和减少风险；虫害管理，特别是高温和洪水时期。

五、肯尼亚

（一）肯尼亚概况

肯尼亚位于非洲东部，海岸线长 536 千米。国土面积的 18% 为可耕地，其余适用于畜牧业。肯尼亚位于热带季风区，大部分地区属热带草原气候，雨季、旱季分明。

肯尼亚是撒哈拉以南非洲经济基础较好的国家之一，农业、服务业和工业是国民经济三大支柱，私营经济占整体经济的70%。2003年以来，政府出台经济复兴战略，支持农业和旅游业，改善投资环境，经济企稳回升。2014年，肯尼亚GDP增速为5.3%。

（二）肯尼亚的应对气候变化工作

肯尼亚比较重视应对气候变化工作。肯尼亚发布了《国家可持续发展战略（2008—2030）》，计划到2030年，肯尼亚发展成为中等收入水平的新兴工业化国家，其中环境保护和应对气候变化是重要任务。在上述战略指引下，肯尼亚发布了《肯尼亚宪法2010》，这是一部绿色宪法，第五章为土地和环境，在可持续发展方面做出了详细规定。肯尼亚还发布了《国家气候变化应对战略（2010）》《2013—2017年气候变化行动计划》，确保政府计划和发展目标中包含适应和减缓的相关措施，促进所有利益相关者，包括私营部门、民间社会、非政府组织和社区在应对气候变化方面开展合作，共同行动。

（三）减缓领域的现状与优先领域

减缓的重点领域为能源和废弃物管理。

1. 能源

根据2009年的数据，肯尼亚能源消耗中，木材占68%，石油产品占22%，电力占10%。肯尼亚80%的人口使用木材燃料，发电主要依靠水电、地热、火电。根据2012年的数据，在发电总量中，水电占50%，火电占34%，地热占13%。仅有20%的人口接入电网。在可再生能源方面，能源部开发了《肯尼亚国家风能资源图谱2003》，提供了大量信息，以方便公共和私营部门的投资。水电是肯尼亚电力的主要来源，装机容量761兆瓦。但水力发电依赖于降雨，对气候变化敏感，在干旱时期，只能减少水力发电，因而增加温室气体排放。据估计，肯尼亚日平均太阳辐射量为4~6千瓦·时/米^2，相当于大约15亿吨油当量，可成为化石能源的主要替代品。虽然在撒哈拉以南非洲地区，肯尼亚是安装家用太阳能系统的主要国家，但太阳能的开发仍比较有限。约1.6%的肯尼亚家庭使用太阳能，由于初始安装成本高，应用比较缓慢。目前，太阳能市场估计值超过400万美元/年。太阳能光伏发展政策正在制定中。能源领域的优先技术包括家用太阳能系统（为农村地区提供电力，有700万家庭的缺口）和太阳能干燥（用于农作物干燥，减少露天干燥）。此外，非机动车交通、小水电、电力火车、公共交通运输、热电联产也比较重要。

2. 废弃物管理

据估计，肯尼亚主要城市产生约 4000 吨固体废弃物。废弃物的生物降解和焚烧排放大量温室气体。塑料、纸张等可回收废弃物也和其他固体废弃物一样被运送和倾倒在垃圾场。在垃圾填埋场因技术原因，存在大量填埋气的泄漏。废弃物管理的优先技术包括从厌氧消化中回收甲烷（用于农村地区农业废弃物处理）和废纸回收利用、再生纸（减少森林砍伐）。此外，堆肥、废弃塑料回收、废物回用也比较重要。

（四）适应领域的现状与优先领域

适应的重点领域为农业和水资源。

1. 农业

农业是肯尼亚国民经济的支柱产业，约占 GDP 的 26%，约 80% 的人口依赖农业生存。该国农业生产落后，主要是雨养农业，作物产量和生产率普遍较低。20% 的土地是优质耕地，其余为干旱和半干旱土地。畜牧业在肯尼亚干旱和半干旱地区占主导地位，虽然发展潜力大，但缺少牧场、水资源和技术服务。此外，该国还拥有丰富的渔业和蜂蜜自然资源，但这些生态资源受到开发、污染和气候变化的威胁。由于肯尼亚是雨养农业，所以对气候变化特别敏感，2008～2011 年发生的干旱，对农业、经济造成了严重损失。农业领域的优先技术包括抗旱高粱、滴灌、花粉保存。

2. 水资源

水资源是肯尼亚经济和社会可持续发展的关键。降雨量的变化、不断增长的人口产生的用水需求及环境污染使得水资源的脆弱性增加。肯尼亚的水资源禀赋低，可再生淡水供不应求，只有 57% 的家庭用水使用的是安全卫生的水。肯尼亚是一个缺水国家，每年人均可用淡水仅为 647 立方米，远远低于联合国标准。水资源领域的优先技术包括屋顶雨水收集利用、地表径流集水和太阳能海水淡化。

第五节　发展中国家技术需求特点分析

通过对发展中国家技术需求的分析，可以看出发展中国家应对气候变化的技术需求特点主要表现在以下几个方面。

（1）发展中国家的重点技术需求与本国的优先发展事项紧密关联。在确定技术需求时，发展中国家优先考虑技术是否符合国家发展规划确定的方向，是否有助于减贫、改善民生、促进可持续发展、实现联合国千年发展目标；然后再评估技术的经济、社会和环境效益，减排效果，市场潜力，对就业的影响及投资运行成本等。例如，孟加拉国、斯里兰卡等低排放国家，虽然对温室气体排放的贡献微乎其微，但为了促进经济增长和就业，将可再生能源技术作为优先技术。

（2）发展中国家的重点技术需求以成熟适用技术为主。发展中国家技术需求总体上与其经济发展阶段相适应，低成本、成熟适用、易掌握、效果好的技术是发展中国家的优先选择，发展中国家技术需求表中列出的技术除碳捕获与封存外，均已在部分发展中国家得到长期应用。发展水平较高的国家也对高新技术提出了较大需求，如泰国把智能电网、碳捕获与封存作为减缓领域的重点技术，阿根廷把气候变化科学观测作为适应领域的重点技术。

（3）不同区域、自然地理条件的国家有各自侧重的优先技术。从区域上看，撒哈拉以南的非洲将可再生能源、农村地区的电气化和粮食安全作为优先技术；拉美国家将清洁能源、低碳燃料和生物燃料作为能源领域的优先技术；畜牧业是蒙古和中亚国家的支柱产业，该地区国家将牲畜品种改良、疾病防治、可持续牧场管理作为优先技术；东南亚和南亚地区因国家类型复杂，技术侧重点不明显。从类型和自然条件上来看，小岛国将应对海平面上升和沿海防灾减灾作为适应的优先技术；最不发达国家将清洁炉灶、可再生能源技术作为能源领域的优先技术；印尼的森林和泥炭资源丰富，林业是印尼的重要支柱产业，因为滥伐、林火和泥炭地退化，导致印尼温室气体排放量居世界第三，因此印尼把林业和泥炭地保护作为减缓的优先领域；斯里兰卡属于世界生物多样性热点地区之一，旅游业发达，该国将生物多样性保护作为适应的优先领域。

（4）发展中国家对于应对气候变化能力建设的需求非常强烈，不仅需要硬技术，也需要诸如制度、政策、模式、管理、经验之类的软技术。能力建设包括必要的基础设施配套、专业人才的培养、科研机构研发能力的提升、促进技术转移和创新的制度和环境建设。不同领域和地区能力建设需求不同，如亚太国家更侧重于制度和环境建设需求，非洲国家则更侧重于基础设施配套、专业人才培养需求，拉美国家侧重在人才和机构能力建设及信息获取。

发展中国家在气候变化国际谈判中立场基本一致，但由于利益诉求、发展程度、温室气体排放量、受气候变化影响程度不同，在温室气体排放目标等谈判问题上也存在分歧[21]。77国集团代表了传统发展中国家，呼吁国际社会达成把发展中国家民众利益放在首位的气候协议，但77国集团是一个比较松散的磋商机制，内部也有一定的分歧。小岛国和最不发达国家是气候变化最显著的受害者。海平面上升关系小岛国的存亡，因此小岛国呼吁主要排放大国承担减排义务，到2050年全球减排85%，坚持地球升温控制在1.5℃内的目标，但由于话语权小，只能一边呼吁，一边自救，因此对于适应气候变化技术和资金的需求特别强烈。最不发达国家经济和技术落后，缺乏应对气候变化能力，减排呼声与小岛国类似。发展难题和气候变化不利影响是最不发达国家面对的突出问题，因此最不发达国家对于适应气候变化技术和资金的需求特别强烈。基础四国经济发展迅速，温室气体排放量不断上升，国际压力较大，目前已接受西方国家提出的2℃以内的温升目标；同时也坚持谈判应在《联合国气候变化框架公约》《京都议定书》《巴厘路线图》框架下进行，要求发达国家率先采取行动，承担绝对量化减排义务，给发展中国家留下发展空间。基础四国面临着自身发展需要和国际舆论聚焦的双重压力，对于清洁技术和减排技术需求强烈。

第六节 发展中国家气候变化技术转移障碍

目前，国外对发展中国家气候变化技术转移障碍的研究主要站在发达国家角度，国内对于气候变化技术转移障碍的研究集中在南北技术转移上，对南南技术转移研究较少。Adenle 等[134]认为发展中国家气候变化农业领域技术转移的限制因素包括基础设施落后、科研能力不足、金融信贷缺乏等。Rai 和 Funkhouser[135]通过文献研究认为知识产权、技术接受国的特点、国际合作伙伴的角色是气候变化低碳技术转移的重要因素。Biagini 等[136]通过对全球环境基金会适应领域援助项目研究，提出技术转移的关键障碍包括转移技术的选择及适宜程度、市场障碍、发展中国家对技术获取的难度。Belman 和 Tzachor[137]提出经济合作与发展组织国家中小企业向发展中国家转移气候技术的障碍包括不了解发展中国家市场、发展中国家缺乏研发资金等。刘云等[76]认为应对气候变化南南技术转移的障碍主要包括资金、知识产权和能力建设问题。

本部分从发展中国家角度研究气候变化技术转移障碍，通过对发展中国家气候变化技术需求评估报告分析、问卷调查、南南合作案例分析和专家研讨会，提出了技术转移过程中发展中国家作为技术接受方存在的障碍（具体国别的障碍见表2.6），并从技术输出方角度，提出了我国向其他发展中国家进行技术转移的障碍。

表2.6 主要发展中国家气候变化技术转移障碍

国别	领域	障碍
泰国	减缓	对技术和基础设施的投资高，缺乏明确的政策支持和行动方案，技术依赖进口，缺乏相关技术的基础知识及操作实践
	适应	缺乏技术、操作经验及专业人才，缺少政策支持和资金预算，缺少气候基础历史数据，气候数据收集、国家及机构间共享难度大、知识产权问题
印度尼西亚	减缓	（1）林业和泥炭：缺少可参考的测量、测绘和管理项目；（2）能源：光伏发电电价高、能力建设、知识产权等；（3）水资源：缺少法律和制度框架，建设维护的成本高，废物回收困难，民众对于垃圾处理的旧习惯和态度
	适应	投入和维护的成本高，农民落后的技术和旧的耕作方式，种业和渔业的垄断经营，民众落后的观念
越南	减缓	投资成本高，技术转让和应用的能力不足，延续传统做法的惯性，各种环境影响
	适应	缺少足够的投资预算，基础设施和技术能力不足，部分技术可对环境造成不利影响
柬埔寨	减缓	节能产品的价格高，公众缺少使用节能产品的意识，相关鼓励政策缺乏；交通领域缺少投资，已建立起来的对私家车的偏好影响公众交通理念的推广
	适应	现有政策和战略对气候变化考虑不足，法律的执行力度较弱，政府对违法活动处置不力，规划和决策依赖的研究和信息有限，当地的参与度不够，资金缺乏
斯里兰卡	减缓	（1）能源：投资高，私营部门投资意识不强，燃煤的外部性没有内部化，缺乏专业人员，难以获得相关技术，教育体系中无此类专业，电网基础设施差，生物质/垃圾供给受限；（2）交通：步行、自行车出行环境、安全性差，公众意识缺乏，缺少汽车共乘和停车换乘促进政策，铁路电气化投资高，基础设施缺乏；（3）工业：投入高，缺乏激励政策、运维设施、专业人员和相关标准
	适应	（1）渔业：投资高，缺少优质鱼苗、R&D和培训，市场不完善，饮食习惯；（2）土地管理：不稳定的土地所有制，政策不完善且执行力差，不重视非农用地保护；（3）作物多样化种植：进口政策变化和成本变化导致农产品价格波动，土地分散，缺乏品种、农产品收获后加工技术和基础设施、技术知识；（4）卫生：没有早期预警系统，缺少培训专家，没有利用现代教育技术；（5）水资源：投资高，在延长的旱季没有收益，规划时缺少农民参与，缺少地下水数据

续表

国别	领域	障碍
孟加拉国	减缓	投资高，融资渠道匮乏，专业人员缺乏，先进技术运行和管理的能力不足，知识产权问题，已有政策执行不力
	适应	缺少投资和刺激政策，缺少技术信息和技术支持，缺乏专业人才，项目规划和执行的能力不足
蒙古	减缓	不合理的财政激励措施，成本高，宏观经济的不确定性，投资者的政治风险高，政策执行不力，政府对能源的垄断，市场缺乏竞争，电价低，没有供热计量
	适应	（1）耕作农业：设备、装备投入成本高，难获得长期软贷款，农业基础设施落后，缺乏技术人员，研发能力不足，市场和供应链的落后；（2）畜牧业：设备引进关税高，缺乏技术人员，研发能力不足，政策激励措施不足，市场落后，牧民对于引进技术的重要性认识不足，动物育种技术人员和兽医缺乏
南非	—	知识产权费用，用户对技术信息和效益不清楚，以前对旧技术投入高导致升级成本高，市场存在垄断，法律体系不透明
埃塞俄比亚	减缓	（1）能源：政府和民众对于节能和使用清洁能源的意识不足，缺乏评估技术可行性的能力，缺少投资资金，新技术的价格高，缺少获取技术的途径；（2）农业：追求牲畜数量的落后观念，缺少肥料，劳动力缺乏。土地利用和森林：缺少资金和相关配套设施，缺乏技术人员，政策不清晰，制度不稳定；（3）工业：缺乏基础设施配套，初始投资高且缺少资金，促进技术引进的政策不，缺少相关数据进行成本收益分析；（4）废弃物：缺少资金，部分政府机构、私营企业、公众对甲烷回收、堆肥的缺乏了解，用于卫生填埋的土地不足，政策法规体系不清楚，技术支持能力不足
肯尼亚	减缓	初始投资高，贷款利率高，家用太阳能电池等组件没有补贴，公众对太阳能、沼气利用的优点没有认识，没有相关宣传信息，缺乏专业技术人员，研发能力不足，政策法规体系不完善，销售网络不健全，用户接触不到技术供方
	适应	（1）农业：资金不足，政府和农民对新技术没有认识，没有培训；（2）水资源：初始成本高，文化传统和公民意识障碍
赞比亚	减缓	（1）能源：缺少资金，缺少政策法规支持，缺乏技术知识和技术信息，文化和行为习惯限制，地热发电价格比常规能源价格高，生物柴油原料收集困难；（2）保护性农业：缺少设备导致工作量大，文化和习惯限制，缺少研发和人员培训的资源
	适应	（1）水资源：初始成本高，缺少水窖建造技术，部分地区缺少地下水或地下水污染，缺少水井设计和安装技术，缺乏技术经验；（2）农业：农民不接受保护性农业的做法，缺乏农村劳动力，农民缺少种子化肥，缺少技术信息，缺乏农业新品种的研发能力
卢旺达	减缓	投资成本高，私人投资者资金有限，当地没有生产通用组件的产业，电税高，缺乏专业技术人员，缺乏研发示范设施，不易接受新技术
	适应	缺乏专业技术人员和相关技术知识，技术成本较高，缺乏对技术的优点的认识，农村基础设施落后
马里	—	资金壁垒，人员能力不足，缺乏研究和开发能力，难以获得技术信息，政策法规不完善，知识产权壁垒

续表

国别	领域	障碍
苏丹	减缓	投资成本高或产品价格高,公众对技术的优点不了解,公共交通缺少投资激励政策,城市规划落后,节能灯市场上卖家少
	适应	基础设施配套缺乏,缺少研发机构支持,缺乏技术信息,缺少技术经验及人才
加纳	适应	(1)水资源:技术维护成本高,缺少运行资金,缺少政策规划支持,文化传统和公民意识障碍; (2)农业:研发能力不足,农业技术人员数量不足不能覆盖所有农民,农民技术能力不足,对新技术的认识不足,缺少政策规划支持
摩洛哥	减缓	投资高,取得资金的不确定性,技术限制,市场风险(本地需求有限),缺乏技术标准和相关法规,缺乏专业技术人员
	适应	成本高,部分技术复杂烦琐而农民的受教育程度较低,企业和研发机构之间缺乏合作,文化和习惯限制
毛里求斯	减缓	风电投资成本高、风险大,电价没有竞争力,缺少引导私人投资的政策,高效锅炉及热回收的成本高,缺少能源管理,锅炉燃料为重燃油,环境效益不高
	适应	研发能力不足,缺少受过培训的技术人员,缺少技术示范和技术支持,公众意识不足,研发与市场脱节,机构间缺少协调
阿根廷	减缓	投资成本高,缺乏金融工具(软贷款),基础设施的更新改善,缺少受过培训的专业技术人员,缺少支持政策
	适应	需要大量的政府预算,因为政治原因国会延迟审批,缺乏经过培训的专业技术人员,不同机构间数据标准和共享障碍
厄瓜多尔	减缓	税收高,缺少信贷,缺少获得技术和知识的途径,没有培训,政府、企业和公众缺乏环保意识
	适应	机构间缺乏协调,没有培训,缺少技术研发与设计能力
秘鲁	减缓	缺少技术支持;废弃物处理费用高,纳税人不愿意付费;技术的环境影响、运行维护成本、性价比不清楚可能会影响政府决策者做出错误的判断,进而放弃引进合适的技术或引进了不合适的技术;垃圾的3R(减量、复用、再生)缺少社会组织的辅助
	适应	市场上没有相关技术和产品,技术产品不是标准化的,没有支持技术转移应用的示范项目,研发能力不足,缺乏专业技术人员,社会组织在农村的力量薄弱

一、技术接受方的障碍

(1)资金障碍:主要包括技术转移推广的初始投入和运行成本较高,发展中国家政府和企业的资金有限,金融体系落后等。例如,可再生能源电站、农业基础设施建设、工业设备更新等资本密集型技术投资高、回收期长,发展中国家往往面临资金来源不足、缺少投资者的问题;对落后技术和设备的累计投入过高，政府、企业短期内没有更新技术的意愿。

（2）市场障碍：主要指居民购买力不足，市场不完善和不稳定等。例如，落后国家居民收入低，购买力弱，如太阳能热水器、节能产品、农作物良种等消费类技术产品难以大范围推广，只能在少数公共机构和富人群体中应用；能源、农业等市场存在垄断，阻碍新技术的转移应用。

（3）能力条件障碍：主要涉及人员能力、机构能力及基础设施配套等环境条件。例如，国民受教育程度低，普遍缺乏科学素养，对新技术的学习接受能力弱；缺乏高水平的研发人员；普通技术人员缺少技术安装、调试、运行、维护能力；研究机构科研基础条件差、缺乏研究经验，难以完成输入技术的消化吸收；政府机构缺乏促进技术转移推广的制度、经验和能力，对本国的需求没有很好地识别，不清楚最需要的技术；技术转移缺少所需的基础设施、制度环境配套。

（4）信息障碍：主要指信息不对称。例如，政府、企业不了解国内外有哪些适用的环境友好技术，以及技术效果、应用范围、技术参数等；缺少技术合作信息和渠道，不清楚国外哪些机构有技术转让意愿，如何获得发达国家和国际组织的资助。以上两个因素可能会导致政府决策者做出错误的判断，进而放弃引进的技术或引进不合适的技术。

（5）法律政策障碍：主要指促进技术转移的法律政策不完善。例如，国家战略规划对应对气候变化不够重视，导致促进环境友好技术推广应用的支持政策欠缺或力度不够，如对清洁能源缺乏税收优惠、补贴，政府采购缺少对节能产品的支持等；相关节能减排、环境保护的法律政策执行力度较弱，政府对违法活动的处置不力；对相关法律政策的宣传不足，企业和民众不了解气候变化相关的新政策。

（6）知识产权和技术障碍：包括技术转移的知识产权壁垒，高昂的专利付费；新技术、设备的复杂度高，专业操作维护人员缺乏；引进技术在国内缺少相关技术标准、规范；科学研究缺少相关基础数据，如历史气象、水文、遥感数据等。

（7）传统文化和公众意识等软环境障碍：例如，企业和民众环保观念落后，缺少节能减排意识；农村传统文化影响了新品种、新技术的推广；政府和民众的工作效率低下，诚信度不高。

二、技术输出方的障碍

以我国与其他发展中国家开展技术输出为例,分析技术输出方存在的障碍如下所述。

(1) 资金不足:目前,我国主要通过基础设施建设、成套设备援助和物资捐赠等方式支持发展中国家应对气候变化,用于科技合作的资金有限,项目规模小。支持企业走出去开展气候变化科技合作的金融优惠政策缺乏。

(2) 多头管理:南南气候变化技术转移是一项系统工程,不仅涉及技术示范、技术培训、联合研究等科技合作,而且需要机构援建、基础设施建设、设备援助等的配套,涉及商务部、国家发改委、科技部等多个部门,部门间的统筹协调工作有待加强。缺少气候变化南南科技合作行动规划、路线图等。

(3) 信息不对称:科研机构、大学、企业对合作国相关法律、政策、政府机构信用程度缺乏必要的了解,合作渠道有限,技术转移中介服务机构质量和数量均难以满足现行需求,存在明显的信息不对称问题。此外,我国援外技术机构与部分发达国家同类机构存在一定的竞争关系,而后者在该领域已深耕多年,在技术、资金、管理经验等各方面都拥有明显优势。

(4) "走出去"的意愿不强烈:南南合作项目见效慢,短期收益率低,可持续性差,影响了企业的积极性。援外人员待遇不高,海外工作生活条件差,且面临人身安全、健康风险、家庭分居等不稳定因素。科研机构和大学以创新能力和学术水平为考核指标,不重视南南合作,影响了援外人员的积极性。

我国在气候变化南南技术转移中存在的障碍,也是我国南南科技合作中普遍存在的障碍。

第七节 本章小结

本章首先通过对联合国发布的《发展中国家技术需求分析报告》、《国家信息通报》等文献研究,结合问卷调查,确定了不同地区、类型和发展水平国家气候变化重点领域和优先技术需求,同时分析了发展中家气候变化技术需求特点和技术转移障碍。

研究发现：①在减缓领域，发展中国家技术需求的优先领域为能源和农业，次优先领域为废弃物处理和工业节能，能源领域的优先方向为能源工业、交通和家用节能，农业领域的优先技术为改进作物管理、养殖废弃物管理、家畜饮食配方改良；②在适应领域，优先领域为农业和水资源，次优先领域为海岸带管理、卫生健康，农业领域的优先技术为作物管理、土地管理、农田水利和节水灌溉、高效牧场和牲畜管理，水资源领域的优先技术为雨水收集利用、供水渗漏控制、城市污水处理与回用、气候监测与预警系统、水井技术；③利用科技应对气候变化已成为广大发展中国家的共识，不同类型国家因国情和自然条件不同，其气候变化技术需求也各有侧重，但普遍以成熟适用技术为主，且与本国的优先发展事项紧密关联，同时发展中国家对于能力建设的需求十分强烈；④在技术转移的障碍方面，技术受方的障碍包括资金和市场障碍、能力条件障碍、信息障碍、法律政策障碍、知识产权和技术障碍、传统文化和公众意识障碍，技术供方的障碍（以我国为例）包括资金不足、存在多头管理、信息不对称、机构缺乏"走出去"的意愿等。

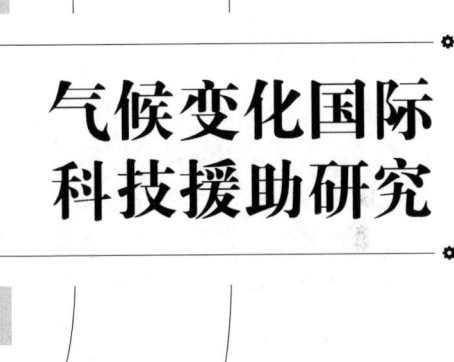

第三章 气候变化国际科技援助研究

全球气候变化是国际社会关注的热点之一,发展中国家由于缺乏资金、技术,更易受到气候变化的不利影响。发展中国家既是气候变化国际谈判中的一支重要力量,又是绿色低碳技术推广应用的未来市场,为国际社会所关注。联合国气候变化谈判将促进气候变化技术向发展中国家转移列为重要议题。主要发达国家基于自身政治、经济利益,日益重视对伙伴发展中国家开展气候变化技术援助,意图拉拢分化发展中国家,抢占和维护其在发展中国家的利益。主要国际组织也把气候变化与主要业务相结合,成为南南、南北科技合作应对气候变化的平台。

本章对气候变化国际科技援助进行研究,首先梳理联合国关于发展中国家气候变化技术转移机制和资金机制;其次以美国、欧盟、日本为例,分析主要发达国家和地区气候变化科技援助策略和特点;最后以世界银行、全球环境基金会等国际组织为例,分析主要国际组织气候变化科技援助策略和特点。通过本章研究为我国开展应对气候变化科技援助提供借鉴。

第一节　气候变化框架公约下发展中国家技术转移机制

一、气候变化技术转移机制

促进气候变化技术向发展中国家转移是联合国气候变化谈判的重要内容。1992年通过的《联合国气候变化框架公约》(以下简称《公约》)明确提出发达国家有义务提供资金、技术,帮助发展中国家应对气候变化。历届《公约》缔约方大会都将促进环境友好技术的开发和转让作为重要目标,并通过了促进技术转移的相关决定。

1997年,在日本东京举行的《公约》第三次缔约方会议(Conference of Parties 3,COP3)通过了《京都议定书》,为附件一国家规定了具有法律约束力的具体减排目标,引入了联合履行(Joint Implemetion,JI)、排放贸易(Emission Trading,ET)和清洁发展机制(Clean Development Mechanism,CDM)三个机制[138]。

2001 年，在摩洛哥马拉喀什举行的《公约》第七次缔约方会议（COP7）达成了《马拉喀什协定》（Marrakesh Accord）。有关技术转移的内容包括：成立技术转让专家小组（Expert Group on Technology Transfer，EGTT）；建立技术转让框架（Technology Transfer Framework，TTF），由技术需求及其评估、技术信息、促成环境、能力建设、技术转让机制 5 个主题构成，以执行《公约》4.5 条增加和改善环境友好技术和知识的转移；作为《公约》的资金机制经营实体，全球环境基金通过其气候变化信托基金和气候变化特别基金，为执行该框架提供资金资助。

2007 年，在巴厘岛举行的《公约》第十三次缔约方会议（COP13）通过了《巴厘路线图》（Bali Action Plan）。《巴厘行动计划》主要包括减缓、适应、技术和资金 4 方面内容。它提出发展中国家适当国内减缓行动，即发展中国家要在可持续发展框架下，在得到技术、资金和能力建设的支持下，采取适当的国内减缓行动，上述支持和减缓行动均应是可测量的、可报告的和可核证的。它要求发达国家提供充足的、可预测的、可持续的新的和额外的资金资源，帮助发展中国家参与应对气候变化的行动[139]。

2010 年，在坎昆举行的《公约》第十六次缔约方会议（COP16）通过了《坎昆协议》（Cancun Agreements）。有关技术转移的内容包括：决定建立技术开发与转让机制，该机制由技术执行委员会（Technology Executive Committee，TEC）和 CTCN 组成，旨在加强技术合作，帮助相关国家开发和转让气候技术，以有效地减少温室气体排放，适应气候变化的不利影响[140]。在资金问题上，决定建立"绿色气候基金"，要求发达国家落实快速启动资金（2010～2012 年启动 300 亿美元），并承诺到 2020 年每年动员 1000 亿美元支持发展中国家应对气候变化[141]。

2012 年，在多哈举行的《公约》第十八次缔约方会议（COP18）议定了使技术机制（TEC 与 CTCN）进入全面运作的工作安排，包括选定联合国环境规划署作为气候技术中心（Climate Technology Centre，CTC）第一个五年期的东道方，设立气候技术中心和网络咨询委员会。

2015 年，在巴黎举行的《公约》第二十一次缔约方会议（COP21）达成了《巴黎协定》，《巴黎协定》是历史上首个关于气候变化的全球性协定。根据协定，各方同意结合可持续发展的要求和消除贫困的努力，加强对气候变化威胁的全球应对，将全球平均气温升幅与前工业化时期相比控制在 2℃以内，并继续努力，争取把温度升幅限定在 1.5℃以内，以大幅减少气候变化的风险和影响。

协定指出发达国家应继续带头,努力实现减排目标,发展中国家则应依据不同的国情继续强化减排努力,并逐渐实现减排或限排目标。资金方面,协定规定发达国家应为协助发展中国家,在减缓和适应两方面提供资金资源。同时,将2020年后每年提供1000亿美元帮助发展中国家应对气候变化作为底线,提出各方最迟应在2025年前提出新的资金资助目标[142]。

在国际社会的共同努力下,联合国气候变化技术转让机制发挥了重要作用。

二、气候变化资金机制

《公约》下的资金机制包括全球环境基金、气候变化特别基金、最不发达国家基金、适应基金和绿色气候基金。其中,GEF是资金机制的主体,不论从职能上还是增资规模上都发挥着主要作用。

(一)全球环境基金

GEF是世界上最大的环保基金,1990年设立,由世界银行、联合国开发计划署和联合国环境规划署共同管理。作为一个国际资金机制,GEF主要是以赠款或其他形式的优惠资助,为受援国(包括发展中国家和部分经济转轨国家)提供关于气候变化、生物多样性、国际水域和臭氧层损耗四个领域及与这些领域相关的土地退化方面项目的资金支持,以取得全球环境效益,促进受援国有益于环境的可持续发展。

气候变化是GEF资助的主要领域之一,涉及的资助项目主要是减缓项目,如可再生能源、能源效率和可持续交通。截至2010年6月,GEF共支持了154个发展中国家和转型经济体的气候变化减缓行动和相关活动,项目数额达738个,资金总额约为29亿美元。

(二)气候变化特别基金

气候变化特别基金(Special Climate Change Fund,SCCF)于2004年设立,由GEF托管。SCCF对GEF信托基金和其他双边与多边基金起补充作用,在与气候变化相关的活动、计划和措施方面提供资助,优先资助领域为适应问题。气候变化特别基金支持长期和短期的适应性活动,主要领域涉及水资源管理、土地资源管理、农业、卫生、基础设施发展、生态系统、积极山区生态环境、海岸带综合管理等。在全球主要的资助范围集中在亚非和最不发达国家。

(三) 最不发达国家基金

最不发达国家基金 (Least Developed Countries Fund, LDCF) 于 2002 年设立，由 GEF 托管，以帮助经济和地理环境最不发达的国家应对全球气候变暖带来的脆弱性影响。主要领域为支持最不发达国家进行《国家适应气候变化行动计划》(National Adaptation Plan for Action, NAPA) 的编制，并为 NAPA 的紧急和优先适应措施提供资助。

截至 2012 年 6 月，LDCF 共有 25 个捐资国，共承诺捐资约 5.37 亿美元，具体情况为最不发达国家基金只资助最不发达国家的适应活动，特别是国家适应行动方案。截至 2012 年 6 月，LDCF 已批准 3.46 亿美元的项目和扶持活动，已资助 48 个国家 NAPA 的编制。

(四) 适应性基金

适应性基金 (Adaptation Fund, AF) 于 2008 年设立，由世界银行托管，以帮助发展中国家适应气候变化。主要支持内容包括：开展适应活动，特别是在水资源管理、土地管理、农业卫生保健、生态系统保护、海岸带综合管理等领域开展等活动；改进针对受气候变化影响的疾病和病媒的监测工作及有关的预报和预警系统；能力建设，包括与气候变化相关的灾害预防措施和灾害管理，包括特别是极端天气事件多发地区旱涝应急规划方面的体制能力建设；加强现有的和在必要时需建立国家和区域中心的信息网络，以便能够尽可能利用信息技术对极端天气事件作出迅速反应等。适应基金的资金来源主要是清洁发展机制项目活动所产生的部分收益，并非完全是发达国家的出资。

(五) 绿色气候基金

绿色气候基金 (Green Climate Fund, GCF) 于 2010 年设立，按照《哥本哈根协议》和《坎昆协议》的要求，发达国家要在 2010～2012 年出资 300 亿美元作为快速启动资金，在 2013～2020 年每年提供 1000 亿美元的长期资金，用于帮助发展中国家应对气候变化。该基金管理一个拥有多方资金来源的大规模的财政资源，并通过各种金融工具、融资窗口等提供资金。

虽然后期成立的绿色气候基金已得到发达国家的注资承诺，但迄今为止，发达国家出资情况仍不能令人满意。

第二节 发达国家气候变化科技援助策略

一、美国

美国通过双边和多边渠道开展气候变化科技援助,并以双边合作为主。美国国际开发署是援外的主要执行机构,同时负责协调其他部门开展科技援外。美国国际发展署在100多个国家派有驻外人员,管理美国对外援助项目。此外,白宫科技政策办公室与国务院部门和科研机构组建了战略联盟,在更广泛的技术领域上对发展中国家予以扶持。

美国政府一直重视对发展中国家的技术援助,援助形式多样化。早在2002年,美国发布了《美国全球变化政策》,提出增加对发展中国家的支持,促进双边应对气候变化国际合作,并在2003财年预算中,提供大量资金支持科学研究、技术开发和转让,包括1.55亿美元支持美国国际开发署对发展中国家技术援助,7500万美元用于支持发展中国家热带森林保护和气候变化观测,6800万美元投入全球环境基金会帮助发展中国家测量和降低排放和投资清洁能源。

近年来,美国不断加强与中国、印度、巴西等新兴经济体之间的气候变化合作,将技术援助上升到联合研究层面,以充分借助新兴经济体的人才和自然资源优势。2009年,中美两国成立了中美清洁能源联合研究中心,首批优先领域包括节能建筑、清洁煤、清洁能源汽车等。同年,美国与印度签署了清洁能源开发合作谅解备忘录,筹建美印清洁能源研究中心,开展风能、太阳能、二代生化材料、节能及非传统型天然气和清洁煤技术方面的合作。

美国把对其他发展中国家的气候变化援助作为全球布局的战略之一。2012年1月,美国国际开发署发布了《气候变化与发展的战略(2012—2016)》,目的是帮助伙伴发展中国家更好地应对气候变化挑战和机遇。其主要战略目标是通过加大对清洁能源、可持续土地利用和适应领域的投入,促进发展中国家向低碳发展转变,增加发展中国家民众、地区和畜牧业对气候变化的适应能力。为实现这一战略目标,美国国际开发署将实施快速启动金融,支持二十个发展中国家的低碳发展战略,开展试验项目、技术培训等。例如,美国支持哥伦比亚环境部和规划部,对发电、交通运输、工业、农业、林业等部门进行重新规划。在孟加拉国,美国将支持标记和测量全国风能资源。

此外,美国积极参与多边气候变化科技合作,发起了多个由发达国家和发展中国家共同参与的联合研究计划。2003年,设立了氢经济国际合作伙伴计划,促进燃料电池技术的国际协作和全球氢经济发展,基础四国参与;2004年,设立了甲烷市场化合作计划,促进对甲烷的回收和利用,蒙古、尼日利亚、巴基斯坦等十多个发展中国家参与。美国还向国际组织和非政府组织缴纳会费,提供资金,支持第三方机构向发展中国家提供气候变化技术援助。

美国的气候变化技术援助从本质上来讲是政治性的,目的在于通过援助扩大自己在发展中国家的影响,把应对气候变化作为推广绿色清洁技术的机遇。在援助对象的选择上,除考虑国际社会的呼声外,主要由国内强势利益集团的经济利益所决定。美国针对不同国家确定了不同的合作重点,既重视与基础四国等新兴经济体开展联合研究,又重视与其他发展中国家开展技术示范、人力资源培训,帮助伙伴发展中国家制定应对气候变化战略,维持在受援国的影响力。美国重视发起国际联合研究计划,充分利用全球资源,主导技术研发话语权。在具体实施上,美国国际开发署将气候变化援助与农业、水资源、防灾减灾、生物多样性保护领域的援助工作相结合,争取其他政府机构和私营部门的技术、资金支持,集成资源力量,实现对外目标。美国国际开发署的援外合同和赠款主要交由美国公司实施,并对受援国附有各种条件。

二、欧盟

欧盟对外援助主要由欧洲共同体集中管理,针对受援国制定了中长期援助战略。欧盟把技术援助重点放在具有地缘意义的非洲地区,援助项目主要涉及应对气候变化、洁净水、能源、食物等领域,其中大部分援助用于撒哈拉以南的非洲国家。2007年,第二届非洲欧盟首脑会议确定建立非洲-欧盟战略伙伴关系,将气候变化和能源领域的合作作为伙伴关系的重点内容。在"欧盟倡议"的推动下,2008年,波兹南会议发布了《非欧气候变化宣言》,表示欧盟将在资金和技术上帮助非洲国家共同应对气候变化问题。2010年,第三届非洲欧盟首脑会议确定的行动计划提出,加强非洲国家适应和减缓能力建设,在水资源管理、农业适应气候变化、可持续土地管理、防止荒漠化、避免森林砍伐等方面加强合作。同时还确定了减少撒哈拉-萨赫勒地区森林砍伐的绿色长城计划、地球观测数据利用和气候信息服务等7项优先行动。欧盟还通过双边和多边合作，帮助非洲国家加强执行多边环境协议的能力和利用全球气候变化联盟的能力。

欧盟高度重视非洲地区的对地观测。2012年3月，非盟与欧盟签署融资协议，投入3700万欧元，加强地球观测技术在非洲的应用，实施非洲环境与安全监测项目。项目将于2018年完成，将覆盖撒哈拉以南所有的非洲国家。项目还用于非洲农业土壤和水质条件监测，跟踪森林退化和荒漠化，为政策制定者和决策者提供信息以减少自然风险和人为灾害。

此外，欧盟成员国也在不同程度上与发展中国家开展气候变化技术合作。2009年，德国计划在撒哈拉以南的非洲以气候变化、土地资源、水资源等为研究重点设立"区域能力中心"，以寻求全球性问题的解决方案。英国和瑞典均设立了科技援外的评估机构，提高本国的科技援助项目的质量和效果。

近年来，欧盟积极面向非洲开展气候变化、能源外交，其目的是减少新兴大国进入非洲后给欧盟造成的贸易劣势，利用气候变化、能源等欧盟具有较大优势的领域，塑造对非合作的全球规范，维持其在非洲的传统优势地位，其对受援国的态度也开始从"援助－受援"关系，转向"平等伙伴"关系。

三、日本

日本是最早推行"环境外交"的国家，通过推广先进的环境保护技术和经验，开拓低碳产品市场，提升国际影响力。日本气候变化技术援助区域主要集中在亚洲、非洲和中东，以开发援助为核心理念，硬援助（示范项目）和软援助（技术培训）互为补充。技术援助主要由日本国际协力机构（Japan International Cooperation Agency，JICA）执行，JICA融合了技术合作、ODA（Official Development Assistance）贷款和赠款三大职能，实现了技术援助与其他援助机制的协同。除双边合作外，日本积极向国际组织捐款设立专项，派驻管理和专业技术人员，通过国际组织开展气候变化多边合作，体现国家意志。

日本政府在2008年启动了环境和气候变化援助项目，支持对象是没有足够执行能力和资金实现减排和经济增长的发展中国家、易受气候变化不利影响（如干旱和荒漠化）的国家等。支持的主要领域包括太阳能发电、防洪管理、森林保护、地热发电、废物控制等。在对非合作方面，2008年日本启动了"面向可持续发展的科技研究伙伴计划"，实施了多个涉及环保、粮食、能源、灾害的对非科技援助计划；同年，日本政府向UNDP提供了9200万美元资金，设立了非洲适应项目，利用UNDP驻非洲国家代表处和受援国政府的资源平台，开展气候变化技术培训、技术示范和发展战略编制，目前已有20个非洲国家加入该项目。日本将气候外交与对非外交的结合，有利于扩大对非影响力，确保其在非洲的能源利益。

在促进气候技术向发展中国家转移方面，日本采取了以政府为主导，市场为导向，政府、私营部门、第三方机构等多主体参与的方式，建立了有效的公共部门和私营部门合作体系，官方流动资金只能用于开展辅助性活动，私营部门资金可直接用于投资。设立的技术合作基金，由政府出资25%，私营部门出资75%，支持向发展中国家技术转移。在具体实施中，设立了国际环境技术转移中心，利用累积的工业污染控制技术和经验帮助各国预防环境危害，提高环境质量。国际环境技术转移中心除开展技术培训、人员交流外，还利用调查发展中国家环境状况的机会，掌握受援国的第一手数据资料。

日本的气候变化技术援外，充分体现了战略意图和外交目的。在"后京都时代"日本主张发达国家和发展中国家需统一在一个法律约束性框架下，既是给自己预留政策空间，又试图通过援助、技术转让等手段使排放量较大的发展中国家对日本有所需求，力图在国际事务中树立积极的形象，为其走上政治大国道路争取国际支持。日本的气候变化技术援助注重从发展中国家需求出发，强调平等的伙伴关系。援外过程中，以向全世界公开竞标的方式购买所需援外物资，重视援外技术的环境友好性，对援助项目进行综合环境监测。在援外方式上，把技术培训放在了更重要的位置，并在8个发展中国家建立了培训基地。为提升援外效益，JICA在发展中国家设立了上百个办公室，深入到各国基层，了解需求，推广项目，同时向海外派遣青年志愿者服务队，覆盖了受援国各个层次的人群，既提高技术援助的精细程度，又提高了日本援外的影响力。除政府部门实施对外援助外，各种非政府组织和公共团体也积极配合政府开展援助。

四、发达国家气候变化科技援助特点

欧、美、日等主要发达国家和地区从政治、经济利益角度出发，日益重视应对气候变化方面与发展中国家（特别是非洲）的科技援外及合作，其意图一是拉拢分化发展中国家，在气候变化谈判中打压新兴发展中大国，垄断国际话语权，力争在国际合作中发挥主导地位；二是加快全球战略布点，抢占和维护其在发展中国家的利益，开发潜在的气候技术市场，推广体现发达国家意志的标准和规则[6]。虽然在气候变化谈判中，发达国家对于向发展中国家提供资金和技术保持消极态度，但对伙伴发展中国家早已开展大量的气候变化技术援助。

发达国家开展应对气候变化科技援外主要有以下特点。

一是加强政府引导，优化组织机构建设和整体协调。发达国家普遍设有专门机构负责对发展中国家合作，将气候变化科技援外纳入整体援外计划，制定了详细的规划和计划，并保证资金支持。注重加强国内机构力量的统筹，将农业、能源、环保、海洋等部门的项目与气候变化集成，实施自上而下的对外科技行动。鼓励私营部门参与，发挥市场机制作用。

二是采取差别化的合作策略，针对不同发展中国家的特点有目的地开展合作，并针对不同地区和国别制定技术援助战略。对于基础四国等新兴国家，除技术援助外，还利用新兴国家的人才、资源和条件开展合作研究，面向新兴国家的巨大市场进行有条件的技术转移，合作领域更侧重于新能源、节能减排等减缓技术。对于其他发展中国家，主要开展适应气候变化的技术援助，并与防灾减灾、粮食安全、水资源利用、清洁能源、卫生健康等减贫工作相结合。此外，发达国家积极推进气候变化观测领域的合作，试图获取发展中国家独特的自然、气候、水文数据，用于研究或商业目的。

三是除双边合作外，积极利用国际组织等第三方力量或联合其他发达国家开展技术援助，如向国际组织缴纳会费捐款、设立专项行动、参与项目设计等，以较少的资源投入发挥较大的作用和影响力。主导并发起有发展中国家参与的多边技术合作，与发展中国家开展政策、技术、标准、经验方面的交流合作，利用全球科技资源，确保技术领先地位。

四是与受援国的关系由过去的依附关系向平等的战略伙伴关系转变，但即便如此，援助仍是有条件的。

第三节　国际组织气候变化科技援助策略

一、世界银行

世界银行（World Bank）向中等收入国家和信誉良好的低收入国家提供贷款，向最不发达国家提供无息贷款和赠款，帮助它们减少贫困，解决发展问题。世界银行重视在发展中国家加速技术开发，加强政策研究和知识能力建设，强调能力建设和学习成功经验是发展中国家实现可持续发展的重要手段。

气候变化是世界银行的优先领域之一。世界银行积极参与全球伙伴关系应对气候变化，与非洲开发银行、亚洲开发银行、欧洲复兴和开发银行、美洲开发银行等，加入了支持发展中国家实现低排放和适应气候的气候投资基金，帮助46个发展中国家推广清洁技术、可再生能源技术、可持续森林管理技术，制定战略行动，增强气候抗御能力。世界银行是12支总额为27亿美元碳基金的受托人，这些基金由发达国家政府和企业出资，直接帮助发展中国家应对气候变化。世界银行发行了总额为23亿美元的绿色债券，募集资金用于发展中国家减缓和适应气候变化工作。

世界银行在主要发展中国家都设有分支机构，针对非洲、东亚及太平洋地区、中亚、西亚北非、南亚、拉美和加勒比地区不同发展中国家地区的特点，分别制定了气候变化合作战略，提供解决方案，并将其工作重点放在对非合作上。以马里为例，2003年，在GEF、俄罗斯政府、荷兰政府、德国复兴信贷银行、非洲开发银行的信贷和资金支持下，世界银行在马里启动了能源项目，支持农村低收入人群获得基本的能源服务，帮助实现经济增长。在马里政府、NGO、私营部门参与下，截至2010年5月，172所学校和139个保健中心获得离网电力接入服务，新建的离网发电已覆盖65万人口。在新能源技术方面，近8000户家庭安装了家用太阳能系统，500家机构安装了太阳能光伏发电。

二、全球环境基金会

GEF是全球最大的独立性环保基金，在保持生物多样性、应对气候变化、国际水域、减少持久性有机污染物、防治土地荒漠化等领域，向发展中国家提供赠款，促进技术转移。它也是UNFCCC、《全球生物多样性公约》等国际性公约的资金机制。成立至今，GEF已向140多个发展中国家提供了经济和技术援助。

除GEF信托基金外，GEF同时管理UNFCCC的两支以适应气候变化为重点的基金——SCCF和LDCF。其中，SCCF主要支持适应和技术转移工作，领域覆盖水资源管理、土地管理、农业、卫生、基础设施等。LDCF的主要任务是帮助48个最不发达国家编制和实施《国家适应气候变化行动方案》，进行需求评估，确定优先领域，并降低这些领域脆弱性，促进发展。截至2012年6月底，SCCF已批准1.6亿美元用于适应项目，投入2664万美元支持6个技术转让项目，

LDCF 已批准支持 3.5 亿美元的项目。

GEF 同时为环境友好技术的推广、示范、转移和经验传播提供资金支持，已成为最大的技术转让公共资金来源。近年来，每年投入约 2.5 亿美元，用于能源效率改进、可再生能源、低碳发电技术、可持续城市交通及适应技术等。项目设计实施中，重视能力建设，提高公众意识，将适应战略纳入当地经济发展、土地利用、环境规划。

三、联合国开发计划署

UNDP 是世界上最大的多边技术援助机构，也是 GEF 的执行机构之一。UNDP 把应对气候变化作为环境和能源领域的战略主题之一。通过实施技术援助项目，增加发展中国家应对气候变化的知识、经验和资源，帮助发展中国家获得、管理气候融资。UNDP 也在积极推动气候变化技术转移，帮助发展中国家确定适用的技术，建立合适的技术转移框架，消除环境友好技术开发和转让的障碍，通过提供技术、政策和专业知识的支持，促进技术示范和商业化。

在多种资金机制的支持下，UNDP 启动或参与了环境和能源信托基金、UNDP/GEF 项目、非洲适应气候变化项目、UN-REDD 项目、旱地发展中心、联合国千年计划碳基金、联合国贫困和环境倡议、赤道倡议等，促进发展中国家利用科学技术应对气候变化。

四、联合国教科文组织

联合国教科文组织（United Nations Educational, Scientific and Cultural Organization, UNESCO）应对气候变化目标包括：建立和维护气候变化知识库，包含科学、评估、监测和预警；促进减缓和适应气候变化。

与世界银行、GEF 不同，UNESCO 本身不掌握气候变化基金，主要通过发起多边联合计划，推动气候变化国际合作，利用下属研究和服务机构、成员国的科技教育资源提供气候变化技术培训、技术转移、技术交流等合作。2009 年，UNESCO 推出了全球性的"气候变化倡议"，把对发展中国家的合作放在优先领域，该倡议设立了科技适应气候变化论坛、可持续发展旗舰教育项目，在有关国家建立气候变化观测站点。依托成员国的教育科研机构，UNESCO 建立了三个以南南合作为主题的机构，在北京理工大学设立了"南南科技合作应对气候变化"教席，促进南南科技合作应对气候变化战略规划研究、技术转移机制研究和技术培训等；在巴西帕拉州联邦大学设立了"南南合作促进可持续发展"教席；在马来西亚建立了南南合作国际科技创新中心，促进技术推广和创新，实施有关气候变化减缓和适应的政策框架。

五、国际组织气候变化科技援助特点

不同国际组织由于宗旨和业务不同，在气候变化技术援外方面有所不同，一般通过三种途径支持发展中国家应对气候变化：一是提供无息或低息贷款，如世界银行、非洲开发银行等；二是提供赠款和技术援助，如 GEF、UNDP 等；三是通过平台网络、专家、科技、教育、培训资源提供专业服务支持，如 UNESCO、UNEP、WMO 等。

主要国际组织均把气候变化与主要业务相结合，在项目设计和实施中，把应对气候变化与千年发展目标、减贫、环境保护、清洁能源和发展中国家能力建设等相结合，坚持长期、持续、稳定的支持。

国际组织积极推动建立新的应对气候变化资金机制，推动应对气候变化技术向发展中国家转移，削弱了传统技术转移商业模式的弊端。

由于发达国家是国际组织的主要经费来源，国际组织实施的气候变化行动项目，往往体现发达国家的意志和利益。

第四节　本章小结

本章梳理了联合国关于发展中国家气候变化技术转移机制和资金机制，分析了主要发达国家和国际组织气候变化科技援助的策略和特点。

研究发现：①联合国气候变化技术转移机制的重点在于发达国家向发展中国家转移气候变化技术，对于发展中国家之间的南南技术转移支持不足，发达国家对于气候基金出资情况仍不能令人满意；②发达国家是应对气候变化技术援助的主要力量，注重加强政府引导，优化组织机构建设和整体协调，采取差别化的合作策略，积极利用国际组织等第三方力量或联合其他发达国家开展技术援助，主导和发起国际联合研究计划，受援国的关系由过去的依附关系向平等的战略伙伴关系转变；③国际组织是应对气候变化技术援助的平台，通过提

供无息或低息贷款、赠款、技术援助和专业服务提高发展中国家的应对气候变化能力,注重把气候变化与改善民生相结合,积极推动建立新的应对气候变化资金机制,推动应对气候变化技术向发展中国家转移,但合作过程中往往体现发达国家的意志和利益。

第四章 我国气候变化南南科技合作研究

由于国力和发展阶段限制，我国气候变化南南科技合作起步较晚。近年来，由于气候变化谈判形势严峻及我国相对突出的资金、技术优势，气候变化南南科技合作逐渐得到我国政府的重视。随着我国综合国力的提升，我国角色逐步从气候变化受援国向援助国转变[9]。经过多年的发展，我国已经形成一个全方位、多层次、宽领域的国际科技合作格局[143]，南南科技合作特别是气候变化南南科技合作不断深化，在这个过程中，政府发挥了十分重要的作用。

政府的宏观管理和支持对于促进气候变化南南科技合作具有重要的作用，政府的政策与管理体系对于气候变化南南科技合作成效具有重要影响。我国的气候变化技术具有成熟、适用和性价比高的特点，部分技术在发展中国家成功应用，取得了良好的成效。本章首先从战略规划和部门管理两个层面，分析我国气候变化南南科技合作政策管理体系；其次构建我国可向发展中国家输出技术的评价指标体系，分析确定我国可供输气候变化重点领域、技术；最后，通过专家咨询、案例研究，分析我们气候变化南南科技合作机制、途径、合作模式等。

第一节 我国气候变化南南科技合作政策管理体系分析

一、气候变化南南科技合作政策体系

2005 年以前，由于经济和科技水平的限制，我国气候变化南南科技合作的规模和范围非常有限，财政支持力度较小。2006 年以来，随着国力的提高，气候变化南南科技合作得到国家重视，并取得了进一步发展。本节主要对 2006 年以来我国气候变化南南科技合作政策体系进行分析。政策管理体系示意图见图 4.1。

（一）宏观指导意见

气候变化南南科技合作属于我国南南合作与援外体系的一部分，在实施中

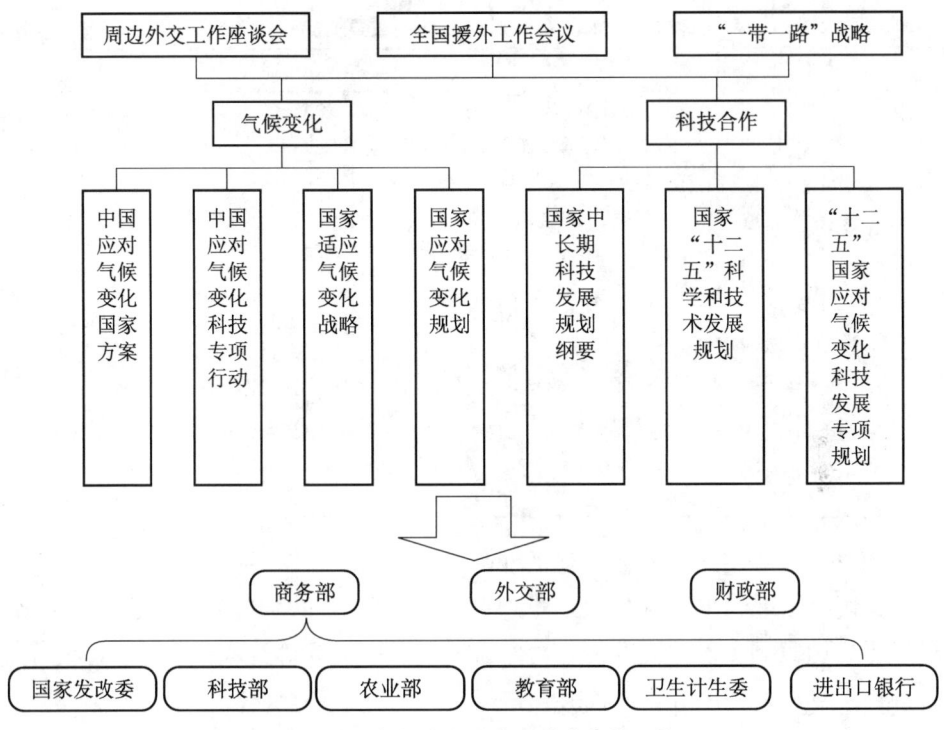

图 4.1 我国气候变化南南科技合作管理体系

贯彻我国南南合作和援外的大政方针。我国的对外援助由党中央、国务院领导。长期以来，我国对外援助工作主要以周恩来制定的"八项原则"、邓小平提出的"四项原则"为指导方针，其他以中央文件形式发布的指导意见很少。2010年以来，随着援外工作的开展，国家层面召开了两次与南南合作直接相关的会议，确定了南南合作的方向。这两次会议分别是全国援外工作会议和周边外交工作座谈会。

2010年是我国对外援助60周年，国家召开了全国援外工作会议。会议强调要在新形势下加强改进援外工作，明确了下一步援外的工作重点，包括：①着力优化对外援助结构；②着力提高对外援助质量；③着力增强受援国自主发展能力；④着力完善对外援助体制机制。详见表4.1。此次会议站在援外项目的角度，对援外项目选择、实施，援外体制完善提出了明确要求，虽然是全国会议，但部门痕迹还比较明显。

表 4.1　优化对外援助的重要措施

任务	措施
优化对外援助结构	①向最不发达国家、内陆和小岛国倾斜；②增加受援国急需、受惠面广的医院、学校、供水、清洁能源等民生项目；③合理安排无偿援助、无息贷款和优惠贷款的规模和比例；④推进援外方式创新
提高对外援助质量	①加强项目可行性评估；②规范项目遴选程序；③实施援外企业分类管理；④建立内部审计和外部监督；⑤健全责任追究制度
增强受援国自主发展能力	①支持我国企业对受援国投资，促进就业；②遵守受援国法律和风俗，公平竞争，保护环境，与居民和睦相处；③促进受援国对中国的出口；④加强农业合作，建设农业示范中心，传授种植经验，培养技术人员；⑤拓宽援外培训的领域，增强培训的针对性
完善援助体制机制	①理顺援外管理体制，健全决策、执行、监督相制约的援外运行机制；②调动地方和民间力量支持援外；③提高受援国在援外项目决策、执行、评估和后期管理的参与度

2013 年，随着国际国内形势的变化，中央召开了"周边外交工作座谈会"。会议强调要推进周边外交，为我国发展争取良好的周边环境，使我国发展更多，惠及周边国家，实现共同发展。具体措施包括：①统筹经济、贸易、科技、金融等方面资源，利用好比较优势，积极参与区域经济合作；②加快基础设施互联互通，建设好丝绸之路经济带、21 世纪海上丝绸之路；③深化区域金融合作，积极筹建亚洲基础设施投资银行，深化沿边省区同周边国家的互利合作；④加强对周边国家的宣传工作、公共外交、民间外交、人文交流。"周边外交工作座谈会"是改革开放以来规格最高的就周边外交召开的会议，是周边外交的顶层设计，会议没有局限于对外援助，而把互利共赢的合作放在重要位置，更契合南南合作的精神，会议精神成为周边科技合作的重要指针。

在"周边外交工作座谈会"基础上，中央又提出"一带一路"战略构想，通过建设"一带一路"、设立亚洲基础设施投资银行，积极推进沿线国家发展战略的相互对接，促进"一带一路"沿线国家加强合作，实现道路联通、贸易畅通、资金融通、政策沟通、民心相通，使更多国家共享发展机遇和成果。2015 年，国家发改委等部门发布了《推动共建丝绸之路经济带和 21 世纪海上丝绸之路的愿景与行动》，明确了合作原则、思路和合作机制。

上述两个高级别会议确定今后 5～10 年南南合作的战略目标、基本方针、总体布局，把南南合作放到了重要位置。我国的气候变化南南科技合作工作也主要在这两个会议精神指导下开展。

（二）相关战略规划

在战略规划层面，目前国家既没有总体的南南合作或援助规划，也没有具体到气候变化南南科技合作的规划，有关气候变化南南科技合作的内容分别在国家气候变化规划和科技规划中得以体现，这两方面规划分别由国家发改委和科技部牵头制定。

1．"十一五"期间制定的战略规划

1）《中国应对气候变化国家方案》

2007年，根据《联合国气候变化框架公约》组织的要求，国务院制定了《中国应对气候变化国家方案》，明确了2010年前我国应对气候变化的目标、原则、重点领域及政策措施，提出了在可持续发展框架下应对气候变化、遵循"共同但有区别的责任"原则、减缓与适应并重、将应对气候变化政策与其他相关政策结合、依靠科技进步和创新、积极参与并广泛合作等6条原则，同时提出了在适应和减缓气候变化、科技开发、气候变化宣传、机构体制建设等方面的具体措施。该方案时效较短，强调的合作主要是加强与发达国家合作，促进气候变化技术引进和合作研究，并没有涉及南南合作的内容。

2）《中国应对气候变化科技专项行动》

2007年，科技部等部委制定了《中国应对气候变化科技专项行动》，提出了"十一五"阶段性目标和2020年的目标，明确了气候变化科学研究、技术开发、战略与政策研究等重点任务。专项行动提出要充分利用全球资源、加强国际科技合作、促进国际技术转让。例如，要将气候变化科技合作纳入双（多）边政府间协议；扩大国家科技计划等对外开放，适时牵头发起气候变化国际科技合作计划；鼓励我国科学家、科研机构和企业参与气候变化国际科技研发计划。但是，该文件也没有明确提出加强南南合作，而是站在南北科技合作角度，推动国际社会建立有效的技术转让机制，引进买得起、用得上的气候变化先进技术。

3）《国家中长期科技发展规划纲要（2006—2020）》

2006年，国务院制定了《国家中长期科技发展规划纲要（2006—2020）》，提出扩大国际和地区科技合作与交流，例如，鼓励科研院所、高等院校与海外研究开发机构建立联合实验室或研究开发中心，建立内地与港澳台的科技合作机制，支持我国企业"走出去"，扩大高新技术及其产品的出口，鼓励和支持企业在海外设立研究开发机构或产业化基地，积极主动参与国际大科学工程和国际学术组织。作为部署科技长远发展的纲领指南，该文件并没有明确涉及南南科技合作的内容。

2. "十二五"期间制定的战略规划

1)《国家适应气候变化战略》

2013年,国家发改委等部门制定了《国家适应气候变化战略》(到2020年),提出加强南南合作,例如,要运用能力建设、联合研发、扶贫开发等方式,与其他发展中国家深入开展适应技术和经验交流,在农业生产、荒漠化治理、水资源综合管理、气象与海洋灾害监测预警预报、有害生物监测与防治、生物多样性保护、海岸带保护、防灾减灾等领域广泛开展"南南合作"。这是在国家战略文件中首次提出加强气候变化南南合作,并明确了重点合作领域。

2)《国家应对气候变化规划(2014—2020年)》

2014年,国家发改委制定了《国家应对气候变化规划(2014—2020年)》,是我国应对气候变化领域首个国家专项规划。该规划把南南合作提到重要位置,提出拓展南南合作机制,创新多边合作模式,探讨建立"南南合作基金";鼓励地方政府、企业和非政府组织参与气候变化南南合作,推动我国低碳技术、适应技术及产品"走出去";结合拓展气候物资赠送种类;支持发展中国家节能、可再生能源应用、增加碳汇及适应气候变化能力建设;帮助有关国家培训气候变化领域各类人才。国家规划在南南合作机制建设和发展中国家能力建设方面,制定了南南合作的重点方向,并对最不发达国家、小岛国、非洲国家加以倾斜。

3)《国家"十二五"科技发展规划》

2011年,科技部制定了《国家"十二五"科技发展规划》,对南南科技合作作出了明确部署。规划提出实施面向发展中国家的"科技伙伴计划";在非洲、拉美、东南亚、中亚等地区建立国际技术转移示范点,探索在发展中国家推广科技服务和科技创业的经验;重点在医疗健康、粮食增产、信息通信、资源环保、生物多样性等领域开展联合研发、技术推广、技术培训、联合考察等;扩大科技援外,帮助发展中国家加强科技创新能力建设;推进"中亚科技合作中心""中国-东盟农业示范基地"等区域科技中心的建设,增强对区域科技发展的影响力。

与规划配套的《国际科技合作"十二五"专项规划》提出创新对外援助形式;增强我国科技软实力的影响力,探索"南南合作"新模式;通过技术示范与推广、技术培训、技术服务、联合研发、政策研究、科研捐赠等形式,向发展中国家推广我国科技政策、管理和服务模式,促进发展中国家科技与经济发展结合;推进"中非科技伙伴计划",适时启动"中国与东南亚科技伙伴计划",共同促进发展中国家的可持续发展。两个规划明确了南南科技合作的形式和领域。

4)《"十二五"国家应对气候变化科技发展专项规划》

2012年,科技部制定了《"十二五"国家应对气候变化科技发展专项规划》,

明确提出加强气候变化科技援助及南南科技合作，具体包括以区域合作机制和基础四国合作机制等为基础，深化气候变化领域的南南科技合作；加强与非洲、周边邻国、小岛国、最不发达国家在观测、适应和减缓技术转移和示范、人才培训等能力建设领域的合作；推动建立基础四国气候变化技术研发联盟，加强在国际气候制度设计、谈判和履约技术性议题等领域的合作研究。

从上述战略规划内容的变化，可以明显看出国家对气候变化南南科技合作重视程度不断提高。2010年以前，无论是南南气候合作还是南南科技合作并不得到国家重视，这一阶段国际合作的重点是我国与发达国家的合作，相关战略规划均未涉及南南合作的内容。2010年以后，随着我国经济和科技实力的提升，以及国际形势的变化，国家开始重视气候变化南南科技合作，无论是气候变化方面的战略规划还是科技方面的战略规划，均把气候变化南南科技合作作为重要内容进行部署。

（三）对外国际承诺

国家领导人在重大国际场合作出的加强气候变化南南科技合作的承诺，也反映了我国政府在气候变化南南科技合作方面的战略意图和具体措施。

2008年9月，时任国务院总理温家宝在联合国千年发展目标高级别会议上表示，在五年内援助举措包括：援建农业技术示范中心数量增至30个；外派农业专家和技术人员增加1000人；为发展中国家提供3000人次的来华农业培训；向粮农组织捐款3000万美元，帮助发展中国家提高农业生产能力；向发展中国家新增10 000个来华留学奖学金名额；为援非30所医院配备适量医生和医疗设备，为受援国培训医护和管理人员1000名；为发展中国家援建1000个小水电、太阳能、沼气等小型清洁能源项目。

2009年9月，时任国家主席胡锦涛在联合国气候变化峰会开幕式上表示，中国将继续坚定不移地为应对气候变化做出切实努力，并向其他发展中国家提供力所能及的帮助，继续支持小岛屿国家、最不发达国家、内陆国家、非洲国家提高适应气候变化能力。

2009年11月，时任国务院总理温家宝在中非合作论坛第四届部长级会议上表示，倡议建立中非应对气候变化伙伴关系，在卫星气象监测、新能源开发利用、沙漠化防治、城市环境保护等领域加强合作，为非洲援建太阳能、沼气、小水电等100个清洁能源项目；倡议启动中非科技伙伴计划，实施100个中非联合科技研究示范项目，接受100名非洲博士后来华进行科研工作；援非农业示范中心增加到20个，派遣50个农业技术组，培训2000名农业技术人员。

2012年6月,时任国务院总理温家宝在联合国可持续发展大会上表示,将向联合国环境规划署捐款600万美元,帮助发展中国家提高环境保护能力;帮助发展中国家培训生态保护和荒漠化治理等领域的人才,援助自动气象观测站、高空观测雷达站和森林保护设备;投入2亿元人民币开展为期3年的国际合作,帮助小岛屿国家、最不发达国家、非洲国家等应对气候变化。

2014年9月,国务院副总理张高丽在联合国气候峰会上表示,我国将大力推进应对气候变化南南合作,从2015年起在现有基础上把每年资金支持翻一番,建立气候变化南南合作基金;提供600万美元,支持联合国秘书长推动应对气候变化南南合作。

2015年9月,国家主席习近平访美期间,中美再次发表了关于气候变化的联合声明,我国政府宣布拿出200亿元人民币建立"中国气候变化南南合作基金",支持其他发展中国家应对气候变化。

2015年11月,国家主席习近平在巴黎联合国气候变化大会开幕式时表示,我国将在发展中国家开展10个低碳示范区合作项目、100个气候变化合作项目,提供1000个应对气候变化培训名额,继续推进清洁能源、防灾减灾、生态保护、气候适应型农业、低碳智慧型城市建设等领域的国际合作,并帮助发展中国家提高融资能力。

从国家领导人的对外表态可以看出,气候变化南南科技合作已成为我国外交和对外援助的重要手段之一,对外援助的资金和项目数由模糊向量化转变,合作形式、重点领域、优先国别也越来越明确。但是,研究中并未找到领导人对外承诺的完成情况和效果评估的相关资料。

(四)政策体系的特点与不足

通过以上分析可以看出,我国气候变化南南科技合作政策体系比较丰富,从高层方针指导到战略规划都比较清晰,但政策体系仍有完善的空间;我国政府对于气候变化南南科技合作越来越重视,支持力度也越来越大,相关战略规划不断完善,气候变化南南科技合作已成为我国外交和对外援助的重要手段,在重大国际场合彰显了我国国际形象和影响力,赢得了发展中国家的支持。但是从政策体系角度看还存在一些不足,主要是:①国家层面还没有出台有关援外的法律法规,援外立法进展缓慢;②缺乏气候变化南南科技合作和对外援助的具体支持政策和实施细则、政策指南及国别指导意见;③部分规划存在国家意志部门化的问题,部门之间沟通协调不足,规划的实施情况需要评估。

二、气候变化南南科技合作管理体系

当前,我国的对外援助管理体系属于多部门合作体系,商务部是援外的主管部门,外交部、财政部等20多个部委机构共同参与对外援助,对外援助部际联系机制于2011年升级为对外援助部际协调机制,此外,援外管理还涉及地方政府、驻外使领馆等[144]。气候变化涉及领域广泛,与多部门关系紧密,与气候变化南南科技合作直接相关的部门包括科技部、国家发改委、商务部、农业部等,其中,科技部主管气候变化南南科技合作,国家发改委主管气候变化南南合作,商务部主管气候援外,其他部门从各自领域对气候变化南南科技合作提供支撑。本节从部门角度,选取科技部、国家发改委等部门,分析气候变化南南科技合作的管理体系。政策管理体系示意图见图4.1。

(一)科技部

组织实施气候变化南南科技合作是科技部国际合作的重要职能之一。科技部主要通过培训班经费、国家国际科技合作专项、援外科技专项等资金渠道,促进气候变化南南科技合作。

1. 发展中国家技术培训班

发展中国家技术培训班于1986年起举办,目的是配合国家总体外交,推动我国与发展中国家双(多)边科技合作与交流,帮助发展中国家培养科技人才。培训面向发展中国家的中高端专业技术人才,培训内容以成熟适用技术为主体,兼顾高新技术、科技政策与管理,重点领域包括农林业、资源、环境、可再生能源、信息、医疗卫生等领域,涉及气候变化的主要领域,见表4.2。由于经费限制,仅负担培训费,而不提供国际旅费。培训班是一种投入少、受益面广的技术转移形式。据统计,2001~2014年,我国共举办460个科技援外培训班,为发展中国家培训8000多人,其中很多人已成为本国的科技高官、领军科学家和科研骨干。

表4.2 2010~2014年发展中国家技术培训班统计表

年份	培训班/个	学员/名	国家/个	培训班重点领域
2010	30	610	69	食药用菌生产技术,亚热带果树高效栽培技术,农业机械技术
2011	35	742	61	热带生物多样性研究与利用技术,生物质气化技术,太阳能技术
2012	40	838	80	杂交水稻技术,水产养殖技术,重大疾病防治与诊疗技术
2013	35	715	74	科技与创新政策,科技园建设运营,技术转移,雨水利用
2014	41	700	80	气候变化技术转移,粮食安全生产技术,水土保持,旱作农业

资料来源:中国国际科技合作网(www.cistc.gov.cn),截至2014年12月31日。

2. 国家国际科技合作专项

2001年，科技部设立了"国家国际科技合作专项"，目的是推进开放环境下的自主创新，以全球视野推进国家创新能力建设；面向国家科技、经济和社会发展需求，通过国际合作有效利用全球科技资源，促进我国科技进步和国家竞争力的提高；服务对外开放和外交工作大局，在更大范围、更广领域、更高层次参与国际科技合作与交流，发挥科技合作在对外开放中的先导和带动作用。国合专项主要支持与发达国家合作，但落实我国与发展中国家政府间科技合作协定，推动我国适用技术走出去是国合专项的支持方向之一。在南南科技合作方面，专项支持大量农业、资源、环境、能源等领域的项目，覆盖了气候变化南南科技合作的主要领域。该专项设立之初对援外和南南合作研究均予以支持，随着科技计划改革，援外部分改由"科技援外专项"支持。

3. 科技援外专项

"科技援外专项"实施目的是深化我国与发展中国家科技与创新合作，构建我国与发展中国家全面、深入的科技伙伴关系，促进合作对象国经济社会发展，提高合作对象国科技能力，同时服务我国外交大局及树立良好的国际形象。科技援外专项主要为落实我国与发展中国家政府间合作协议、科技伙伴计划等，支持6类合作：共建联合实验室（联合研究中心），共建农业科技园区，构建重点领域先进适用技术国际转移平台，联合技术研究与示范，科技政策与科技园区规划研究，构建区域一体化合作网络。从2013年以来专项支持项目情况看，主要支持适用技术示范推广。

科技援外专项支持项目中80%以上与气候变化直接或间接相关。例如，"中国东盟遥感卫星数据共享与服务平台"项目实现了我国遥感卫星数据在东盟国家的共享应用，帮助东盟国家进行农业估产、环境监测、灾害防治、城市管理等，推动当地经济和社会的发展。"摩洛哥重点区域饮用水安全保障规划示范项目"以摩洛哥重点区域饮用水安全保障为目标，对水资源、水环境、水污染、供排水等进行监测评估，构建"水源地—输水管渠—水厂"的饮用水安全达标技术与管理体系，编制完成重点流域饮用水安全保障规划，制订水源地保护与流域治理方案，全面提升摩洛哥饮用水安全保障能力。

4. 科技伙伴计划

"科技伙伴计划"是"十二五"期间提出的一种新的合作形式，目的是帮助发展中国家加强科技创新能力建设，提高我国科技的影响力。在伙伴计划框架下，根据各国需求，通过共建国家联合实验室、资助杰出青年科学家来华工作、开展先进适用技术培训等，帮助相关国家提升科技创新能力；通过建设国际技术转移中心、先进技术示范与推广基地，实施国际科技特派员行动，推动先进适用技术的转移；通过科技创新政策规划与咨询，与相关国家共享我国科技发展经验。目前，已启动了中国和非洲、中国和东盟、中国和南亚科技伙伴计划。

（1）"中非科技伙伴计划"：该计划是根据我国政府在中非合作论坛第四届部长级会议上的倡议实施的，旨在推动我国与非洲国家建立新型科技伙伴关系，分享我国科技发展的经验和成果，支持非洲国家开展科技能力建设。在该计划框架下，选择双方共同关注的与民生和经济发展息息相关的科技领域，开展技术示范与推广、联合研究、技术培训、政策研究、科研设备捐赠等形式的合作。

"对非洲科研人员设备捐赠行动"是"中非科技伙伴计划"框架下的一项重要内容。科技部对在华开展长期科研工作后归国的非洲科研人员赠送科研设备，使其回国后能继续有关研发活动，协助非洲国家完善科技条件建设，为双方继续合作创造条件。

"接收非洲国家科研人员来华开展博士后研究"是"中非科技伙伴计划"框架下的一项重要内容，旨在支持非洲优秀科研人员来华开展博士后研究，通过高层次人才往来进一步推动中非科技合作。中方提供每人一年项目经费14万元人民币，包括往返国际旅费、在华生活费、医疗保险、接收单位科研补助等。

截至2012年年底，已在非洲国家合作开展腰果病虫害防治技术、资源卫星数据地面接收站等115个联合研究与技术示范项目；接收了66位非洲科研人员来华开展博士后研究；向24位非洲科研人员每人捐赠15万元的科研设备。

（2）"中国东盟科技伙伴计划"：2012年，科技部启动了"中国东盟科技伙伴计划"。该计划旨在通过开展中国和东盟国家的科技与创新合作，共享科技发展经验，实现共同发展。该计划紧密结合东盟国家科技发展规划与重点，重点合作领域包括：①科技政策与创新管理，国家科技发展战略、科技计划的制定和管理、产业科技发展规划、科技园及孵化器建设方案、科技统计和评估等；②民生，农业、食品、健康、减灾防灾、水资源、环境与能源等；③高新技术，装备制造、材料、信息技术、空间技术等。

"亚非国家青年科学家来华工作计划"：该计划支持亚非发展中国家青年科学家、学者和研究人员来华进行科研工作。旨在促进我国与亚非国家科技人员交流，帮助亚非国家培养科技领军人才，构建双方长期合作关系。科技部为列入计划的来华青年科学家提供每人每月 2000 美元的资助，用于其在华住房补贴、生活补贴和各类保险。

中国－东盟技术转移中心：该中心由我国科技部出资 250 万美元建设，目的是建设覆盖我国重点省市和东盟国家的一体化技术转移协作网络，通过挖掘双（多）方企业的合作需求，组织企业对接，推动我国与东盟各国之间先进适用技术的转移。组织体系包括中国－东盟科技合作联委会、设在中国广西南宁的中心总部、东盟各国分中心和我国重点省市分中心。

（3）"中国南亚科技伙伴计划"：该计划是习近平主席 2014 年访问印度期间倡议启动的，旨在通过深入开展我国和南亚各国科技与创新合作，共享科技发展经验，增强各国科技能力，助力各国经济社会发展。在合作形式上，支持共建双边国家级联合实验室，组织实施南亚国家杰出青年科学家来华工作计划，组织开展重大技术示范项目，建设中国－南亚技术转移中心等。

截至 2015 年 9 月，科技部共在 14 个发展中国家设立了 15 个科技处，包括印度、朝鲜、泰国、越南、印度尼西亚、巴基斯坦和哈萨克斯坦 7 个亚洲国家，巴西、墨西哥、智利、古巴和哥斯达黎加 5 个美洲国家，埃及和南非 2 个非洲国家，使馆科技处也为气候变化南南科技合作提供了重要支撑。

科技部主导的气候变化南南科技合作，主要形式包括技术示范、合作研究、人员交流、技术培训等，在提高发展中国家应对气候变化科技能力方面发挥了重要作用。但长期以来，由于国家对于科技部援外经费的投入较少，使得大量外方急需的科技项目得不到启动资金，而延缓或转向其他国家。此外，南南科技合作项目类型众多，计划名目繁多，应简化合并。

（二）国家发改委

为做好应对气候变化工作，国家发改委在 2008 年机构改革中设立了应对气候变化司，负责组织拟订应对气候变化重大战略、规划和重大政策，牵头履约谈判工作，协调开展应对气候变化国际合作等。气候变化南南合作是国家发改委气候司的重要工作内容之一，南南合作也主要以初级科技合作为主，主要通过节能和可再生能源利用产品的赠送、能力建设培训等方式帮助有关发展中国家提高应对气候变化的能力。据统计，2011～2015 年，国家发改委累计安排 4 亿元财政资金开展上述工作，具体如下。

1. 产品赠送

围绕谈判工作大局,执行政府间协议,援赠物资设备是国家发改委南南合作的主要方式。截至2015年5月,国家发改委已与尼日利亚、格林纳达、马尔代夫等20个发展中国家有关部门签署了关于应对气候变化物资赠送的谅解备忘录,累计对外赠送空调2万多台,LED路灯9000多套,LED管灯、球泡灯120多万只,家用太阳能光伏发电系统8000多套,车载式气象卫星地面接收处理系统1套,为争取发展中国家支持发挥了重要作用。详见表4.3。

表4.3 国家发改委气候变化南南合作产品赠送情况表

年份	国家	部门	援赠内容	金额/万元
2012	布隆迪	总统府	民用壁挂式空调	1 186
2012	喀麦隆	水资源与能源部	空调、LED灯	2 462
2012	马达加斯加	外交部	民用壁挂式空调	1 999
2012	贝宁	高教和科研部	民用壁挂式空调	980
2012	尼日利亚	包奇州	民用壁挂式空调	1 438
2012	格林纳达	财政部	民用壁挂式空调	
2012	马尔代夫	环境和能源部	LED灯、技术指导与培训	2 471
2013	乍得	—	家用太阳能光伏电源系统	1 853
2013	萨摩亚	自然资源和环境部	民用壁挂式空调	1 561
2013	乌干达	财政部	民用壁挂式空调	
2014	巴巴多斯	总理府	25 000只LED灯和1 000套节能空调	780
2014	汤加	基础设施部	太阳能LED路灯、空调	1 168
2014	萨摩亚	自然资源和环境部	LED路灯	608
2014	汤加	基础设施部	LED球泡灯和灯管	196
2014	萨摩亚	自然资源和环境部	LED球泡灯和灯管	
2014	玻利维亚	—	气象卫星数据移动接收处理系统	1 806
2014	多米尼克	工程能源和港口部	2 500套太阳能LED路灯	2 028

资料来源:中央政府采购网(www.zycg.gov.cn)南南合作产品赠送招投标公告,截至2014年12月31日。

2. 能力建设

能力建设的主要方式是瞄准发展中国家高层次人员,开展气候变化战略规划、政策管理等培训,推广我国绿色发展理念和应对气候变化经验。2011~2014年,国家发改委利用商务部培训资源,共开展了39期气候变化领域的培训班,培训了1193名主管应对气候变化领域的官员和技术人员,涵盖亚洲、非洲、北美洲、南美洲、大洋洲、欧洲 6 个洲的 119 个发展中国家。详见表 4.4。

表 4.4　国家发改委气候变化南南合作援外培训情况表

年份	期数	国家数/个	学员数/名	支持金额/万元
2012	一期	20	65	—
2013	一期	35	95	508
	二期	31	60	
2014	一期	22	45	509
	二期	29	80	
	三期	20	80	

资料来源：中央政府采购网（www.zycg.gov.cn）南南合作援外培训招投标公告，截至 2014 年 12 月 31 日。

国家发改委气候变化南南合作经费来源于气候变化南南合作基金。2012 年联合国可持续发展大会上，我国政府宣布将拨款 2 亿元人民币（约合每年 1000 万美元）开展为期 3 年的气候变化南南合作。这笔投入是气候变化南南合作基金的雏形，利用这笔资金，国家发改委为发展中国家培训了大量应对气候变化官员及技术人员，并通过赠送物资和清洁能源合作展开了相对基础的气候变化南南合作。2014 年联合国气候峰会上，我国政府宣布从 2015 年起资金翻番（约合每年 2000 万美元），建立气候变化南南合作基金。2015 年，我国政府宣布投入 200 亿元人民币（约合 30 亿美元）建立"中国气候变化南南合作基金"，作为绿色气候资金的补充，与美国的投入力度基本对等。目前，南南合作基金管理体制和运行模式正由国家发改委牵头制定。

综上，国家发改委为促进气候变化南南合作开展了大量工作，也在一定程度上提高了发展中国家应对气候变化科技能力，但国家发改委主要从外交和谈判角度推进气候变化南南合作，合作方式主要是以节能科技产品捐赠为主，除培训外对能力建设的支持不足，而且实施效果也缺乏量化评估。气候变化南南合作基金额度已大幅增至 200 亿元人民币，不能主要用于产品捐赠等合作层次较低的合作上，需要多样化合作形式，增加实质性科技合作的内容，更好地发挥基金的作用。同时，基金管理机制也应尽快确定，绩效评估等监督机制需要跟上。

（三）商务部

商务部是国务院授权的对外援助主管部门，统管对外援助工作，负责拟订并执行对外援助政策和方案，编制对外援助计划，确定对外援助项目并组织实施，管理援外资金的使用。驻外使领馆经济商务机构协助办理援外政府间事务，负责援外项目实施的境外监督管理。2008年，商务部、外交部、财政部等部门，成立了对外援助部际联系机制，2011年升级为部际协调机制。

商务部对外援助资金主要包括无偿援助、无息贷款和优惠贷款三种类型：①无偿援助主要用于受援方在减贫、民生、社会福利、公共服务等方面的援助需求；②无息贷款主要用于受援方在公共基础设施和工农业生产等方面的援助需求；③优惠贷款主要用于支持受援方有经济效益的生产型项目、基础设施建设、提供大宗机电产品和成套设备。无偿援助和无息贷款资金在国家财政项下支出，优惠贷款由中国政府指定中国进出口银行对外提供。对外援助一般由商务部通过政府间援助的形式组织实施，援外项目主要包括以下类型。

1. 成套项目

向受援方提供生产生活、公共服务等成套设备和工程设施，并提供质量保证和配套技术服务。项目竣工后，移交受援国使用。成套项目是我国最主要的对外援助方式，目前约占对外援助的40%。成套项目中相当一部分涉及气候变化。例如，2014年启动的援柬埔寨金边－巴威输变电成套项目，全长约160千米，受益人口约400万。2013年，援建斐济基务瓦村海岸防护工程落成，有效减缓了海水侵袭。2011年启动的援塞拉利昂坡特洛科2兆瓦小水电站项目，有效解决了当地农村供电问题。2013年竣工的援马达加斯加打井项目，有效解决了马东南部2个大区5个县农村居民的饮水问题。援贝宁100口水井项目，结束了多个农村、社区无清洁生活饮用水的历史。

2. 物资项目

向受援方提供一般生产生活物资、技术性产品或设备，并承担必要的配套技术服务，常为成套项目配套。物资项目中相当一部分涉及气候变化，如2014年，为落实中非合作八项新举措，向卢旺达提供了416套太阳能设备，并派专家赴卢开展安装和使用的培训。2013年，向坦桑尼亚卫生部提供抗疟药，被分发到当地180家医院，因药品质量可靠和价格低廉受到医院及患者的欢迎。

3. 技术援助项目

通过选派专家、技术人员或提供设备等方式帮助受援方实现特定技术目标。技术援助是提高受援国自主发展能力的重要合作方式，涉及领域广泛，包括节能减排、农业种植养殖、医疗卫生、清洁能源开发、地质普查勘探等。例如，2005～2014年，共开展四期援格林纳达农业技术合作项目，从我国引入优质蔬菜、果树和花卉品种，向当地农民提供种植技术援助，举办多种形式的农业技术培训，产生了良好的社会效益。

4. 人力资源开发合作项目

为受援方官员和技术人员等提供学历学位教育、中短期研修、人员交流及高级专家服务。培训内容涵盖经济、外交、气候变化、农业、医疗卫生、环保等领域。目前，每年在华培训发展中国家人员约1万名，培训班中约有50%涉及气候变化内容，如土地利用规划研修班、南太平洋岛国热带作物种植技术培训班、菌草产业发展官员研修班、环保产业研修班等。

5. 志愿服务项目

选派志愿人员到受援方从事公益性服务的项目，如教育、医疗气候变化、卫生和其他社会发展领域。

商务部实施的援助项目是我国对外援助的主体，援助内容有相当部分属于气候变化领域。商务部对外援助形式主要是成套项目和物资项目，涉及大量基础设施建设，为气候变化南南科技合作奠定了良好基础。技术援助项目虽涉及技术合作，但其中基建内容较多。随着受援国的经济发展，应进一步增加实质性科技合作的内容。另外，援外项目占用了大量的财政资金，援外的成效并没有通过适当方式向公众公开，对外援助白皮书也只是简单提到了几个数字，援外工作一直受到社会各界的诟病，应加强项目绩效评估，系统总结。

（四）相关行业部委

1. 农业部

气候变化框架下农业南南合作工作主要由农业部国际合作司和农业部对外经济合作中心负责。自1996年以来，农业部组织实施了20多个南南合作项目，在全球气候变化背景下，带动受援国农作物平均增产30%～60%，提高了当地农业生产能力和应对气候变化能力。此外，我国政府还向联合国粮农组织分期捐赠3000万美元（2008年）和5000万美元（2015年）设立信托基金，用于支持农业南南合作。截至2015年6月，"3000万美元信托基金"支持实施了12个南南合作国别项目和2个全球项目，其中287名我国长期专家和技术员被派遣到蒙古、埃塞俄比亚、利比里亚、马拉维、马里、塞内加尔、塞拉利昂、纳米比亚、尼日利亚和乌干达，开展多种农业技术服务和推广工作。农业部还协助商务部组织农业技术示范中心（由商务部投资建设）相关事务，截至2012年年底，已建成20个援外农业技术示范中心，但目前存在一些问题，如目标定位不明确，可持续发展的路径模糊，资金问题成为焦点，部门之间沟通不紧密使得项目实施主体面临的成本较高,项目监测评价系统缺乏,土地问题等[90]。

2. 国家卫生计生委

国家卫生计生委负责组织指导卫生和计划生育工作领域的援外,主要负责派遣援外医疗队。援外医疗队在外的主要工作包括:①帮助受援国防治传染病、常见病和多发病,减少气候变化的不利影响;②为受援国引进、推广先进适用的医学临床技术;③向受援国介绍我国传统医药及中西医结合的诊疗方法;④为受援国培训了医务人员。

1963年我国开始向发展中国家派遣援外医疗队,截至2013年6月,先后向66个国家和地区派遣过援外医疗队,累计派出医疗队员约2.3万名,诊治患者2.7亿名。目前,我国向49个国家派有援外医疗队,其中有42个在非洲。全国有27个省份承担着派遣援外医疗队的任务。已有1000多名医疗队员获得受援国颁发的荣誉。

除派遣援外医疗队,国家卫生计生委还组织实施卫生健康领域发展中国家培训班。自2003年以来,每年举办数十期,邀请数百名发展中国家的医疗卫生人员来华培训。培训内容包括传染病防治、卫生服务管理、传统医学、临床手术、护理技术等。培训传授了医学知识和技术,提高了当地适应气候变化能力,增进了了解和友谊。

3. 教育部

教育部负责统筹管理来华留学工作。2006年,教育部制定了《留学中国计划》,计划到2020年,使我国成为亚洲最大的留学目的地国家。来华留学的学科包括法学、工学、理学、经济学、医学、管理学、文学等,其中工学、理学、医学中部分专业与气候变化相关,如环境工程、农业昆虫与害虫防治等。2014年,我国高等学校、科研院所和其他教学机构共接收37.7万名外国留学人员,其中亚洲国家(不含日、韩)学员14.75万名、非洲国家学员4.17万名,共占总人数的50%。学员人数在6000名以上的发展中国家有泰国、印尼、印度、巴基斯坦、哈萨克斯坦、越南、蒙古和马来西亚。中国政府奖学金生3.70万名,占来华生总数的9.80%,自费生34万名,占来华生总数的90.20%。我国政府给部分来华留学人员提供奖学金,将不断扩大非洲国家来华留学政府奖学金名额,加大对东盟国家及太平洋岛国等来华留学的支持,帮助上述地区欠发达国家培养人才。

(五)进出口银行

进出口银行是我国政府援外优惠贷款和优惠出口买方信贷的唯一承办行。

商务部、外交部和财政部是优惠贷款的管理部门，进出口银行负责贷款协议的签订、项目评估审查、放款、贷款管理、本息回收等。

优惠贷款资金流动机制：①资本金，除1995年中央财政拨给进出口银行5亿元用于援外资金外，其余通过发行债券等方式从国内外金融市场筹资，并获得财政部利息补贴；②在征得受援国政府同意后，由我国援外执行企业使用进出口银行优惠贷款在受援国开展业务。受援国政府在进出口银行开立托管账户，利用优惠贷款开发国内资源，并以资源出口收益偿还贷款本息。

近年来，进出口银行全面落实政府对东盟、南亚、中亚、西亚、中东欧、南太及加勒比、非洲等地区的贷款承诺，推动重大项目对外签约，帮助发展中国家增强自主发展能力，改善投资环境，加快发展进程，提高当地人民生活水平。进出口银行还通过出口信贷、对外承包工程和境外投资贷款业务支持中国企业走出去。

应对气候变化也是进出口银行信贷业务的一项重要支持内容。2015年，由进出口银行贷款支持，位于多哥的太阳能路灯项目一期工程投入使用。一期项目共建设了7042盏太阳能路灯LED照明，分布在多哥400多个城镇和村庄，改善了当地夜间交通的安全状况。2014年，进出口银行融资支持肯尼亚蒙巴萨至内罗毕铁路项目，该项目采用我国标准、资金、技术等，推动了我国技术进入非洲；融资支持塔吉克斯坦杜尚别2号热电厂项目，提高了当地能源利用率，改善首都冬季电力不足和供热短缺的现状；融资支持安哥拉综合农场项目建设，计划开垦耕地3000公顷，并为当地居民提供农业技术培训。2013年，优惠贷款支持越南宁平煤头化肥厂项目，将有效缓解越南市场化肥供应不足的问题，提高农业生产效率。

能源领域：柬埔寨甘再水电站是柬埔寨以国际竞标和"建设—运营—移交"（build-operate-transter，BOT）方式开发实施的水电站项目。2006年，我国企业中标，2011年项目竣工。项目融资期一年，特许运营期44年。甘再水电站是目前我国最大的境外水电投资项目之一，具有发电、灌溉、供水、旅游等多项功能，总装机容量为19.32万千瓦，满足了2个省的全部电力需求，缓解了柬埔寨国内电力紧张的局面，促进了当地经济发展。中资公司在柬埔寨的BOT水电项目除甘再水电站外，还有额勒赛、斯登沃代、基里隆Ⅰ和基里隆Ⅲ。

水资源领域：杜阿拉是喀麦隆人口最多的城市，因水资源短缺，每年有上百人死于霍乱等疾病。受优惠贷款支持，中资公司承建杜阿拉城市供水项目，一期、二期工程解决了杜阿拉供水短缺、水质较差的问题，提高了市民的生活质量和健康水平，水相关流行病的发病率大大降低。一期工程 100% 来自我国的优惠贷款，二期工程 85% 来自我国政府优惠贷款，另 15% 为喀麦隆政府自筹。项目采用中国技术、标准和施工，属于民生工程，具有较大的社会影响力。

工业领域：2015 年，进出口银行贷款支持的华刚矿业铜钴矿一期项目正式竣工，投入运营。该项目总投资 67 亿美元，是我国在非洲投资最大的非能源类矿业投资项目。该项目是以公私合营（public-private partnerships，PPP）形式"走出去"的国际产能合作项目。这种投融资合作模式有利于我国企业发挥传统优势，开辟基建领域的海外市场，同时无需东道国政府对外负债，有利于东道国改善民生。

（六）管理体系的特点与不足

通过以上分析可以看出以下几点。

（1）我国气候变化南南科技合作管理体系比较完善，形成了以科技部、国家发改委、商务部等综合性部门为主体，行业性部门为补充，专业金融机构为辅助的格局。但我国对外气候援助中的工作职责与协调关系仍处于摸索阶段，部门间还存在沟通不畅的问题，数据综合、信息共享未达到理想状态，部门间协调配合需进一步加强。气候变化南南科技合作涉及行业领域宽泛，各部门分头实施，多点对外的状况加大了管理工作的难度，需要减少领域的条块分割。

（2）气候变化南南合作的资金比较充足，主要集中在商务部和国家发改委（表 4.5），2011 年以来商务部掌握的援助经费年均 151 亿元，国家发改委掌握的气候变化南南合作基金将提升至 200 亿元，这些资金可以用于气候变化南南科技合作。其他部门的援外经费不到商务部的零头，2014 年科技部援外经费仅为 0.8 亿元，且长期没有增长，建议国家层面对援助类经费进行统筹，适当向科技、农业等部门倾斜，提升科技和行业部在援助资金使用上的话语权。

表 4.5　2010～2014 年部门援外经费预算　　　　单位：亿元

部门	2010 年	2011 年	2012 年	2013 年	2014 年
商务部	118	152	160	152	142
国家发改委	—	—	1	0.62	0.4
科技部	0.45	0.73	0.74	0.72	0.82
农业部	—	—	—	0.57	0.58
国家卫生计生委	4.01	4.26	4.74	4.94	5.40

资料来源：商务部、国家发改委、科技部、农业部、卫生计生委门户网 2011～2015 年度公布的各年度部门预决算表。

（3）各部门对于气候变化南南科技合作的支持形式多样丰富，并呈现出多边与双边合作并重、软硬结合的局面，满足了不同国家的需求。例如，科技部通过技术示范、合作研发、人才培训、人员交流等方式支持，国家发改委主要通过产品援赠和培训实施，商务部通过成套项目、物资项目、技术合作项目、人力资源开发项目等，农业部通过派遣专业专家，卫生计生委通过派遣医疗队，教育部通过资助来华留学。但各部门支持内容多有交叉，以农业技术培训为例，可以分别在科技部、商务部和农业部取得支持，需要加强统筹，综合运用财政资源。此外，成套项目、物资项目等基建类项目占比很高，建议增加对科技合作的支持力度。

（4）气候变化南南科技合作项目实施成效显著，但对于各类专项资金整体运行效果缺乏科学的绩效评估，不利于管理层掌握南南合作和援助资金运行效果，发现存在的问题，优化项目管理。在部门层面，部分资金项目还没有管理办法，也缺乏相关促进气候变化南南科技合作的激励政策。

第二节　我国气候变化先进适用技术分析

改革开放以来，我国建立了比较完善的气候变化技术体系，在农林业、水资源、环境、可再生能源、卫生健康等领域，与发展中国家长期开展技术合作，取得了较好的成效。由于发展阶段的相似性，我国的适用技术更符合发展中国家实际，适宜在发展中国家推广应用。为此，本书开展了我国可向发展中国家转移的适用技术研究工作。根据第二章发展中国家气候变化技术需求分析结果，结合我国技术发展现状，确定了我国适用技术研究的重点领域，为农业、林业、可再生能源、节能减排、水资源、卫生健康等，见附录1。利用科技部国际合作司的平台面向科研机构、大学、南南合作专家、科技型企业开展调研，进行网上技术征集，共征集技术1500多项，技术征集表见附录2。

在技术筛选方面，采用专家评价的方法筛选技术，评价指标参考郭有志[145]设计的技术评价指标，并进行了修改，从技术特性、技术经济性、技术应用和环境效益4个一级指标、12个二级指标进行判断，每个指标用1～5共5个分值表示程度，指标权重由专家判断的方式确定。指标和权重见表4.6。

表 4.6　气候变化技术选择评价指标体系

一级指标 （权重）	二级指标 （权重）	评判等级及标准				
		1	2	3	4	5
技术特性 （0.2）	技术成熟度（0.3）	低	较低	一般	较高	高
	技术实用性（0.4）	低	较低	一般	较高	高
	操作复杂度（0.2）	高	较高	一般	较低	低
	可维护度（0.1）	低	较低	一般	较高	高
技术经济性 （0.3）	投入成本（0.25）	高	较高	一般	较低	低
	维护成本（0.25）	高	较高	一般	较低	低
	预期回报（0.25）	低	较低	一般	较高	高
	就业贡献（0.25）	低	较低	一般	较高	高
技术应用 （0.3）	应用情况（0.7）	未在发展中国家应用	在少数发展中国家应用	一般	在多个发展中国家应用	在很多发展中国家应用
	应用范围（0.3）	小	较小	一般	较广	广
环境效益 （0.2）	环境友好性（0.5）	低	较低	一般	较高	高
	减排适应潜力（0.5）	低	较低	一般	较高	高

每项技术由 5 名专家进行打分（打分表见附录 3），结果加权后对技术进行排序，选择前 200 项技术。由专家组对 200 项技术进行综合评估，结合领域平衡，最终确定 139 项技术，编制了《南南科技合作应对气候变化适用技术手册》[1]。表 4.7 是筛选的我国可向发展中国家转让的主要适用技术清单。

当前，我国气候变化适用技术主要通过援助机制向发展中国家转移。在财政资金或优惠贷款支持下，通过援助项目、技术培训、派驻专家、技术人员等方式，输出适用技术和专业知识。据不完全统计，2013 年以来，我国在卫星监测、清洁能源开发利用、农业抗旱技术、水资源利用和管理、沙漠化防治、生态保护等领域实施了近 200 个气候变化援助项目，输出了相关领域的先进适用技术，为发展中国家培训了千余名气候变化领域的官员和技术人员。我国还积极利用多边渠道开展南南技术转移，例如，科技部与联合国开发计划署共同开展中国－加纳／中国－赞比亚可再生能源技术转移项目，科技部与联合国环境署面向非洲 12 个国家开展环境和气候技术转移项目，科技部与联合国教科文组织在北京理

---

[1] http://www.kjpj.org.cn/docs/20151203095944450688.pdf.

表 4.7 我国可供转让适用技术清单

技术领域	技术名称	用途	技术评价	说明
农林业	杂交水稻技术	利用杂交水稻品种，提高产量，改善稻米品质，增加抗逆性状。适用于水稻种植区推广	需专门培训后，方可使用；投入成本高，后期使用成本高；需培训维护人员或设备维护点	杂交水稻技术推广关键在于提供种子，推广现代种植技术。除根据政府间协议，一般由中资企业无偿取得土地使用权，承包开发农场，市场化经营。国家可依托该农场建立农业技术示范中心，开展培训示范，前期开发投入较大，需给予金融支持。此举有助于引进受援国种质资源
农林业	种植技术	粮食作物，经济作物，蔬菜综合种植技术。适用于土地、光照，水分丰富的地区推广	需专门培训后，方可使用；投入成本高，后期使用成本低；需培训维护人员或设备维护点	需通过开发农场，市场化经营，可引进种质资源，同上
农林业	菌草技术	利用菌草栽培食用菌，开发菌草饲料、肥源原料，治理水土流失和土地荒漠化。适用于扶贫开发	需专门培训后，方可使用；使用成本低，可自行维护。投资少，回报快	通过技术培训和技术示范推广技术
农林业	地膜技术	利用地膜增温，保水，抗旱，提高产量，适用于干旱、半干旱区推广	需简单培训；使用成本低；地膜成本构成主要维护。免维护	可采用技术培训和技术示范相结合的方式推广，视对方经济发展程度采取市场化或援助方式
农林业	滴灌技术	利用滴灌系统及滴水器的均匀灌溉技术，节水、增产，适用于在有一定经济基础的干旱、半干旱区推广，如中亚五国等	需专门培训后，方可使用；投入成本高，后期使用成本低，可自行维护	可采用技术培训和技术示范相结合的方式推广，以市场化方式为主
农林业	竹林资源培育和综合加工技术	竹材培育与经营管理技术，利用竹加工制作日用产品。适用于扶贫开发	需专门培训后，方可使用；成本低；可自行维护	通过技术培训和技术示范推广技术
农林业	农机技术	播种、收割、灌溉、加工等农机装备。适用于大型农场	需专门培训后，方可使用；投入成本高，后期使用成本低；需培训维护人员或设备维护点	由于农机产品价格高，且需专门操作人员，适用于经济水平较好的国家。对于落后国家可采用捐赠方式，或用于配套中国援外农场

续表

技术领域	技术名称	用途	技术评价	说明
水资源利用	集雨水窖技术	蓄积雨水，用于解决人畜供水、农业灌溉、地下水补充、生态维护等，适用于降雨量在250毫米以上的国家	需简单培训后，方可使用；成本低，可自行维护	可通过技术培训方式扩大技术影响。综合采用国家援助、国际组织基金、受援国资金支持，通过技术示范推广水窖技术
水资源利用	安全饮用水技术	为城市和农村居民提供清洁饮用水技术。为城市水厂技术改造提供工艺和净水药剂，为农村饮水提供廉价的消毒剂	需简单培训后，方可使用；成本低，可自行维护	该技术的关键在于净水药剂和工艺技术。对于城市水厂，可采用技术培训、技术咨询形式开展合作，按市场形式提供药剂。对于农村，应争取国际组织和所在国的资金支持，以技术示范形式，提供廉价高效的消毒剂
水资源利用	海水淡化技术	利用海水或苦咸水制淡水，适用于经济发达的沿海国家	需专门培训后，方可使用；成本高	该技术形式开展合作，应用国家有限，如以色列等
环境保护	生态监测技术	用于湖泊、流域生态环境监测，适用于生态脆弱、监测能力薄弱等的地区	需专门培训后，方可使用；首次投入成本高，后期使用成本低；可自行维护	在尼罗河等重要流域，帮助沿河国家提高生态监测能力，有助于获取第一手环境数据。该技术周期长、投资大，受援国较难承受。有必要利用我国援外经费和国际组织资源，通过培训、捐赠设备，建立基地等开展技术合作
环境保护	污水处理技术	用于市政、工业污水的处理。农村生活污水的简单处理，适用于经济发展水平较好的国家	需专门培训后，方可使用；首次投入成本高，后期使用成本低；可自行维护	可提供技术工艺、技术改造咨询和水处理药剂。与较好的国家，按照市场机制开展合作，示范工程等。我在外投资的化工、电子、石化企业也可采用该技术
环境保护	遥感技术	利用资源遥感卫星数据，提供林业、水利、农业、国土、环境监测等方面的信息	需专门培训后，方可使用；首次投入成本高，后期使用成本低；可自行维护	在该领域开展政府间科技合作，将中巴资源卫星遥感数据通过网络向受援国免费发放，在战略受重要国家建立卫星数据接收站，开展数据分析培训，帮助受援国分析使用遥感数据。此举有重要的战略和军事意义
防灾减灾	气象预报技术	利用常规气象监测设备和气象卫星数据，提供气象预报信息	需简单培训后，方可使用；后期使用成本低，可自行维护	同上。通过援助监测仪器、发放卫星数据、培训技术人员，提高受援国气象预报能力、防灾减灾。此举有助于获取所在国气象资料，打开未来气象市场
防灾减灾	防沙治沙技术	粘土沙障设置技术用于流动沙丘固定，砂田种植技术用于半干旱区抗旱节水农业种植。适用于沙漠化国家	需简单培训后，方可使用；后期使用成本低，可自行维护	主要沙漠化国家处于北非地区，经济条件较好，防沙治沙技术合作可与市场化方式结合。对有沙漠优势档案的国家主要开展技术培训

续表

技术领域	技术名称	用途	技术评价	说明
可再生能源	太阳能热利用技术	利用太阳能提供热用生活、市政用,适用于太阳能丰富的城市和农村	成熟产品,无需培训;使用成本低;可自行维护	该技术成本低,可主要通过技术培训、市场化和援助方式开展合作。合作初期可采用技术示范方式,后期可逐步转入市场行为。与太阳能光伏发电技术相比,应主要开展热利用技术合作
可再生能源	太阳能光伏发电技术	太阳能发电技术,离网发电技术,可解决边远地区农牧民用电问题,并网发电应用于日照条件较好的发展中国家	需简单培训后可使用;投入成本高,后期使用成本低;可自行维护	该技术适用于经济发展水平较好的发展中国家,主要利用对方政策采用技术化操作推广。示范和市场化角度出发,推广光伏发电,主要从政治意义角度进行示范,在重要地区进行技术培训
可再生能源	小水电技术	小型或微型水力发电设备,适用于水力资源丰富、大电网无法延伸的地区和农村地区	需专门培训后,方可使用;首次投入成本高,后期使用成本低;需培训维护人员或设施维护点	从政治意义角度出发,采用援助方式进行技术示范,在重要地区进行微电和小水电技术示范,应尽量争取国际组织和所在国资金支持。大水电技术投资高,落后国家不宜推广,需辅以输配电等设施建设,建成后可援助方式+援助方式"大型水电项目
可再生能源	沼气工程技术	将生活及农业废弃物转化为沼气。适用于农村民用、大型养殖场、种植场等的大型沼气工程	需专门培训后,方可使用;首次投入成本高,后期使用成本低;需培训维护人员或设施维护点	应主要向大型养殖场、种植场,采用市场化形式开展防治合作。对普通农户尝试采用市场+援助方式推广沼气技术
卫生健康	疟疾等热带病防治技术	利用青蒿素复方力专利产品,治疗疾病。适用于发展中国家疟疾流行区	—	以援助方式为主开展疟疾防治合作
卫生健康	妇幼保健技术	降低孕产妇、新生儿死亡率的医疗保健技术。适用于卫生条件落后的国家	—	依托援外医疗队开展技术合作
工业节能减排	轻工、石油、化工、建材等领域节能减排技术	轻工、石油、化工、建材等领域节能减排	—	以技术咨询为主,对经济发达国家,可开展技术改造合作
民用节能产品	节能家电、节能照明等	节能空调、彩电、电脑、冰箱、洗衣机、节能灯等	—	市场行为,商务操作

工大学设立"气候变化南南科技合作"教席，促进南南技术转移和培训。此外，中国－东盟、中国－南亚、中国－阿拉伯技术转移中心、南南全球技术产权交易所等技术转移机构，促成了我国防沙治沙、生态节水、椰树虫害防治、太阳能利用、小水电技术等适用技术向周边和非洲国家转移。可见，当前我国气候变化南南技术转移正处于加速发展阶段，未来发展前景和空间十分广阔。

第三节 我国气候变化南南科技合作机制、途径与模式分析

根据技术转移主体的不同，我国气候变化南南科技合作的模式可以分为政府主导型、市场主导型和国际组织主导型。气候变化南南科技合作的途径主要包括技术培训、技术示范、联合研究、合作交流平台、企业联盟、成套设备出口等。

一、我国气候变化南南科技合作机制

（一）政府主导机制

政府的主导作用在气候变化的南南科技合作与技术转移中的重要性尤其明显。气候变化并不是某一国或者某一机构造成的，而是自然的内部进程，或是外部强迫，或者是人为地持续对大气组成成分和土地利用的改变。既有自然因素，也有人为因素。目前先进的环境友善技术（包括能效技术、低碳技术和适应技术）主要由发达国家掌握，发展中国家由于自身经济、技术能力和研发投入等不足，在能源效率、可再生能源利用、适应气候变化等方面往往都处于落后地位。发达国家与发展中国家在减缓与适应气候变化主要技术领域存在着巨大的差距。由于发达国家技术大多掌握在企业手中，发达国家市场机制健全，发展中国家特别是落后国家实力（资金等）不足，所以发达国家对落后国家的环境友好型技术转让很难进行。对于发展中国家来说，开展南南技术合作和技术转移就成了发展中国家提升应对气候变化技术能力的捷径。通过政府之间的双边协议等政策的引导，实施政府间的合作项目，对落后发展中国家可以实现

气候变化技术转移，提升技术能力。这种技术转移模式中，技术转移的公益性是技术转移的动力。其中，技术援助是一种很常见的形式，主要通过技术示范、技术展示、技术培训、派遣专家等方式实现。技术援助一般以减贫、改善民生、改善当地生存环境、加强能力建设为目的，双边政府在其中起主导作用。中方一般提供资金、技术、专家支持，合作方即当地政府提供政策、土地等资源支持。这类合作的优点是双边政府介入，能够确保项目的有效实施，保证项目成功率；缺点是持续性较差，一旦项目完成后，政府特别是中方力量撤出后，项目的后续作用就很难保证。所以在项目结束后，需要国际组织、国际机构的支持或者市场机制的介入。

（二）市场主导机制

在气候变化国际技术转移的过程中，具有良好的市场前景和需求的技术，企业也会按照市场机制向一些经济实力较强的国家和地区进行转让。在转让之前，企业要对当地市场、经济实力、市场前景和技术需求进行评估，确保企业的技术、生产的产品有市场竞争能力，并且市场潜力巨大。这类技术转移一般有以下三种情况。

（1）当地市场一般比较成熟，技术能力也较强，技术转移完全按照市场机制运行。企业为了追逐更大的市场份额及更高的利润，向当地输出减缓气候变化所需要的技术。例如，向南非、巴西、印度、阿根廷等经济发达的发展中国家进行技术输出，或者是向低收入国家的企业主和富人阶层输出，由于对方经济实力雄厚，因而相对比较顺利。

（2）同时，也存在企业在技术转移中没有获利空间的情况，但是由于当地资源丰富，可以实现"资源换技术"，企业也会输出技术产品，外方用土地、矿产、油气等资源交换等。

（3）还有一种情况，一些企业或者企业联盟在当地建设项目，但是建成后的工程由企业运营直至收回成本后再交由当地政府主管，即"建设—经营—转让"，由于初始投入高，这种形式一般适合大型企业建设的大型项目。

市场主导的技术转移，由于市场机制本身的局限，可能产生不良竞争等情况，所以应加强其中的政府引导。

（三）国际组织主导机制

国际组织一般指政府间国际组织，是国际法主体之一。例如，联合国环境规划署、联合国开发计划署等，它们本身并不具备技术开发的能力，但是因其性质特殊,能够指导和协助发展中国家联合起来,找到气候变化的国际技术转移的对接口。这些组织的政治理念较为中性,在国际社会影响力巨大,在发展中国家认可度较高,并且在各国均设有办事处。因此,它们在寻找合作伙伴、建立技术需求和技术供给对接、推广技术成果等方面均能发挥重要作用。这些组织还能够利用其国际影响力为发展中国家气候技术转移提供资金支持。这种三方合作成功机会较高,联合国机构加发展中国家政府和中国政府合并开展技术转移,相对来说比较规范,各方能够形成合力,共同努力促进技术转移。由于联合国组织用于发展援助资金的减少,对与中国合作开展项目普遍持积极态度,三方合作中,联合国组织越来越倾向于牵线搭桥,而不是实际出资帮助发展中国家进行能力建设。近年来,我国通过国际组织开展的三方科技合作明显增加,影响较大的有农业部与国际粮农组织合作、科技部与联合国环境规划署的中非水资源科技合作等。

除了联合国组织外,还有很多 NGO 组织从事全球气候变化能力的提升,特别是提高发展中国家应对气候变化能力,如南方中心(South Center)、第三世界网络(Third World Network,TWN)。这些 NGO 组织在资金、技术、资源和信誉上均可为南南技术转移提供支持,发挥他们的作用有助于解决实际问题,促进南南技术转移。

在应对气候变化技术转移机制中,由于气候变化技术的特性,造成了这种技术的转移主要依靠国际组织和政府的主导。由于企业的根本目的是盈利,所以在气候变化领域,很少有企业会为其他国家或地区的应对气候变化能力建设投入资源。在应对气候变化南南技术转移中,政府应该发挥主导作用,国际组织参与,制定相应政策,鼓励企业对发展中国家开展技术转移。前期,政府主导,进行技术示范,培养当地技术能力;后期,市场成熟时,引入市场机制,企业跟进,为技术转移的持续性提供保障。通过政府主导,市场介入的形式,一方面,利用政府间合作为技术转移提供基础;另一方面,企业为了盈利能够自发地在当地培养和建立技术能力,提高当地的应对气候变化技术能力。

二、我国气候变化南南合作的主要途径

气候变化南南科技合作的途径主要有技术培训、技术示范、联合研究、派遣专家和学位教育及合作交流平台等。

1. 技术培训

援外技术培训是花费小、成效高的一种合作方式,几乎适用于所有的发展

中国家，是展示中国技术，进行技术理论指导，积累发展中国家人力资源的有效手段。这种形式不直接进行技术的转移，而是通过在华或在所在国举办特定技术主题培训班、依托示范项目举办的技术培训或现场指导的形式对发展中国家技术人员进行培训，使其掌握相应的技术能力。商务部和科技部有稳定经费资助发展中国家援外培训班，已帮助发展中国家培训了大量技术人员和科技管理人才。一些机构也在朝专业化培训机构发展，例如，甘肃自然能源研究所成立了联合国工业发展组织国际太阳能技术促进转让中心和亚太地区太阳能研究与培训中心，专门承接国家、国际组织和其他国家委托的太阳能技术培训。

2. 技术示范

技术示范是指在大范围应用技术前期，比纯技术展示更近一步，在当地小范围初步应用技术，形成技术能力。通过向当地政府官员、技术人员、百姓展示技术成效，确定技术的可行性，进而获得当地认可。技术示范通常与技术培训、现场指导相互配合。

3. 合作研究

合作研究以合作创新为目的，以合作方的共同利益为基础，以优势资源互补为前提，通过契约或者隐形契约的约束联合行动。合作研究是科学技术日益发展、社会进步、交流更多的情况下产生的模式。随着科学技术研究的不断发展，各个领域的知识与技术的难度与深度都日益加剧，新技术的研究与开发不断的复杂化，跨领域的特征也日益明显，各个技术学科和领域之间的相互补充日益重要[146]。因为联合研究需要较高的技术水平，一般在科技水平较高的发展中国家开展，优势互补。基础四国之间开展了大量联合研究工作。例如，中国和巴西开展了中巴资源卫星联合研究，建立了中国-巴西农业科学联合实验室；中国科技部分别与印度科技部、南非国家研究基金会设立了联合研究计划；中印开展了地震工程、天气预报、气候变化、纳米技术、生物纳米技术联合研究工作；中南开展了生物技术、采矿与冶炼、环境与可持续发展、传统医药、可再生能源联合研究工作。对于全球变化等大科学问题，国际组织发起的区域联合研究计划，通常需要相关发展中国家参与联合研究，例如，我国与周边国家开展了周边海域洋流和气候变化的联合研究工作。此外，适用技术的本地化研发，也通常需要发展中国家的技术人员参与。

4. 派遣专家和学位教育

派遣专家是比较灵活的合作方式，派专家赴现场指导、培训教学、解决技术难题成本低、收效快，便于迅速了解实际情况，解决问题，有利于传播技术、经验，形式上也有长期派遣和短期派遣。学位教育主要是接受发展中国家科研人员来华攻读学位，或作为访问学者交流，类似于我国科研人员公派去发达国家学习。

5. 合作交流平台

政府资助或企业举办的各类主题国际培训班、研讨会、论坛、展览，为发展中国家之间开展技术交流提供了平台，适用于专门领域技术需求、动态、经验、问题的交流分享，也是为寻找合作伙伴的重要途径，这种交流平台往往能推动进一步的技术和商务的合作。

6. 企业联盟

企业联盟可以看做是各种形式公司之间的合作。企业联盟中的伙伴之间的技术流动是双向的，而且它不仅包括技术和研发的联盟还包括生产和市场的联盟。企业联盟是在市场机制的引导下，为了共同的利益，企业间形成的合作方式。在联盟内部进行技术转移，快速、有效。还有一种新的企业联盟形式值得关注，我国的企业联合起来对外进行技术转移，这种形式能够使我国企业"走出去"，开发当地市场，提升当地技术能力，取得双赢。这种形式能够有效降低我国企业"走出去"的成本，风险共担，对提升我国企业国际竞争力和当地技术能力均有促进作用。

7. 成套设备出口

通过向其他发展中国家直接出口成套的设备，帮助他们设厂，也是南南技术转移常采用的形式。这种形式，适用于特定行业、特定用户或需要特定的设备及软件技术产品的开发及转移。例如，中国小水电中心在国外帮助发展中国家建立配套电站。这种形式能够帮助发展中国家快速地形成技术能力和生产产品的能力，转移风险较低，但其需要配套的管理和技术培训，对发展中国家技术创新能力建设没有太大帮助，不利于从根本上提高技术水平。

除了以上的南南技术转移途径外，还有技术咨询、直接投资等方式的技术转移，在上述途径中技术示范、合作研究、技术培训等方式是南南技术转移最直接，也是最有效的方式。示范项目在当地建立以后，可以将技术的实际效果展示出来，比技术展示更好地吸引当地人的兴趣，并且示范项目对当地人的影响也是巨大的，能够给当地带来实际的效益。合作研究通过技术交流共享成果，属于实质性的技术和知识的转移，甚至是 know-how 的转移，中外双方都能受益。技术培训也是一种重要的形式，这种形式的技术转移为落后国家培养了技术人员，提高了当地的技术能力，也为后续的技术转移提供了基础。另外，技术咨询和专家派遣的形式更为灵活有效，不进行具体技术转移，但能够迅速解决当地遇到的实际技术难题，并且人员派遣的形式能够加强双方的交流，更好地了解当地需求，为以后的技术转移提供基础。在后续的研究中，主要以技术示范和合作研究两种模式为研究对象，对我国气候变化南南科技合作进行分析。

三、基于典型案例的合作模式分析

通过对科技部国际科技合作专项等资金渠道支持合作项目的案例分析，总结分析合作模式如下：其中案例1～案例3来源于国家国际科技合作专项中非水行动、2009DFA30720、2010DFA92820项目的科技报告，案例4来源于2011年科技部国际合作司组织的农业领域科技应对气候变化南南合作研讨会（湖南）陕西农垦发言材料，案例5、案例6来源于国家国际科技合作专项2012DFG31450、2010DFA92800项目的科技报告，案例7～案例11来源于国家国际科技合作专项2009DFA30810、2011DFA31140、2012DFB20210、2010DFA92400、2011DFG72280项目的科技报告。

1. 充分利用多边合作机制，发挥各自比较优势

2008年和2011年，科技部和环境署先后启动了非洲环境技术两个阶段合作，第一阶段4个项目，在生态环境、水资源和应对气候变化等领域开展联合研究、技术示范、专家考察、人才培训等。第二阶段6个合作项目，中方投入经费4742万元人民币，中方近20家科研单位、企业在尼罗河、坦噶尼喀湖和撒哈拉沙漠地区的16个非洲国家展开环境合作，涉及水资源规划与利用、水资源生态保护、干旱预警系统与适应、旱地节水农业、沙漠化防治等领域，内容包括技术合作及转移、能力建设及援建示范工程等。

项目通过三方合作，取长补短。三方合作将我国的科技援外计划、受援国的需求和国际组织的发展援助计划结合起来，充分满足了各方诉求，达到了互利共赢的效果。我国在很多领域的发展及对发展中问题的应对比一些非洲国家先行一步，能提供性价比高的解决方案。国际组织在确定非洲合作伙伴、设计和实施援助项目、协调受援国政府、推广经验成果等方面发挥了重要作用，帮助中方团队扩大了科技援外工作的影响，提高了援助成效。众多国别、合作伙伴和合作主题，没有环境署的协调难以完成。

项目符合三方优先领域，解决真实问题，贴近用户。项目所倡导的水资源规划、水资源生态保护、雨水收集、农业节水、安全饮用水等技术都针对了非洲国家的现实问题和真实挑战，做实事，见实效。在项目的执行上，中方与技

术的最终用户(如农户或水厂)直接接触,实时解决用户的疑问和难题,并通过对用户实际情况的详细了解,改善技术的适用性。

项目进行系统设计,组织集体行动。综合集成的整体行动比单纯的援外、合作研究或技术转移和示范推广项目更有效。水行动项目将软的政策规划、能力建设、人才培养和硬的技术研发、转移、示范推广相结合,扩大了受益面,提高了受援对象的综合科技能力。项目还把科研机构技术援外和企业走出去结合起来,搭建了技术转移平台,推动了我国适用技术、仪器设备和产品出口,提高了援外项目的可持续性。

项目结合了中方与联合国环境署的比较优势,推动我国水资源管理技术、旱作农业技术走出去,帮助外编制了10多个规划建议,建立技术示范点共13处,培训人员1100多人,提高了外方应对气候变化能力,受到了受援国政府领导人的高度重视。项目组成员还被联合国南南合作局授予"联合国南南合作特殊贡献奖"。

2. 依托政府间合作协议,开展示范援助

苏丹农业资源丰富,但农业开发水平落后。为提升苏丹农业技术水平,促进农业开发,苏丹科技部与我国科技部签订了政府间科技合作协议,共同指定山东省农科院与苏丹国家农业科学院开展农业技术合作。

在政府间合作协议的保障下,苏丹为双方的合作无偿提供试验用地、示范用地和水利、电力等物质基础保障。中方提供技术、专家支撑。双方合作方式包括进行抗旱、耐热小麦、花生品种和资源的收集、引种。山东省农科院收集国内小麦、花生资源和品种。苏丹国家农科院负责从国内外搜集和引种,主要引进国际玉米小麦改良中心、国际热带干旱地区作物研究所、美国等的品种,双方进行种质交换。中方在苏丹选定地区开展品种适应性试验,产量对比,对外方技术人员进行培训,并开展专家互访。在苏方协助下,选定苏方不同生态区进行配套栽培技术试验和技术体系研究,进行技术示范和展示,并进行规模化种子繁育,在主产区推广品种、技术和成果。通过示范带动企业走出去。

苏丹经济科技水平落后,项目与苏丹最高农业机构合作,苏政府提供了土地、人才、环境等支持,为项目实施提供了大量协调和保障工作,促进了项目的顺利实施。

3. 产学研联合,带动企业走出去

在科技部经费支持下,同济大学环境与可持续发展学院与江苏宜净水处理公司等机构结成了产学研联盟，与内罗毕自来水公司开展技术合作。联盟帮助内罗毕自来水公司进行了技术诊断，并开展了饮用水处理技术的示范工作。示范项目采用了同济大学技术和宜净水处理公司的处理药剂，处理时间和成本大大降低，处理效果显著提高，得到了外方的认可，取得了外方的长期订单。

由于肯尼亚自来水公司是东非第一大自来水公司，常年有东非其他水厂技术人员参观学习，在项目示范效应下，东非主要国家水处理公司对同济大学的水处理技术兴趣很高，希望与同济大学建立合作关系，随着订单的增多，江苏宜净水处理公司也拟在非洲建立子公司，推动廉价高效水处理药剂推广应用。同时，同济大学利用学院的师资力量，为发展中国家提供给排水技术教学、咨询，通过组织非洲学员到江苏宜净水处理公司生产基地、水厂参观，使学员了解我国水处理的先进适用技术，培养潜在合作关系。

内罗毕自来水公司资金力量比较雄厚，在政府支持下，同济大学、江苏宜净水处理公司与内罗毕自来水公司建立了联系，通过技术示范，得到了外方认可，取得了外方的订单，并有望在东非其他国家进一步推广。这是政府和市场机制相结合的典型案例。

4. 依托海外技术示范推广基地，促进适用技术输出

2005年，根据喀麦隆政府提出的合作需求，我国政府委托陕西农垦帮助喀麦隆提高农业种植水平。喀麦隆政府为项目无偿提供15万亩土地，在项目实施期间，免除所需的农业设备、机械、机器的进口税和关税。

为执行项目，商务部提供资金在喀麦隆建立了农业技术示范中心，陕西农垦在喀麦隆成立了中喀英考农业开发有限公司，负责项目实施。国家开发银行对项目了给予金融支持，开展农业基础设施建设。依托农业技术示范中心和外方提供的农业基地，陕西农垦示范、推广现代农业技术和农产品加工技术，发展种植业和养殖业，示范带动当地发展农业、增加就业、消除贫困，取得了良好反响。

在项目实施中，农业技术示范中心发挥了重要作用，集成了六个功能：实验、验证技术和品种的适应性；技术示范，展示技术效果；技术推广；技术培训；种子培育和生产；可持续发展，示范中心和商业合作有机结合。依托示范基地，技术的本地化研发，当地农户切实受益，政府支持和商业运作相结合是取得成效的关键。

5. 在长期合作基础上，帮助外方编制政策、规划和评估报告，提供政策咨询服务

气候变化对非洲可持续发展的威胁非常急迫。农业和水资源危机是非洲国

家面临的两大威胁。非洲落后国家，不仅科学技术落后，而且缺乏相关领域的发展规划和基础研究数据，不利于农业科技的长远发展。

通过多年的技术示范合作，应非洲合作伙伴要求，兰州大学与肯尼亚农业研究中心共同开展非洲农业应对气候变化农业填图工作，帮助非方掌握农业资源禀赋。中方团队与肯尼亚农业科研人员组成研究团队，通过国际组织协调，从国际机构获取了地当农业基础信息，通过技术培训班和联合调查活动，提高当地科研人员农业评估能力，通过遥感技术和评估手段的应用示范，帮助外方掌握气候农情监测、气候变化模拟、模型建立能力，最终完成肯尼亚农业信息填图工作，并建立肯尼亚气候变化对农业生产影响预警技术体系，成为肯方农业开发利用的重要参考指南。

6. 共建联合实验室，构建稳定合作关系，共同开展合作研究

坦噶尼喀湖（简称坦湖）是世界第二深湖，沿湖四国布隆迪、刚果民主共和国、坦桑尼亚和赞比亚分别拥有这个湖的一部分。坦湖生物多样性丰富，水交换周期长，生态脆弱。近年来，随着坦湖流域工业化、城镇化，近岸水环境污染压力增大，沿湖地区水土流失与湖湾淤积现象突出，渔业资源与生物多样性下降。沿湖国家环境监测能力严重缺乏，实验条件简陋，实验仪器以滴定管、量筒等玻璃仪器为主。

在科技部支持下，南京湖泊所与坦湖管理局、沿湖四国开展合作，共建联合实验室，共同开展环境研究，通过技术示范和培训，建立与加强沿湖四国湖泊水环境监测能力。通过实地考察，接收坦湖管理局提名的非方访问学者交流研讨，共同确定"坦噶尼喀湖水质及监测需求"；对沿湖实验室分批更新改造，捐赠30万元仪器设备，提高了当地实验室的硬件条件；开展本地技术人员培训，筹建坦湖资源生态保护研究培训中心；帮助制定坦湖水环境监测体系规划，为坦湖长期监测规划及基于GIS的管理系统建设提供技术支持。合作项目提高了沿湖监测点的科研能力，建立了以非洲科技人员为骨干的坦湖监测网，已完成的监测网点用于水污染、水土流失和渔业资源的监测。

共建的联合实验室具备了常规监测能力，已稳定运行多年。依托实验室，中方与外方开展长期合作，大量的监测分析工作在本地实验室完成，提高了分析精度和数据量，使我国科技界从外方共享了坦湖研究数据，提高了我国湖泊研究基础研究能力。

7. 资源共享，共同解决跨界问题

环境污染、跨界河流利用、农业病虫害、沙尘暴等跨国界问题，对周边国家和我国边境省份的不利影响越来越明显。我国和越南农业生产均受到虫害的困扰，我国"两迁"害虫春季的初始虫源主要是从中南半岛迁来，而中南半岛与我国"两迁"害虫迁入量关系最密切的是越南南方。在迁入地利用抗虫品种是可持续控制"两迁"害虫的根本性措施。

跨界问题成为两国科技界共同关注的问题，在两国科技部的关注下，广西农业科学院与越南河内农业大学合作，共同组成专家组在越南迁飞观测研究基点进行"两迁"害虫田间种群数量动态调查，双方根据越南"两迁"害虫的调查结果作出我国"两迁"害虫的趋势预报。越南河内农业大学专家协助广西农业科学院专家采集越南不同地方的"两迁"害虫，广西农业科学院专家将虫带回广西农科院进行抗药性、生物型测定，并将结果反馈给越南河内农业大学专家，双方共同分析"两迁"害虫抗药性分化和褐飞虱、白背飞虱生物型的变异情况。越南河内农业大学协助收集水稻种质资源、越南生产主栽品种和新育成品种，以便广西农业科学院进行水稻抗虫品种的鉴定、评价和利用，双方共同提出抗虫品种的利用方案，并进行抗虫品种的示范推广。项目合作，在"两迁"虫害防控方面取得突破和显著的经济、社会和环境效益。

8. 以国际机构下设组织身份开展合作

墨西哥国际玉米小麦改良中心是国际重要农业研究机构，拥有大量的小麦和玉米优异种质资源，并无偿发放给发展中国家，在分子标记开发和应用方面有很好的工作基础，与世界主要小麦和玉米机构建立了密切的合作关系，并在国际上有大量分支机构。

国际玉米小麦改良中心在中国农业科学院设立了办事处，并与中国农业科学院建立了分子育种联合实验室。中方项目主持人兼任国际玉米小麦改良中心中国办事处主任，中方研究团队中部分人员也曾在国际玉米小麦改良中心学习工作过，与外方合作关系密切。

中国农业科学院以国际玉米小麦改良中心下设机构身份与国际玉米小麦改良中心开展合作，合作过程比较顺利，从外方引进了优质、抗病、抗逆小麦和玉米材料及分子标记技术，为我国小麦和玉米分子育种提供了技术支撑，提升了我国小麦和玉米育种水平，并培育高产、优质、抗病、抗逆新品种。

9. 以多边合作为载体，共用研究资源条件，共享研究数据

我国气候主要受到亚洲季风控制，而孟加拉湾是亚洲季风爆发最早的海域，对于南海季风和我国汛期降水的年际变化有很好的指示意义，阐明孟加拉湾－安达曼海的季风爆发过程并建立监测能力有助于提高我国的短期气候预测能力，为防灾减灾做出贡献。但独立开展研究，航海成本过高，且难以顺利进入相关海域进行研究。

第一海洋研究所与普吉海洋生态中心、印度海洋研究所、缅甸水资源研究与发展局开展合作研究。中方是国内顶尖海洋研究机构。外方均是孟加拉湾地区具有重要影响力的海洋研究机构，已经在该海域开展了大量气候变化及生物多样性方面的工作。但是，外方在海洋环境观测和气候变化研究领域的实力较弱，泰国、缅甸、印度及斯里兰卡希望通过项目的合作提高其科技水平。

开展合作的主要内容是进行孟加拉湾区域海洋观测与对亚洲季风影响合作研究。通过与泰国、缅甸、斯里兰卡合作是开展孟加拉湾观测的最经济、最高效的方式。中方提供观测所需的设备、帮助外方进行人员培训、支持在泰国、斯里兰卡建立联合实验室。合作外方拥有绝佳的地理位置，开放专属海洋区供中方合作研究，提供海洋调查船供中方使用，避免了使用我国调查船的高昂费用问题。观测数据双方共享。

发展中国家拥有丰富的生物、地质、水文、气象资源，具有非常高的研究价值。但发展中国家由于资金、技术问题，难以对上述资源进行研究、开发。通过与发展中国家开展资源环境领域的合作研究，使我国科技界有机会接触掌握发展中国家的第一手环境样本、观测数据、资源分布，有助于资源共享。

10. 围绕同一研究主题，在两国相似地区开展对等合作

在全球变暖背景下，都市郊区水系统和生态系统受到人类活动扰动尤为强烈。中国和南非作为人地冲突激烈地区的发展中国家代表，面临着相似的资源与环境问题，又有着各自独特的特点，在环境领域有合作研究的必要。

北京市郊延庆地区和南方开普敦市郊贝格河上游地区，都属于大城市郊区，并具有重要的水－生态保障功能。首都师范大学和南非西开普敦大学分别以上述区域为研究区，通过实验模拟开展区域环境变化的比较研究，定量揭示人类活动扰动下区域水文变化过程规律及机制。

南非西开普敦大学在水文过程模型研究领域具有优势，是联合国教科文组织的水文地质非洲研究中心依托单位，在贝格河上游地区进行了长期研究工作。首都师范大学在遥感和地理信息系统技术方面具有优势，承担联合国教科文组织水

文项目，长期在延庆地区开展监测研究。双方在中国科技部和南非科技部分别资助下，各自承担不同的模型组建工作，对各自研究区水文模型建立所需要的数据进行对等交换，对等开放共享野外观测仪器，互派访问学者和研究人员进行合作研究和交流，最后共享项目取得的所有成果，取得了良好的双边环境效益。

11. 发达国家、国际组织多方参与南南多边合作

粮食安全是关系国计民生的首要问题，国家粮食安全面临来自复杂多变的国际粮食市场的严峻挑战，准确把握、提前预判全球粮食供应形势，掌握供求信息，对于提升国家粮食安全保障能力意义重大，因此，提升我国全球农情监测能力的需求十分迫切。全球农业系统因地理位置、气候条件、种植习惯等原因而存在巨大的差异，只有开展深入广泛的国际交流合作，才能为深入了解全球农业主产区的作物种植结构特征，作物生长环境要素特征等信息，从而选择适宜的监测方法和监测数据，提升农情监测的准确度。

在全球对地观测组织的协调下，围绕着提升全球农情监测能力所需要解决的几个核心的问题，中国科学院遥感所、北京师范大学通过与美国、加拿大、阿根廷、俄罗斯、澳大利亚、印度、泰国、埃及等国进行合作和信息共享，获取了北美、南美、欧洲、印度等全球主要农业系统的作物组合、作物物候历以及旱情发生、发展过程信息，开展作物遥感识别及单产预测两项关键技术的全球标定与验证，提升了全球农情监测能力及其信息产品深度，保障我国粮食安全。在项目执行期间，通过与泰国农业大学的合作，为其培训与培养全球农情遥感监测的专业人才，并与泰国达成出口意向协议；完成旱情监测系统在蒙古国的移植与应用示范，培训蒙古国家遥感中心人员3名；完成旱情监测系统在斯里兰卡的应用示范，移植系统并培训人才，提升中国作为世界负责任大国的形象。

南南合作是包容性的合作，并不排斥与发达国家合作，相反发达国家、国际组织的参与有助于提高合作的深度和广度，在全球经济和科技一体化的趋势下，发展中国家、发达国家之间的合作将更加紧密。

第四节　本章小结

本章首先从战略规划和部门管理两个层面，分析我国气候变化南南科技合

作政策管理体系；再次构建我国可向发展中国家输出技术的评价指标体系，分析确定我国可供输气候变化重点领域、技术；最后，通过专家咨询、案例研究，分析我们气候变化南南科技合作机制、途径、合作模式等。

研究发现：①我国气候变化南南科技合作宏观管理体系比较完善，宏观指导和战略规划清晰，且形成了多部门参与的格局，资金比较充足，支持形式多样，但政策和管理体系仍有完善的空间，一定程度上影响资金绩效，例如，相关支持政策、细则和国别指导缺乏，部门间协调配合不足，支持内容多有交叉，专项资金缺乏科学的绩效评估；②我国农林业、可再生能源、水资源等领域的相关适用技术可向发展中国家转移，如杂交水稻、地膜技术、太阳能光热光伏利用、小水电技术、抗疟技术等，南南科技合作前景广阔；③当前，我国气候变化南南技术转移模式以政府主导为主，市场主导和国际组织主导为辅，合作的主要途径有技术培训、技术示范、联合研究、派遣专家和学位教育及合作交流平台等。

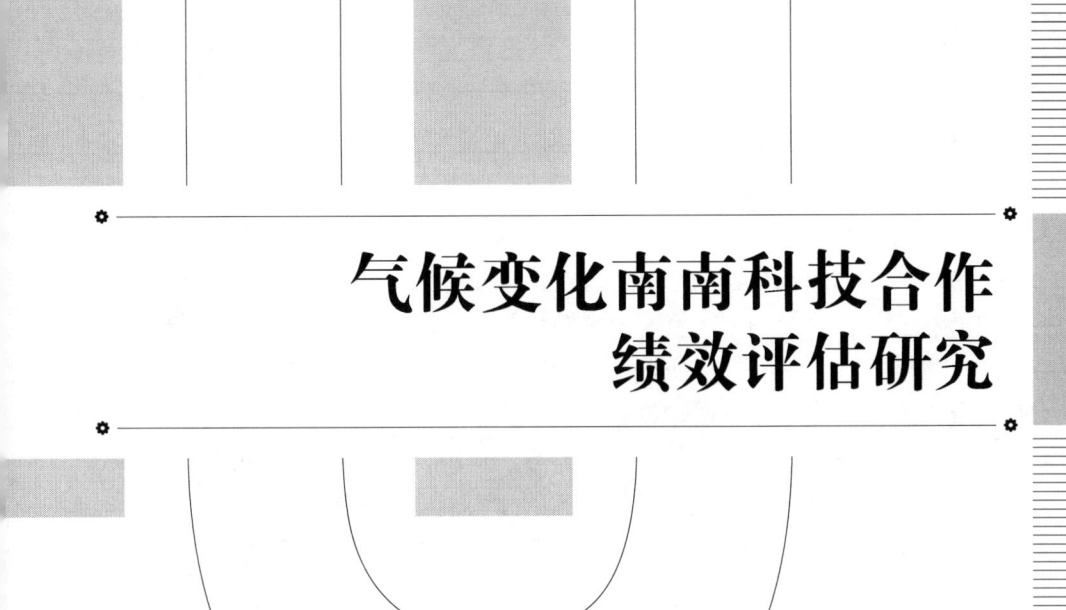

第五章 气候变化南南科技合作绩效评估研究

目前，我国气候变化南南科技合作由科技部、国家发改委、商务部等部门共同组织实施。在财政资金的支持下，各部门实施大量气候变化南南科技合作项目，取得了较好的合作成效，但一直以来政府部门并没有对气候变化南南合作项目的绩效进行分析评价。随着气候变化南南科技合作的深化，我国对气候变化南南科技合作项目的财政支持力度不断增加，我国政府已提出投入200亿元人民币建立"中国气候变化南南合作基金"，"科技援外专项" 2016 年年度预算预计将达到3亿元人民币，社会各界对资金投入效果的关注度也明显提升。开展气候变化南南科技合作项目的绩效评价研究不仅有助于提高项目管理水平和效益产出，而且也是回应政府和公众关切的重要方式。为更好地推进气候变化南南科技合作，有必要加强我国气候变化南南合作的绩效评价研究，为气候变化南南科技合作更好地实施提供政策建议。

本章首先介绍绩效评估的基本理论方法；其次以某科技专项为例，介绍气候变化南南科技合作相关专项整体绩效评估方法，从目标完成情况、效果与影响、组织管理有效性、投入产出效率等方面，建立整体绩效评价体系；最后基于柯布－道格拉斯知识生产函数理论，构建气候变化南南合作研究项目绩效评价模型。

第一节 绩效评估理论方法

一、科技计划项目与科技援助项目绩效评价综述

（一）绩效评价的内涵

关于绩效的内涵界定一直存在着不同的观点，分别从结果、过程、反映出来的能力、内容等角度对绩效进行研究和总结，通常认为绩效是一个组织或机构的相关活动和行为及其产出和结果，并以此表现出该组织机构所拥有的特定能力的效率、质量和效益[147,148]。科技计划项目绩效是指科技计划项目在获得立项批准到应用期间，根据事先制定的目标所达到的、可以予以指标度量的计划完成程度及所产生的对社会、经济进步有推动作用的预期成果[149]。科技计

划项目绩效评价是指由具有技术经济、科技管理等专业知识的人员组成评价小组，遵循一定的原则、程序和标准，运用科学、规范的方法，对科技计划项目的经济绩效、社会绩效、人员绩效、学术绩效、目标实现程度、经费的使用管理等方面进行综合评价考核，总结经验教训，提高管理水平和政府科技投资效益[150]。

经济合作与发展组织发展援助委员会（OECD/DAC）对援助绩效评估的定义是：对一项正在进行或已经完成的工程、项目或政策的设计、实施和结果进行的系统和客观的评价，评估旨在确定目标之间的相关性和完成情况及援助的效率、有效性、影响和可持续性[151, 152]。目前，主要发达国家和国际组织已把技术援助绩效评估作为一项制度开展，并进行了相关研究，而国内仅有技术援助绩效评估的少量研究，鲜有技术援助绩效评估实践，更不用提气候变化南南科技合作绩效评估了。

（二）主要国家科技计划项目绩效评价

世界主要国家科技计划评价模式可以分为[153]：①英美模式，其绩效评价的动力源于政府预算压力，用于证明政府行为的合理性；②欧洲模式，其绩效评价的主要动力源于法律体系的要求，因此评价更加侧重从组织内部改善管理；③OECD 模式，该模式处于发展中阶段，评价与政策制定尚未建立固定的联系。国内外对科技评价的研究主要集中在科技评价的理论研究、评价方法研究、具体评价实践研究等。

1993 年，美国国会通过了《政府绩效与结果法案》，规定了科技评价的内容，确立了对政府行政机构和科研机构进行绩效评估的制度，旨在提高绩效，加强管理[154]。2002 年，政府对 R&D 项目评估，推行 R&D 投资标准，对联邦机构的所有项目，推行项目评价评级工具（PART）[155]。美国科技评价要求[156]：①被评价对象与科学技术相关；②评价目标和使用方式明确；③评价委托者、评价机构、评价对象清晰；④有实现约定的评价规范。在美国的科技评价中，政府与社会、中央与地方评价机构并存。2009 年全球金融危机后，美国实施了 STARMETRICS 项目，研发一种基于测度的评价框架，用以评价美国联邦政府 R&D 投资的效益，从而促进政策制定、明确责任、提高公众参与度[157]。美国政府项目评估标准包含四个方面：实用性、可行性、正确性及精确度[158]。美国常用的科技评估方法包括文献计量分析、经济回报率分析、指标分析、同行评议、案例分析、顾性分析等[159]。PART 对目的和设计（权重 0.2）、战略规划（0.1）、管理（0.2）、结果与责任（0.5）四个部分，设计问卷系统并进行分析评估，按有效、中度有效、勉强有效和无效四个等级判断绩效[160]。

欧盟科技计划的绩效评估由欧盟框架计划的演进而形成[161]。欧盟委员会自20世纪70年代介入欧洲研究与技术开发（RTD）计划评估，80年代加快了评估规范化的制度化进程，建立了滚动年度的评估行动计划，1996年，启动了由外部专家负责的框架计划的5年评估。欧盟科技评估促进了科技计划的协调与管理，其中最具代表性的是对尤里卡计划的绩效评价，认为尤里卡计划对技术和社会经济的发展起到了积极的推动作用，并且对计划开展预测工作[162]。就评价内容而言，欧盟着重于计划筛选的程序、计划管理、计划的一般特色、计划的产出、成果的扩散和利用。欧盟对于科技计划的评估侧重于研究的科技质量、计划管理的有效性、研究结果对科技进展的贡献等方面，并重点关注计划的筛选程序、计划过程管理、计划的特色、成果产出及扩散利用[163]。芬兰国家技术创新局采用相关性、效率、质量、有效性、影响、战略等6个主要指标，对芬兰能源技术计划进行了绩效评估[164]。

1995年，日本颁布了《科学技术基本法》，随后又发布了《科学技术基本计划》《国家研究开发实施办法大纲》等，对科技项目实施形成了完整的项目评价体系和经费监督机制[165]。2001年，日本又发布了《国家研发考评实施方案》，对科技项目执行进展评估、问题整改等提出了具体要求，供下年度制定预算时参考[166]。日本还设有国家审计员制度，监管科技经费的使用。日本科技计划项目评估方法包括总体评估法、运筹评估法、经济评估法和综合评估法[167]。韩国科技计划评价包括计划预算前审核和计划绩效评估，前者属于事前和事中评估，后者属于事后评估。预算前审核评估准则为支持的适当性、科技规划相符性、预算合理性、目标可实现性等。

澳大利亚较早实施科技项目绩效评估，其绩效评估工作在项目立项、执行、验收的全过程中都可能开展。评估流程包括项目分析确定评估重点；提出评估的主要问题，确定评估项目和方法；收集分析评估素材；编写评估报告；回顾与利用评估结论。其科技项目绩效评估内容包括适当性评价、效率性评价和有效性评价，并根据项目目标和项目执行阶段调整[168]。

我国的科技计划项目评价起步较晚。2000年年底，科技部出台《科技管理暂行办法》，将科学技术评价划分为前期评价、中期评价和绩效评价。2001年颁发的《科技评估管理暂行办法》，明确了科技评估的类型范围、组织管理等内容。2002年，科技部在其重点任务中指出要发展包括科技评价在内的科技中介机构。2003年，《科学技术评价办法》的出台标志着我国政府科技计划评价走上规范化、制度化道路。

（三）主要国家科技援助项目绩效评价

对于援外活动的有效性进行评价，一直是国际社会关注的重要问题。国际社会通过了《千年发展目标》（2000年）、《援助有效性巴黎宣言》（2005年）、《阿克拉宣言》（2008年）及《关于有效发展合作的釜山伙伴宣言》（2011年）等一系列国际文件[169,170]。《千年发展目标》列出了8大重点指标和18个具体指标。《巴黎宣言》从主事权、一致性、协调、结果导向型管理和相互问责制五个方面对援助国和受援国的行为做出了规定，并制定了12项指标评估其进展[171]。上述4个文件确定的援助原则和目标成为援助评估的重要原则[172]。

经济合作与发展组织援外评估的核心原则包括制定评估政策公正独立、公开透明，结果可广泛获取，评估结果反馈，受援国与援助国合作，援助评估需作为援助计划的主要部分[151]。评估准则包括应用相关性（relevance）、有效性（effectiveness）、效率（efficiency）、援助影响（impacts）和可持续性（sustainability）等[173]。评估方法有面谈、问卷调查、样本调查、案例研究、文献回顾等[152]。

美国对外援助评估工作开展较早，目的是通过评估改善援助项目审计和效果[174]。美国于1961年出台了《对外援助法案》，对援外宗旨、方式、限制等方面做了原则性的规定，该法案是监督和评价美国援外活动实施的基本法律依据[169]。美国国际开发署、国务院和千年挑战公司是最具代表性的评估机构，美国国际开发署负责质量评估，国务院负责绩效评估，非政府机构千年挑战公司负责影响评估[175,176]。各援助管理机构均制定了评估政策，评估资金占援助资金的3%左右[177]。在评价模式上，美国采取结果导向的对外援助评价方式[178]，这种模式具有问责、提高效率、增强有效性等作用，有利于掌握整个方案的执行情况[179]。美国对外援助评估标准和评估方法具有鲜明特色[174]。美国对外援助评估标准主要包括五个指标[174]："有效性"是决定援助计划和目标实现程度的重要衡量标准，"影响"包含战略目标的实现程度，"效率"指实现目标所付出的代价（包括时间和资本），"可持续性"包含为保证援助活动的持续性而建立的援助机构资金和人事保障因素等，"可复制性"指的是援助项目的实施和执行环境及评估结果的典型性。评估的主要方法包括绩效监测、绩效评估和财务审计，绩效监测指援助机构监测其项目的落实和实施情况，绩效评估指通过援助监督所获得数据分析其成功或失败的原因。美国国际开发署开发了一种方法以确定与气候相关的脆弱性来源[180]。

日本于1975年引入官方发展援助评价体系，2003年发布《官方发展援助评价指南》[181]，逐渐形成了一套目标明确、方法科学、体制健全的评价体系，使日本对外援助的质量不断提升[182, 183]。日本的对外援助起先以事后评价为主，后发展为从事前到事中、事后相一致的评价[183]，并以援助政策、总体方案、个别项目为对象进行评价。评价方式多采用第三方评价，部分项目也由受援国政府主导评价或双方政府共同评价[184]。日本援外项目的主要评价标准包括妥当性、有效性、影响、效率性和持续性[181]，主要从有利于受援国发展的"发展角度"进行评价，另外还从外交视角进行评价，来审视援助如何促进日本国家利益的实现[181]。

欧盟主要成员国一般根据经合组织援外评估原则组织援外评估，但是各国援助机构的评估体系却形式各异，其中，法国的报告体系最为复杂和典型，瑞典评估的独立性相对较好，挪威则建立了较为完善的管理层回应和后续行动系统[151]。英国国际发展部的援外项目评价体系分为4个层级[185]，第一级为关键发展目标，指标主要源于联合国千年发展目标，第二级为国际发展部成果，用来评估与国际发展部的介入直接相关的成果，第三级为执行效率，主要评估项目质量，第四级为组织效率，用于评估英国国际发展部内部的效率[186]。

世界贸易组织（World Trade Organization，WTO）主要从定性和定量两个方面来评价贸易援助，定量数据来源于官方数据库，定性数据来源于问卷调查等[187]。出于对援助有效性的关注，WTO将结果导向原则作为其开展贸易援助工作的基本原则[188, 189]。国际农业发展基金（International Fund for Agriculture Development，IFAD）制定了农业技术发展援助项目的评价体系，提出了相关性、有效性、效率、可持续性、创新性、可复制性与推广性6项评价准则，并成为国际机构广泛认可的项目评价准则，其中相关性、有效性和效率、可持续性被称为"核心绩效准则"。世界银行援外项目的绩效评估包括项目人员的自评、独立评估局项目评价和影响评价三个部分，评价指标包括目标相关性、项目有效性、效率、成果可持续性、制度建设的影响、项目产出、银行绩效、借款方绩效[190]。国际农业发展基金绩效评价的目的是提高运作效率和政策效果，其评价准则包括"相关性""有效性""效率""农村贫困的影响""可持续性""有益于贫困人口的创新的推广和应用""合作方绩效"等，采用6分制，并加入"满意"和"不满意"的宽泛分类[191]。

卢荻梵[192]研究了中国气候变化对外援助的特点和组织管理机制，其中建议健全对外援助评价体系等。曹俊金等[169]对国外援助监督评价机制进行了研究，认为我国还不具备完善的对外援助监督评价体系。周源[183]对日本官方发展援助评价体系进行了研究，建议我国建立对外援助评价制度，确立事前、事中和事后一贯的评价，增强对外援助评价标准的可操作性。王发龙[193]对日本对外教育援助评价制度进行了研究。贾焰对援非农业技术示范中心进行监测评价，从配合国家外交战略、提升受援国农业发展能力、带动农业走出去和引进来、实现可持续发展4个方面建立了16项评价标准。吴瑞成对英国国际发展部的援外项目评价体系进行了研究，发现其评价体系借鉴了多边援助组织经验，通过全球招标方式选择评估服务采购方，评价指标有分级，评估机构相独立，建议我国予以采纳。黄梅波和朱丹丹[152]对国际发展援助评估进行了研究，发现主要援助国都制定了本国的援助评估政策，并据此建立了自身的援助评估体系。

目前，我国还不具备完善的对外援助监督评价体系，虽然已有一些对援外活动进行监督和评价的规则，但既没有独立的评价机构，也没有可操作的规范，对援助有效性的评价也没有较详尽的规定。在评价方法层面，目前仅有商务部和农业部联合制定的《援非农业技术示范中心项目监测评价办法（试行）》，商务部《对外援助管理办法（试行）》仅原则性地提出要加强评估。其他的一些援外评估实践，主要是受外方委托对援华项目绩效进行评估。例如，Uddin等[194]采用安全性、能源利用、技术转移和就业4个关键指标，对中国30个煤层气清洁发展机制项目绩效进行了评估，并与其他发展中国家6个煤层气清洁发展机制项目效果进行了比较。财政部针对国际金融组织对华贷款项目编制了绩效评价操作指南。

主要发达国家和国际组织对外援助评估体系比较完善，而我国尚未建立援外绩效评估体系，且国内研究主要集中在学习国外做法和经验，对我国援外绩效评估的研究和实践十分有限。

二、相关评估理论方法综述

（一）绩效评价方法

由于气候变化南南科技合作项目兼具科技项目和援助项目的特点，本书将科技计划项目评估理论与援外评估相结合，介绍气候变化南南科技合作项目绩效评估的一般方法，在理论和方法上借鉴科技计划项目的评估理论方法，在具体指标设计和分析中考虑援外的特点。

1. 整体绩效评价方法

科技评价可分为多种类型，按评价角度可分为基于经济学视角的评价和基于管理学的评价，按评价时间顺序可以分为事前评价、事中评价和事后评价，按评价对象可分为科技政策评价、科技计划评价、科技项目评价、科技人员评价等。科技计划整体绩效评价旨在全面、客观地反映计划实施的整体绩效和有效的运行机制，以提高科技计划实施的效率和效益，为计划管理者提供决策依据。计划整体绩效评价通常分为总结式评价和形成式评价两种模式。科技计划整体绩效评价是以计划实施的事后成效为评价重点，运用科学的评估程序和方法，评价科技计划的资助与管理绩效。目前，科技评估界主要利用图5.1所示的绩效监测评估理论逻辑模型，进行科技计划整体绩效评估。

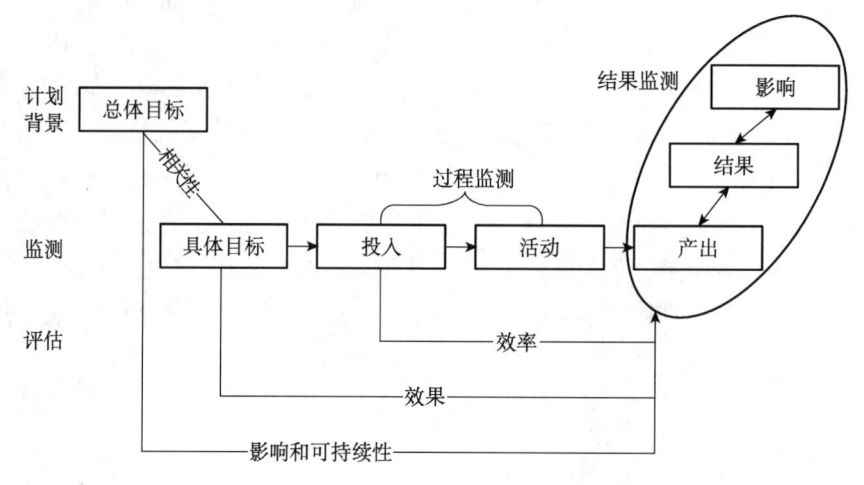

图 5.1　科技计划绩效监测评估理论逻辑模型

按照科技计划及项目的执行路径和组织实施，都具有"目标→投入→活动→产出→结果→影响"的链条，即投入一定资源，以便其开展必要的活动；至少有一些活动会获得一些产出，如产品和服务；通过使用这些产出应该会带来某种变化，这些关键要素构成评估的主要内容。"投入"指科技计划投入的资源，包括经费、人员、设备、政策等；"活动"指科技计划的实施做了哪些事情；"产出"是科技计划实施取得的成果；"成效"则是因科技计划实施而带来的变化；"影响"是科技计划实施带来的长期结果，包括直接或间接的、预期或未预料到的、正面或负面的、主要的或次要的等，一般指科技计划长期目标的实现情况。绩效评估可采用相关性、效果、效率、影响和可持续性等评估准则。相关性是指科技计划项目具体目标与国家科技发展总体目标、战略需求等的相符程度。效果是指科技计划项目具体目标的实现程度。效率是指投入转化为科研产出的经济性测度。影响是指科技计划长期目标的实现情况。可持续性是指科技计划项目完成后，持续运行和发挥成效的可能性。绩效评估不排斥对过程的评估，只是在传统管理理念的基础上，更加重视结果。

绩效评估的核心是"3E"原则，即经济性（economy）、效率性（efficiency）和效果性（effectiviness）。根据上述评估理论，科技计划整体评估一般包括：制定评估大纲，明确评价的目的和范围、评价使用的方法、绩效评价或分析针对的标准、需要的资源等；确定评价准则，设置关键评价问题，开发评价指标，明确证据及其来源、证据收集方法；通过面访、座谈会、实地调研、调查问卷、综合评价等方法收集和分析相关支持证据等，见图5.2。

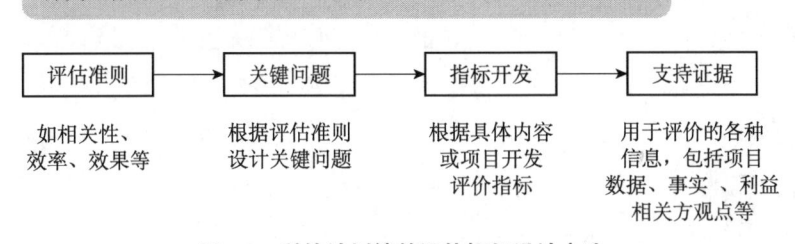

图5.2　科技计划绩效评估框架设计方法

2. 综合评价方法

科技项目的绩效评价按照评价方式可以分为定性评价、定量评价和综合评价。目前，国际科技项目绩效评价方法多采用综合评价方法。综合评价是指对多属性体系结构描述的对象系统做出全局性、整体性的评价[195]，即对评价对象的全体，根据所给的条件，采用一定的方法给每个评价对象赋予一个评价值，再据此择优或排序[196]。陈衍泰等[195]将常用的综合评价方法总结为定性评价方法、技术经济分析方法、多属性决策方法、运筹学方法、统计分析方法、系统工程方法、模糊数学方法、对话式评价方法和智能化评价方法九类，见表5.1。按照评价时间可以将绩效评价划分为事前评价、事中评价和事后评价，绩效评价主要涉及事后评价，数据包络分析、知识生产函数、同行评议法、德尔菲法、层次分析法、文献计量法、案例研究、回溯法等方法常用于科技计划项目的绩效评估[197]。

表 5.1 常用的综合评价方法比较与汇总

类别	名称	方法
定性评价法	专家会议法	组织专家面对面交流,通过讨论形成评价结果
	德尔菲法	征询专家,用信件背靠背评价、汇总
技术经济分析法	经济分析法	通过价值分析、成本效益分析、价值功能分析
	技术评价法	通过可行性分析、可靠性评价等
多属性决策法	多属性和多目标决策	化多为少、分层序列、求非劣解、重排次序进行评价
运筹学法	数据包络分析	以相对效率为基础,按多指标投入和多指标产出,对同类型单位相对有效性进行评价
统计分析法	主成分分析	找出影响某经济过程的几个不相关指标表示原变量
	因子分析	把变量分组使同一组内的变量相关性最大
	聚类分析	计算对象或指标间距离,或者相似系数,进行系统聚类
	判别分析	计算指标间距离,判断所归属的主体
系统工程法	评分法	对评价对象划分等级、打分,再进行处理
	关联矩阵法	确定评价对象与权重,对替代方案评价项目确定价值量
	层次分析法	用相对量的比较,确定多个判断矩阵,取其特征根所对应的特征向量作为权重,最后综合出总权重,并且排序
模糊数学法	模糊综合评价	引入隶属函数,实现将人类的直觉确定为具体系数
智能评价法	BP 人工神经网络	通过 BP 算法,学习或训练获取知识,并存储在神经元的权值中,通过联想把相关信息复现

数据包络分析(data envelopment analysis,DEA)是1978年美国著名运筹学家 Charnes 和 Cooper 等以"相对有效性"概念为基础发展起来的用于研究多投入、多产出的决策单元(decision making units,DMU)间相对有效性的一种系统分析方法[198]。该方法利用数学规划模型,以相对效率为基础,按多指标投入和多指标产出,对同类型单位相对有效性进行评价[199],根据各 DMU 的观察数据判断其是否有效,本质上是判断 DMU 是否位于可能集的"生产前沿面"上。由于无需预先估计参数,所以具有避免主观因素、简化算法、减少误差等方面的优势。DEA 的基本模型为 CCR(C^2R)模型,后又发展形成了 BCC、CCGSS、CCW、CCWH 等模型。基于凸性、锥性、无效性和最小性的公理假设,建立带有非阿基米德无穷小量 ε 的 C^2R 模型,根据 $D_{C^2R}^\varepsilon$ 最优解进行 DEA 有效性评价[式(5.1)]。DEA 的应用方法如图 5.3 所示。Jeong 等[200]利用 DEA 方法对韩国21世纪尖端研究发展计划的 R&D 投入效率进行了评价。Jayanthi 等[201]

利用 DEA 模型对美国光伏产业的创新效率进行了分析。Chang 等[202]利用 DEA 模型对全球前 10 家光伏企业的运营效率进行了分析。Zhong 等[203]基于中国第一次经济普查数据，利用 DEA 模型对中国 R&D 区域投资进行了分析。Eilat 等[204]采用 BSC 和 DEA 模型构建了研发项目评价模型。

$$(D)\begin{cases} \min\left[\theta - \varepsilon\left(e^T S^- + e^T S^+\right)\right] \\ s.t. \sum_{j=1}^{n} \lambda_j x_j + S^- = \theta x_0 \\ \sum_{j=1}^{n} \lambda_j y_j - S^+ = y_0 \\ \lambda_j \geqslant 0, \quad j = 1,2,\cdots n \\ S^+ \geqslant 0, \quad S^- \geqslant 0 \\ e^T = (1,1,\cdots,1) \in E_m, \quad e^T = (1,1,\cdots,1) \in E_s \end{cases} \quad (5.1)$$

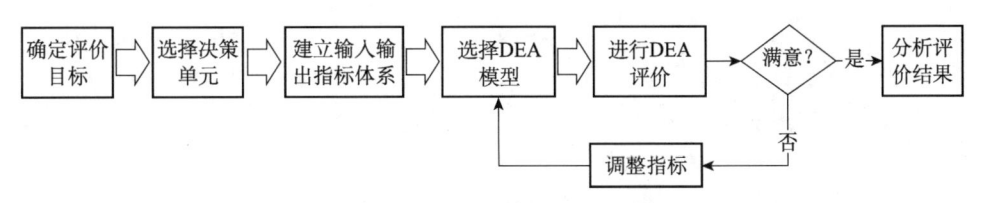

确定评价目标 → 选择决策单元 → 建立输入输出指标体系 → 选择DEA模型 → 进行DEA评价 → 满意？ —是→ 分析评价结果；否→ 调整指标（反馈至选择DEA模型）

图 5.3　DEA 应用分析方法示意图

生产函数及相关的理论已经广泛地应用到各种学科和研究领域中，并在科技计划项目绩效评估中发挥作用[205]。生产函数是指在一定时期内，假设经济技术水平不变的条件下，生产过程中有效使用各种投入要素组合时所产生的最大产出之间的关系，这种投入与产出在既定的经济技术水平下呈现出一种既定的生产函数。Griliches 在利用生产函数估算 R&D 对于经济增长贡献时提出知识生产函数（knowledge production function，KPF）。Romer 在构建内生增长模型时提出 KPF 模型，经 Jones 修正后形成了 Romer-Jones 知识生产函数模型。Fritsch 认为知识生产函数可用于评价创新活动效率，且可用于不同创新系统间绩效比较。知识生产函数对于国际科技合作项目而言，其实质上是具有多种投入和产出要素的复杂投入产出系统，该系统通过 R&D 过程的知识溢出将人员、资本、设施等投入要素转化为论文、专利、社会收益等产出要素[206]。对其开展的绩效评价活动，其实质就是评价投入与产出的效率与效果，因此可以利用知识生产函数对计划项目的执行绩效进行测度[207]。在实际应用中，常按照知识生产函数模型和柯布-道格拉斯函数形式，将投入要素简化为资本投入（K）和劳动投入（L），产出要素简化为科研成果（Q）等。K 和 L 配比影响着产出水平 Q [式（5.2）]。采用简化的知识生产函数来表达知识生产过程中科技投入和科技产出的关系。国内学者刘云等[208]、翟立新等[209]、叶选挺等[148]利用知识生产函数分别对自然科学基金、中国科学院不同类型研究所绩效、国防科技计划、国际科技合作项目等进行了绩效评估，取得了良好效果。

$$Q=AK^{\alpha}L^{\beta}\varepsilon（A 为效率参数；\alpha、\beta 为投入强度参数） \quad (5.2)$$

同行评议是由从事该领域或接近领域的专家来评定一项研究工作的学术水平或重要性的方法[210]，最初用于专利申请，17世纪时，英国皇家学会在评定学者的入会申请和会员的学术论文时，采取与同行评议类似的做法[211]，后来被广泛运用于项目评估[212]。德国、日本、英国、法国及我国均把同行评议作为科技评价的重要手段，根据各国情况，其同行评议方法也具有不同的特色[213]。

德尔菲法是一种用于技术预测的决策方法，由美工公司在19世纪50年代提出，该方法是通过征询一群专家对复杂问题的意见，并据此做出判断的群决策方法，由于方法具有较高的可信度，在评价过程中得到了广泛应用。该方法的特点是专家组成员的权威性和匿名性、预测过程的有控趋同性、预测统计的定量性[214]。

文献计量法被广泛应用于对科学研究活动的定量评价，通过分析引证、引用率、平均被引频次、文献的半衰期等考查科技论文的特征（在后文详述）[215]。

层次分析方法是一种将决策问题的有关元素分解成若干层次，在此基础上进行定性和定量分析的一种决策方法，由美国运筹学家 T. L. Salty 在20世纪70年代提出，该方法将复杂问题分解为各个组成因素，并通过两两比较的方式确定因素重要性的顺序，从而选择合理方案[216]。这一方法的特点是在对复杂决策问题的本质、影响因素及其内在关系等进行深入分析之后，构建一个层次结构模型，然后利用较少的定量信息，把思维过程数学化[217]。

由于目前没有哪一种评价方法能解决所有的问题，因此采用多种方法综合评价是科技绩效评价的发展趋势。本文将主要采用科技计划项目评估理论方法，结合国外援外评估原则和准则，建立评估指标体系。

（二）科学计量学

国际合著论文是国际科技合作产出的重要形式，且具有较强的可测度性，因此基于合著论文的文献计量学成为分析国际科技合作的重要方法之一[218, 219]。科学计量学是研究国际科技合作的重要工具，通过对国际合作论文和国际合作专利进行计量研究，反映国际科技合作关系特点等。利用合作论文测度国际科技合作具有以下优势：合作论文能够真实反映国际合作关系，可证实性高；各类论文数据库随着信息技术的发展趋于完善，数据易获取，有利于进行大样本研究，具有统计学意义；基于合作论文的研究结果更易于指导国际科技合作活动的开展。但也具有一定的局限性，文献计量法的定量在很多情况下是相似的、随机的和模糊的；所选用的各种数学模型都比较简单，对于描述加入了人为控制因素和带有倾向性的复杂社会行为只能是粗糙的、初步的；未能很好地解决理论与实践结合的问题；文献计量学中利用普赖斯增长规律表征科学发展存在一定缺陷，引文分析法在科学交流统计中存在的缺陷[220]。

20 世纪 70 年代，Beaver 和 Rosen[24]首次利用科学合著关系阐述了国际科技合作现象，此后基于国际合著关系的科学计量学被广泛应用于国际科技合作研究。Melin 和 Persson[221]通过研究国际科技合作与合作论文之间的关系，发现基于国际合著论文的文献计量学指标是研究国际科技合作的有效工具。Russell[222]认为利用国际合作论文可以分析小的科学共同体的国际合作程度，Nederhof 等[223]提出了一个新的多边合作指数（P），用于测度不同国家和学科的多边国际合作关系程度，De Lange 和 Glanzel[224]利用该模型分析了 38 个世界主要国家和地区在 8 个不同学科领域的国际合作模式及时间序列变动情况。近年来，国际科技合作的科学计量中广泛使用了社会网络分析方法，社会网络分析是以不同社会单位所构成关系的结构和属性为分析目标，对社会关系结构及其属性加以分析的一套规范与方法。分析方法包括中心性分析、K 核、核心 - 边缘分布、小世界效应、对等性分析等。

国际科技合作网是以国际科技合作关系为基础构建的社会网络，主要包含中心网和整体网两种类型[225]。中心网是以某一个体为中心，研究与该个体相关的国际科技合作的网络，如郭永正通过文献计量分别构建了以中国和印度为中心的国际科技合作中心网[226]。整体网是以一些个体集合为研究对象，研究个体间国际科技合作关系的网络，例如，樊威通过对论文和专利的科学计量，分别构建了全球纳米论文国际合作整体网和全球纳米专利国际合作整体网[227]。

利用科学计量开展国际科技合作研究分析的实践非常丰富。Glanzel 等[228]通过科学计量对美、日、欧的科技影响力进行了分析，发现美国和欧盟的科技领先地位面临着挑战，中国正在赶超美、日、欧的科技水平。Adams 等[229]通过对 1997 年和 2004 年的英国合作论文分析，发现英国主要与美国和欧洲合作为主，国际合作论文的平均影响力高于科研论文的总体影响力。邱均平和刘艳玲[230]对2001～2010年的合著现象进行研究发现，社会网络分析、国际合作研究、科学合作网络等是合著研究的热门主题。王文平[231]基于科学计量对中国国际科技合作模式及影响进行了研究。韩涛和谭晓[232]利用科学计量和社会网络分析，利用2000～2010年国际合作SCI论文数据，从国际合作整体发展态势、优势和弱势学科国际合作地位差异、学科领域国际合作倾向、高质量成果国际合作依存性等四个角度分析中国的国际合作特征。Adams[233]分析了1981～2012年主要国家发表的论文，指出最好的科学来源于国际合作。Glanzel[234]利用论文的国际合著关系，发现国际合作关系存在复杂性和异质性，国际合作与国内研究的同步程度存在显著的国别差异。

国内外学者就气候变化科技合作开展了计量研究[235]。美国、英国、德国、法国等发达国家在应对气候变化科学研究领域及国际合作中具有十分明显的优势[63]。Li等[236]对SCIE数据库中1992～2009年气候变化论文进行了计量分析，发现30%的论文是国际合作论文，论文发表数量最多的前三位国家为美国、英国、德国。Yarime等[237]通过文献计量研究，发现开展可持续发展研究国际合作的国家数量一直在增加。Zhi等[238]通过文献计量对1993～2013年SCIE碳循环论文进行了计量分析，发现美国贡献了47%的论文，处于领导地位。Mao等[239]对SCIE数据库中1994～2013年替代能源论文进行了文献计量，发现美国是替代能源研究的主导国家，与中国、英国、加拿大、德国、意大利、韩国和西班牙的科技合作中美国起到了关键作用。Yarime等[237]对1900～2013年SCIE和SSCI的环境论文进行了计量分析，发现美国、英国和中国是最活跃的三个国家，欧洲国家在国际科技合作中发挥了重要作用，显著提升发展中国家合作论文的质量。Baettig等[240]提出了衡量国际气候变化机制下国家合作行为的方法，研究认为欧洲大国的国家合作指数在大国中排名最高。师丽娟等[241]通过科学计量对我国农业院校国际科技合作进行了研究。张忠华[242]通过科学计量对应对气候变化科技资源进行了监测与评价研究。刘云和朱东华[243]就对国际科学合作的模式及网络关系进行了理论探讨，并基于SCI合作论文数据对国际科学合作的特征开展了初步的研究。李范等[244]对气候变化与传染病专题文献进行了计量研究，揭示了气候变化与传染病研究领域的现状与发展情况。王燕平[245]基于SCI论文对中国气候变化研究文献进行了计量分析。

有关气候变化南南科技合作的文献计量研究很少，缺少系统研究，仅有零散分析。郭永正、Kostoff等[226,246]对中印（度）国际科学合作进行了文献计量研究，周琴和许培根[247]基于 SJR 数据库对巴西、印度、韩国、中国科技论文进行了比较分析，王文平等[248]对金砖五国国际技术合作特征进行了专利计量研究，部分学者还利用文献计量对单个发展中国家相关领域科技发展进行了分析[249, 250]。

第二节　气候变化南南科技合作相关专项整体绩效评价体系

一、评估目的与原则

（一）评估目的

气候变化南南科技合作相关专项绩效评估的总目的在于改进计划管理，优化资源配置，提高专项项目的效率和效益，具体表现在以下方面。

（1）通过对专项项目全面、深入的剖析，对项目的绩效进行独立、公正、客观地评估。

（2）在计划管理中引入评估机制，促进计划管理者、项目承担者及其他相关人员之间的交流与探讨，提高计划管理的科学化水平和资助效益。

（3）提出可操作的政策建议，使评估既发挥较好的考核和监督作用，又成为一种科学的管理手段和方法，从而改进和完善计划管理工作。

（二）评估原则

（1）明确重点，面向需求：根据我国气候变化南南科技合作的战略需求，确定绩效评估的重点内容和环节。

（2）定性与定量相结合：根据计划评估的特点，将客观数据信息和主观综合判断相结合作为评估的主要依据。以各类统计数据为基础，结合专家意见，并通过调查问卷等多种方式，全面评估计划的绩效，判断改进计划的难点和要点。

（3）客观、公正、独立：为保证评估活动的客观公正，在实施过程中，明确角色分工和行为规范。评估者应不参与计划的执行和管理，保证其独立地对计划进行评估。

二、评估方法

计划绩效评估方法主要有定性评价法、定量评价法、定性与定量相结合的综合评价法三类。定性评价法包括同行评议、专家调查、实地考察、案例分析等；定量评价法包括科学计量、经济计量、投入-产出效率模型；综合评价法包括指标体系评价法、德尔菲调查、层次分析法等[251]。每一种评价方法都有其局限性和适用特点，在进行计划绩效评价时，需要根据实际情况，选择合适的评价方法，有时需要同时采用多种评价方法[147]。根据气候变化南南科技合作相关专项项目的特点，采用以下评估方法。

（1）资料分析：从多种渠道收集有关气候变化南南科技合作的资料与文献，充分了解和分析相关政策制度、管理模式、基本情况、国际合作发展新趋势、相关研究基础、国家和社会关注热点问题等。

（2）政策文本分析：研究分析了有关政策文本及文献，并进行了对比，分析其差异和变化趋势。

（3）项目文档分析：收集、整理、分析了项目有关文档，如项目申请书、项目任务书、项目预算书、成果进展表、年度执行报告、中期检查报告、结题验收报告、结题意见书等，并将部分数据信息结构化，进行分类和汇总。

（4）统计数据分析：收集、整理、分析了项目数据信息及其他宏观的背景数据，构建项目信息数据库，并按照年度、领域、国别、地区等划分进行分析和对比，从定量的角度，为评估活动提供了大量的事实依据。

（5）问卷调查：向项目负责人、评审专家两类问卷，内容涉及四个方面：①计划项目的基本情况；②计划项目立项与执行情况；③计划项目取得的绩效及影响情况；④对计划的评估及建议。

（6）案例研究：根据项目执行效果与影响评估，选择有代表性的案例进行深入分析，得出该项目的显著性效果及影响。

三、评价体系的设计

气候变化南南科技合作相关专项绩效评价的关键在于建立一个科学合理的评估框架和指标体系。设计一个系统、科学、可操作的评价体系，是正确评价专项项目绩效的前提与基础。虽然我国已经有许多学者对科技项目的绩效评价指标体系的设计进行了研究，但评价的出发点主要围绕自主研发创新和高水平国际科技合作，主要从论文、专利等角度衡量产出，如国家自然科学基金、国家重点基础研究发展计划（973计划）等的绩效评估主要依据上述方法，其评价体系并不能运用在气候变化南南科技合作相关专项项目评估中。国内对于南南合作绩效评价指标体系研究较少，目前仅有商务部和农业部联合制定的《援非农业技术示范中心项目监测评价办法（试行）》，从配合外交战略、提升外方农业发展水平、对我方农业"走出去"和"引进来"促进情况、可持续情况四个方面进行评估。由于援外示范中心不具备气候变化南南科技合作相关专项的一般特点，因此需要按照计划整体评价的一般方法，重新设计确定评价体系。

气候变化南南科技合作相关专项绩效评估主要针对计划的整体绩效，即要考虑计划项目的执行与产出效果，又要考虑计划组织管理的有效性。需根据专项项目的特点，通过与专项管理者交流、专家咨询等方式，确定专项项目绩效评价体系。通常科技专项的绩效评价体系包括目标完成情况、效果与影响、投入与产出效率、组织管理有效性四个部分，如下所述。

（一）目标完成情况

根据项目文档等基础数据，通过专家咨询、问卷调查等方式对计划实施的目标明确性、可测性、项目目标与计划目标的一致性、项目目标的实现情况进行评估。例如，某专项目标完成情况评价指标与内容见表 5.2。相关问卷调查表见附录 4。

表 5.2　目标完成情况评价指标

指标	评价内容	评估方法
目标明确性	（1）项目目标定位明确，对应完成任务有明确的界定。 （2）项目年度计划和目标明确、清晰。 （3）目标内容具体翔实，对应完成任务有具体清晰的描述	根据项目文档，专家定性评价
目标可测性	（1）项目的验收内容明确、清晰，具有较高的可考核性，根据考核指标，对其任务完成情况能够进行有效的测评。 （2）各阶段需完成任务的考核指标清楚、明确，可根据其目标对各阶段的实施情况进行测评	—
目标一致性	（1）项目实施符合"配合和促进我国外交战略的实现，落实双边、多边政府间科技合作协定，促进国际经济技术谈判和磋商"战略目标。 （2）项目实施符合"有效利用全球科技资源，形成一整套较为完善的国际科技合作与全球科技资源有效利用机制"战略目标。 （3）项目实施符合"提升我国科技的国际影响和国际地位"战略目标。 （4）项目实施符合"推动我国技术、产品、标准走出去"战略目标	根据项目文档、政策文件，问卷调查定性评价
目标实现度	（1）项目完成了任务书所确定的研究内容。 （2）项目实施实现了预期目标	根据项目文档，专家定性评价

(二) 效果与影响

气候变化南南科技合作相关专项实施的效果和影响，是反映项目绩效的关键，评价其效果和影响也不同于其他科技计划。通常根据相关规划、专项实施的战略目标，通过与计划主管部门座谈、专家咨询等方式，确定了关键问题。例如，某专项的效果与影响评价关键问题如下。

1）专项实施对于落实政府间科技合作协议，服务国家总体外交战略的效果

（1）落实政府间科技合作协议情况。

（2）服务国家外交战略作用。

（3）提升我国在发展中国家科技话语权作用。

2）专项实施对于提高外方的科技水平，促进外方经济社会发展的效果

（1）促进外方科技发展的作用。

（2）促进外方经济社会发展的作用。

（3）促进外方产业发展的作用。

（4）提升我国国际形象的作用。

3）专项实施对于支持科研机构、大学、企业"走出去"，推动我国技术、产品、标准输出的效果

（1）"走出去"的合作环境。

（2）技术产品输出情况。

（3）企业"走出去"的情况。

（4）提升我国科技影响力的作用。

4）专项实施有效利用外方科技资源的情况

（1）利用农业生物科技资源情况。

（2）利用资环领域科技资源情况。

（3）利用外方专用技术情况。

5）专项实施对于促进区域和地方经济、社会的可持续发展的效果

（1）对西南周边省份发展的支撑。

（2）对新疆地区发展的支撑。

（3）对内蒙古地区发展的支撑。

通过文档分析、问卷调查、案例分析、承担单位访谈等方式从以上5个方面进行评估。

(三)投入与产出效率

通常科技项目以论文、专利、人才培养等量化指标衡量科技产出,但气候变化南南科技合作项目与研发类项目不同,并不以论文发表、专利发明等成果作为主要产出,而是以完成援助任务、产生效益和影响为主要产出。通过论文、专利、人才培养等量化指标并不能衡量气候变化南南科技合作项目的产出效率。

1. 指标的设计

通过对计划层面的整体评价,可以反映专项的整体运行成效。为了反映不同项目的实施效果,需要对每个项目进行单独评价,依据论文、专利作为产出指标的评价体系并不能完全反映专项的实施效果,项目实施对合作对象国科技、经济、社会发展的促进作用,以及对中方发展的促进作用都可视为项目的产出。评价的关键问题是找出最具有排序能力的指标,并合理分配权重。气候变化南南科技合作项目可视为一个投入产出的系统,投入人力、物力和财力,转化为论文、人才、专利、效益等,成效不仅包括对外方的效益,也包括对中方的效益。因此,可从投入和成效产出两个方面来设计项目的绩效评价指标体系。例如,经过专家咨询和讨论,结合专项特点,某专项的投入产出指标体系如下。

1)项目投入

项目的投入指标包括经费投入、科研人员投入、技术投入、时间投入四类,均为定量指标,见表5.3。

表 5.3 某专项项目投入指标

一级指标	二级指标
经费投入	专项经费、配套经费、外方投入经费
科研人员投入	高级职称、中级职称、初级职称、博士、硕士
技术投入	专利数、软件著作权数、计算方法和模型数、数据库数
时间投入	项目运行时间

2)对合作外方的效益

气候变化南南科技合作与我国和发达国家合作不同,项目实施对合作外方产生的效益是评价项目成效的关键指标,包括科技效益、产业效益、经济效益、社会效益、环境效益,见表5.4。

表 5.4 某专项项目实施对合作外方的效益指标设计

一级指标	二级指标	评价方式
科技效益	合作外方对技术掌握程度	定性
	人才培养数量（博士、硕士、工程技术人员）	定量
	外方科研条件提升情况	定性
	帮助合作方编制科技规划、科技政策、科学调查评估报告、技术标准数量	定量
	外方科技管理水平的提升情况	定性
产业效益	对合作外方农业发展的影响	定性
	对合作外方工业发展的影响	定性
	对合作外方服务业发展的影响	定性
	对合作外方新兴产业发展的影响	定性
经济效益	年均直接经济效益	定量
	年均潜在经济效益	定量
社会效益	带动当地就业人数	定量
	居民收入提升情况	定性
	改善健康水平情况	定性
环境效益	环境质量的提高情况	定性
	适应气候变化能力的提升情况	定性
	防灾减灾能力的提升情况	定性
	节能减排促进情况	定性

2. 对中方的效益

项目实施对中方产生的效益是评价项目成效的另一关键指标，包括政治外交效益、科技效益、对"走出去"的促进、南南合作能力提升、可持续性等，见表5.5。

表 5.5 某专项项目实施对中方的效益指标设计

一级指标	二级指标	评价方式
政治外交效益	合作方政府对执行效果的认可度	定性
	合作方民众对执行效果的认可度	定性
	我国政府对执行效果的认可度	定性
	对双多边外交的促进程度	定性
	国际形象和影响力提高程度	定性

续表

一级指标	二级指标	评价方式
科技效益	人才培养数量	定量
	论文发表数量	定量
	发明专利数量	定量
	外方资源获取利用情况	定性
"走出去"	技术、产品、标准在合作国的应用情况	定性
	技术和产品品牌影响力	定性
	企业"走出去"数量	定量
	产品出口额（向合作国）	定量
	在海外建立示范基地数	定量
	参与单位数量	定量
南南合作能力提升	对合作外方技术产业需求的熟悉程度	定性
	对合作外方法律法规、政策、文化的熟悉程度	定性
	与外方政府部门的关系	定性
	与外方科研机构的关系	定性
	与外方企业的关系	定性
	与外方 NGO 的关系	定性
	对华友好人士的培养	定性
可持续性	外方的后续支持金额	定量
	中方的后续支持金额	定量
	新合作关系的建立	定量

表 5.3 和表 5.4 中指标除定量指标外，其余均采用李克特量表（Liket Scale）（7级）测量，度量分值代表问卷填写人对每个题项内容与项目实施情况符合的程度或对叙述内容赞同的程度，"1"～"7"分别表示对表述"非常不同意""不同意""比较不同意""中立""比较同意""同意"和"非常同意"。问卷见附录5。

3. 指标确定、权重和数据标准化

评价指标不是越多越好，可通过专家咨询，需选择最具有代表性，且易于获取的评价指标。对于指标权重可通过专家调查法确定。为了便于计算，对数据进行标准化处理，采用每个指标的最大值作为标准，对应的指标值除以这个值，保证指标值范围为（0，1）。某专项最终确定的投入产出指标体系及权重见表 5.6 和表 5.7。

表 5.6　某专项项目投入指标权重系数

一级指标	二级指标	权重系数
经费投入	专项经费	1.0
科研人员投入	高级职称	0.5
	中级职称	0.3
	初级职称	0.2
时间投入	项目执行时间	1

表 5.7　某专项项目效益评价指标及权重系数

一级指标	二级指标	权重	三级指标	权重
外方效益（0.5）	科技效益	0.4	合作外方对技术掌握程度	0.2
			人才培养数量	0.2
			外方科研条件提升情况	0.2
			帮助合作方编制科技规划、政策、标准数量	0.2
			外方科技管理水平的提升情况	0.2
	经济效益	0.3	年均直接经济效益	0.6
			年均潜在经济效益	0.4
	社会效益	0.2	带动当地就业人数	0.5
			居民收入提升情况	0.5
	环境效益	0.1	环境质量的提高情况	0.4
			适应气候变化能力的提升情况	0.3
			节能减排促进情况	0.3
中方效益（0.5）	政治外交效益	0.3	合作方政府对执行效果的认可度	0.3
			我国政府对执行效果的认可度	0.2
			对双多边外交的促进程度	0.3
			国际形象和影响力提高程度	0.2
	科技效益	0.2	人才培养数量	0.25
			论文发表数量	0.25
			发明专利数量	0.25
			外方资源获取利用情况	0.25
	走出去	0.3	技术、产品、标准在合作国的应用情况	0.3
			企业"走出去"数量	0.2
			产品出口额（向合作国）	0.3
			在海外建立示范基地数	0.2
	可持续性	0.2	外方的后续支持金额	0.4
			中方的后续支持金额	0.3
			新合作关系的建立	0.3

4. 评价的方式

定量指标可从项目的验收报告和成果报告中获取，定性指标采用问卷调查的方式，可由项目验收或中期评估时的专家组组长根据项目执行情况填写。

气候变化南南科技合作项目属于多投入、多产出的复杂体系，DEA 无需定义输入与输出之间关系的显性表达式，避免了主观因素，能以最小的投入获得最大的产出水平，可用于科技援外项目投入与产出效率的评价。设有 n 个 DMU，每个 DMU 有 m 种输入和 s 种输出，X_j 和 Y_j 表示系统中第 j 个决策单元的输入和输出向量 [式（5.3）]。

$$\begin{cases} X_j = \left(x_{1j}, x_{2j}, \cdots, x_{mj}\right)^T, & j = 1, 2, \cdots, n \\ Y_j = \left(y_{1j}, y_{2j}, \cdots, y_{sj}\right)^T, & j = 1, 2, \cdots, n \\ \quad x_{ij} > 0, \quad y_{ij} > 0, \end{cases} \quad (5.3)$$

构造 C^2R 模型如式（5.4）：

$$\begin{cases} \min[\theta - \varepsilon(e^T S^- + e^T S^+)] \\ s.t. \sum_{j=1}^{n} \lambda_j x_j + S^- = \theta x_0 \\ \sum_{j=1}^{n} \lambda_j y_j - S^+ = y_0 \\ \lambda_j \geq 0, \quad j = 1, 2, \cdots n \\ S^+ \geq 0, \quad S^- \geq 0 \end{cases} \quad (5.4)$$

式中，$e^T = (1, 1, \cdots, 1) \in E_m$，$e^T = (1, 1, \cdots, 1) \in E_s$，$S^- = (S_1^-, S_2^-, \cdots, S_m^-)^T$，$S^+ = (S_1^+, S_2^+, \cdots, S_j^+)^T$ 分别是与投入对应的松弛变量组成的向量、与产出对应的剩余变量组成的向量。若目标函数的最优值 θ^0，λ_j^0 ($j=1,2,\cdots,n$)，满足 $\theta=1$，$S^+=0$，$S^-=0$ 时，DMU_{j0} 为 DEA 有效；$\theta=1$ 但 S^+ 与 S^- 不全为 0 时，DEA 弱有效；否则非 DEA 有效。

（四）组织管理有效性

通过专家判断、问卷调查、机构访谈等，从计划项目的组织方式与决策机制、专家构成及遴选机制、项目过程管理、项目执行方组织管理、信息平台支撑五个方面，对计划组织管理的合理性、规范性和有效性进行评估。

四、评估的基础数据

气候变化南南科技合作相关专项项目的投入、产出和过程管理信息为专项绩效评估提供了基础数据，此外，还针对评估工作需要，通过调查、访谈、研讨、政策分析、案例研究等活动，获得评估所需的完整信息和数据。科技援外专项评估所依据的定量与定性数据主要来自专项管理部门、承担单位和课题组、项目评审与咨询专家、相关行业部门等。基础数据包括以下几个方面。

（1）气候变化南南科技合作相关专项项目相关政策与管理文件。

（2）气候变化南南科技合作相关专项项目管理过程中形成的各种数据及文件：项目申请书、任务合同书、成果进展信息表、年度执行报告、结题验收报告、结题意见书等资料和数据。

（3）评估所采集的定性信息：调查问卷、专家讨论会议。

（4）相关的研究与评估成果：关于气候变化南南科技合作、科技计划管理等方面的研究，对其他科技计划的评估等。

（5）其他：科技计划规划、其他相关政策文件等。

第三节　基于知识生产函数理论的合作研究项目绩效评价分析模型

一、知识生产函数绩效评价基本模型

知识生产函数可用于对科技计划项目执行绩效进行测度[207]，基于知识生产函数（C-D生产函数）的投入产出模型，将知识生产的投入要素简化为资本投入和劳动的投入，知识产出要素简化为科研成果和人才的培养。两种投入要素的配比影响着知识生产的产出水平，利用简化的知识生产函数可以表达知识生产过程中科技投入和科技产出的关系[147]。刘云等[208]利用知识生产函数对科学基金重大项目绩效进行了测度。以合作研究和技术开发为主要目的的气候变化南南合作研究项目可利用知识生产函数测度执行绩效。气候变化南南合作研究项目的C-D生产函数可以表示为

$$Q=AK^{\alpha} L^{\beta} \varepsilon \tag{5.5}$$

式中，变量 K 表示项目资金的投入量；变量 L 表示项目的科研人员投入量；Q 为项目的综合产出；ε 为残差。A、α、β 为参数，A 与下文的 c 为常数项，数值越大，既定投入数量所能得到的产出也越大，其大小受到知识存量等因素的影响，α 为经费投入要素的产出弹性，即每单位经费投入的变动引起的科技产出变动量，β 为科研人员投入要素的产出弹性，即每单位科研人员投入的变动引起的科技产出变动量。对式（5.5）两边取对数，得

$$\ln Q = \alpha \ln K + \beta \ln L + c \tag{5.6}$$

利用最小二乘法估计式（5.6）中 α、β 和 c 的值，得出回归方程。计算理论产出 Q^* 的值。将实际的产出与理想产出相比，得到每个项目的绩效水平：

$$P = \frac{Q}{Q^*} \tag{5.7}$$

如果绩效 $P>1$，表明此项目绩效高于样本项目的标准水平；如果绩效 $P<1$，表明此项目绩效低于样本项目的标准水平。将两个项目绩效 P 相比，P 值大的绩效水平高。

运用知识生产函数进行绩效评估的关键在于筛选合适的评价指标，下文主要介绍评价指标的确定方法及利用回归模型确定绩效水平的方法。

二、评价指标选取原则

气候变化南南合作研究类项目绩效评价指标需反映效率、效益和质量信息，供有关管理部门参考，绩效指标反映的信息应与项目目标密切相关。为了确保评价结果客观、合理，在确定评价指标时应当遵循确切性、系统性、科学性、可比性、可行性和独立性原则。

（1）确切性原则：确切性原则要通过准确的概念对选取的评价指标做出详细的定义，保证评价指标内涵清晰，用于定义指标的名词准确无误，同时指标的含义要前后一致，以便于对指标进行赋值，保证每一个评价指标的有机统一。

（2）系统性原则：一套指标体系是对多个国际科技合作项目绩效状况进行综合评价，因此应当逐层建立完整的评价指标体系，确保各指标之间协调统一、层次分明、结构合理，同时也要避免指标内涵的重叠或交叉，保证指标体系中各指标之间尽量互补关联，使得评价指标应当能够全面地反映国际科技合作项目投入产出的主要方面。

（3）科学性原则：一项科技评价活动是否科学很大程度上依赖于指标选取、标准选择、程序确定等方面是否科学，因此指标体系的科学性是确保评价结果准确合理的基础，设计科技合作项目绩效评价指标体系时需要考虑到科技合作项目绩效元素及指标结构整体的合理性，指标要能够从不同侧面体现国际科技合作项目投入产出的本质，在基本概念和逻辑结构上科学合理，具有针对性。同时做到以客观现实为基础，强调指标的综合性功能，避免采用一些模糊的描述性指标而尽可能地采取可量化的数据评价指标。

（4）可比性原则：国际科技合作项目绩效评价指标体系应当符合动态可比和横向可比的要求，动态可比指的是指标在时间上具有可比性，即过去、现在和将来之间可以进行比较；横向可比性指的是不同项目之间可以进行比较和排序，以便总结经验，寻找差距。因此评价指标应在概念含义、数据口径、时空范围、计算方法等方面基本统一，根据指标比较分析的需要，明确、恰当地设计指标体系中的每一个具体组成指标。

（5）可行性原则：评价指标所需的数据要做到数据规范，口径一致，资料收集简单易行，来源渠道可靠，同时要在能够基本保证评价结果的客观性、全面性的条件下，尽可能地简化、减少或者去掉一些对评价结果影响甚微的指标。

（6）独立性原则：在指标选取过程中，应减少单个指标之间的相关程度，避免显著的包容关系，使各个指标尽量相互独立，能很好地反映国际科技合作专项项目运行绩效某方面的特征。

三、评价指标体系的设计

气候变化南南合作研究项目绩效评价的关键在于建立科学合理的指标体系。虽然我国已经有许多学者对科技项目的绩效评价指标体系的设计进行了研究，但对于南南合作研究的评价指标体系研究较少。气候变化南南合作研究类项目实施的主要目的与技术示范显著不同，技术示范项目的目的主要是提高外方科技水平，促进我国技术走出去，提升我国国际形象，而合作研究类项目的目的主要是充分利用外方资源，解决关键技术瓶颈，提升我国科技水平。因此，可以把气候变化南南合作研究类项目视为投入产出的系统，投入资金、人员、仪器设备，转化为论文、人才、专利等科技产出，论文、人才、专利能较好地反映合作成效。所以，从科技投入和产出两个方面设计气候变化南南合作研究类项目的绩效评价指标体系。

项目的投入指标通常包括经费投入、科研人员投入、技术投入、时间投入四类，四类指标通常为定量指标且易于确定。为简化研究，本文选取经费投入和科研人员投入两类投入指标（表 5.8），经费投入选择专项经费投入，科研人员投入对专职研究人员加以着重考虑。

表 5.8　气候变化南南合作研究项目投入指标

一级指标	二级指标	一级指标	二级指标
经费投入	专项经费	科研人员投入	高级职称
			中级职称
			初级职称

项目的产出指标通常包括专利、论文专著、成果应用、学术会议、人才引进、人才培养、引进特有资源、引进关键技术及设备、知识产权等，上述指标通常为定量指标且易于从项目中期报告或验收报告中获取。根据漆艳茹[143]的归纳，国家国际科技合作专项项目成果产出包括的评价指标见表 5.9，可作为气候变化南南合作研究项目产出指标的参考。但开展气候变化南南合作研究类项目绩效评价时，评价指标并非越多越好，而是要剔除非关键性和差异较大的指标，从而找出具有排序能力的指标，后文主要介绍剔除非关键性和差异较大指标的方法。

表 5.9　气候变化南南合作研究项目产出指标

一级指标	二级指标	一级指标	二级指标
成果应用	成果转让数	人才引进数量	高级职称人员
	成果转让收入		博士后
	创造产值		博士
	创造利润		硕士
	创造税收		工程技术人员
	新产品种数	人才培养数量	博士后
	关键元器件种数		博士
	关键材料种数		硕士
	形成高新企业数		工程技术人员
	带动就业人数	引进特有资源数量	物种数
	带动出口额		样本量
	替代进口额		数据量
	提高能源使用率		图纸数
	降低万元单位产值能耗		其他
	提高环保减排效率	引进关键技术及设备数量	引进关键技术
	增加农作物单产产值		引进关键设备

续表

一级指标	二级指标	一级指标	二级指标
论文数量	中文核心期刊 国外学术 国际合著 SCI SSCI EI CSCI 国际会议特邀报告 国内全国性会议特邀报告	获奖数量	国际奖 国家级一等奖 国家级二等奖 国家级三等奖 国家级其他奖 省部级一等奖 省部级二等奖 省部级三等奖 省部级其他奖
专著数量	英文 中文	授权专利数量	国外发明专利 国内发明专利 使用新型专利 其他专利
学术会议、培训次数	出国参加会议、培训次数 出国参加会议、培训人次 举办国内学术会议次数 举办国内学术会议人次 举办国际学术会议次数 举办国际学术会议人次	其他知识产权数量	计算机软件登记 集成电路布图设计 生物新品种登记 其他
合作访问次数	合作来访次数 合作来访人次 合作出访次数 合作出访人次	取得技术标准数量	国际标准数 国家标准数 国内行业标准数

四、数据的标准化处理

在评价工作开始前,首先应对评价数据集进行无量纲化处理。因为,不同评价指标往往具有不同的量纲和量纲单位,为了消除由此带来的不可公度性,还应将各评价指标作无量纲化处理[252]。指标的无量纲化处理有多种方法,如极值处理法、标准化法和均值化法,应用时,应根据实际情况选择合适的方法。为简化,本文介绍极值处理法,利用极值处理法对数据进行无量纲化处理的具体方法如下。

假设气候变化南南合作研究项目绩效评价为 n 个,评价对象(方案)集为

$$O=\{o_1,o_2,o_3,\cdots,o_n\} \qquad (5.8)$$

对每个评价对象有 m 个评价指标,评价指标集为

$$P=\{p_1,p_2,p_3,\cdots,p_m\} \qquad (5.9)$$

评价方案 o_i 关于指标 p_j 的评价值表示为

$$x_{ij}=x_j(o_i)\ (i=1,2,\cdots,n;\ j=1,2,\cdots,m) \quad (5.10)$$

对 n 个评价对象 O 进行评价后的评价指标值矩阵表示为

$$A=\left[x_{ij}\right]_{n\times m}=\begin{bmatrix} x_{11} & x_{12} & \cdots & x_{1m} \\ x_{21} & x_{22} & \cdots & x_{2m} \\ \vdots & \vdots & & \vdots \\ x_{n1} & x_{n2} & \cdots & x_{nm} \end{bmatrix} \quad (5.11)$$

不失一般性，假设 P 中指标均为极大型的，对 A 中数据做如下无量纲化处理：

$$x_{ij}^{*}=\frac{x_{ij}-\min_{i}\{x_{ij}\}}{\max_{i}\max_{i}\{x_{ij}\}-\min_{i}\min_{i}\{x_{ij}\}} \quad (i=1,2,\cdots n;j=1,2,\cdots m) \quad (5.12)$$

五、指标体系的确定

非关键性和差异较大的指标应予以剔除，可通过专家判断的方法剔除次要指标，也可采用樊威的向量夹角余弦值迭代模型确定关键评价指标，当然两类方法可结合使用。利用向量夹角余弦值迭代模型确定关键评价指标的方法如下。

设不同项目科技产出的综合评价值为

$$Z_j=\sum_{i=1}^{m}x_{ij} \quad (5.13)$$

全体项目科技产出的综合评价值为

$$Z=\left[Z_1,Z_2,\cdots,Z_n\right]^T \quad (5.14)$$

剔除某一指标 x_{sj}（S=1,2,$\cdots$,m）后，全体项目科技产出的综合评价值为

$$Z_s=\left[Z_{s1},Z_{s2},\cdots,Z_{sn}\right]^T \quad (5.15)$$

$$Z_{sj}=\sum_{i=1}^{m}x_{ij}-x_{sj} \quad (5.16)$$

比较 Z 和 Z_s 之间的夹角余弦值，若夹角余弦值过大，则将该指标剔除。假设利用产出指标的迭代分析，得气候变化南南合作研究类项目产出评价指标体系见表5.10。

表 5.10　气候变化南南合作研究项目产出指标

一级指标	二级指标
论文数	中文核心期刊论文数
	国外学术论文数
申请发明专利数	国外自主发明专利
	国外合作发明专利
	国内自主发明专利
	国内合作发明专利
人才培养数量	博士后数量
	博士数量
	硕士数量

投入和产出指标确定后，下一步需确定各指标所占权重。

六、指标权重的确定

指标权重的确定可采用专家打分法，也采用漆艳茹[143]的差异驱动和相对均衡系数法，下面介绍利用差异驱动和相对均衡系数法确定气候变化南南合作研究类项目评价指标权重的方法。

假设某个气候变化南南合作研究类项目经费投入为 K，人员投入为 L，科技产出为 Q，则 ω 代表权重系数，有

$$L = \sum_{s=1}^{3} \omega_s K_s \tag{5.17}$$

$$Q = \sum_{j=1}^{9} \omega_j Q_j \tag{5.18}$$

式中，ω_s 表示第 s 个指标的权重；K_s 表示第 s 个指标的评价值；ω_j 和 Q_j 同样含义。

基于差异驱动权重值为

$$\omega_j^* = \frac{\sum_{j=1}^{m}|x_{ij}-x_j|}{\sum_{j=1}^{m}\sum_{i=1}^{n}|x_{ij}-x_j|} \tag{5.19}$$

引入相对均衡系数：

$$JH_i = \begin{cases} \dfrac{x_i}{s_i}, (s_i \neq 0) & (i=1,2,\cdots,n) \\ \max\{JH_d\}+c & (s_i=0; s_d \neq 0) \end{cases} \tag{5.20}$$

式中，

$$x_i = \frac{1}{m}\sum_{j=1}^{m}x_{ij} \quad (5.21)$$

$$s_i = \sqrt{\frac{\sum_{j=1}^{m}(x_{ij}-x_i)^2}{m-1}} \quad (5.22)$$

$$y_i^* = \left(\lambda_1 + \lambda_2 \cdot \mathrm{JH}_i^*\right) \cdot y_i \quad (5.23)$$

式中，

$$\lambda_1 + \lambda_2 = 1 \quad (5.24)$$

$$\lambda_2 = \frac{\sum_{k=1}^{n}\left|\mathrm{JH}_k^*-1\right| \cdot y_k}{\sum_{k=1}^{n}y_k} \times \mathrm{JH}_i^* \cdot y_i \quad (5.25)$$

假设根据"差异驱动"和"相对均衡系数"确定的气候变化南南合作研究项目的投入和产出指标权重计算结果如表 5.11 和表 5.12 所示。

表 5.11　气候变化南南合作研究项目投入指标权重系数

一级指标	二级指标	权重系数
经费投入（K）	专项经费（K_1）	1.000
科研人员投入（L）	高级职称（L_1）	0.491
	中级职称（L_2）	0.373
	初级职称（L_3）	0.136

表 5.12　气候变化南南合作研究项目产出指标权重系数

一级指标	二级指标	权重系数
论文数（Q_1）	中文核心期刊论文数（Q_{11}）	0.111
	国外学术论文数（Q_{12}）	0.183
申请发明专利数（Q_2）	国外自主发明专利（Q_{21}）	0.064
	国外合作发明专利（Q_{22}）	0.092
	国内自主发明专利（Q_{23}）	0.061
	国内合作发明专利（Q_{24}）	0.084
人才培养数量（Q_3）	博士后数量（Q_{31}）	0.185
	博士数量（Q_{32}）	0.126
	硕士数量（Q_{33}）	0.094

$$K=1.0 \cdot K_1$$
$$L=0.491 \cdot L_1+0.373 \cdot L_2+0.136 \cdot L_3$$
$$Q=0.111 \cdot Q_{11}+0.183 \cdot Q_{12}+0.064 \cdot Q_{21}+0.092 \cdot Q_{22}+0.061 \cdot Q_{23}+0.084$$
$$\cdot Q_{24}+0.185 \cdot Q_{31}+0.126 \cdot Q_{32}+0.094 \cdot Q_{33}$$

七、知识生产函数绩效评价模型应用

根据第六章第四节内容，气候变化南南合作研究项目的 C-D 生产函数可以表示为

$$Q=AK^{\alpha}L^{\beta}\varepsilon \quad (5.26)$$

对式（5.26）两边取对数，得

$$\ln Q=\alpha\ln K+\beta\ln L+c \quad (5.27)$$

利用各项目样本投入产出数据计算出 K、L、Q，采用 SPSS 或 eviews 等软件，利用最小二乘法估计式（5.27）中 α、β 和 c 的值，得出回归方程，假设方程为

$$\ln Q=0.419\ln K+0.111\ln L-1.132 \quad (5.28)$$

将每个项目样本的 K 和 L 代入公式后可计算出理论产出 Q^* 的值。将实际的产出与理想产出相比，得到每个项目的绩效水平：

$$P=\frac{Q}{Q^*} \quad (5.29)$$

如果绩效 $P>1$，表明此项目绩效高于样本项目的标准水平，如果绩效 $P<1$，表明此项目绩效低于样本项目的标准水平。将两个项目绩效 P 相比，P 值大的绩效水平高。

为了更直观地反映理论绩效和实际绩效水平，以式（5.27）中 $\ln K$（x 轴）、$\ln L$（y 轴）、$\ln Q$（z 轴）为三维坐标系，构成一个平面，所有项目都投影在这一平面上，投影所对应的产出值就是项目的产出标准。即 $\ln Q^*$ 的值代表在既定的资金和人力投入下的理想科技产出。通过 MATLAB 软件拟合气候变化南南合作研究类项目平均科技产出的绩效基准，如图 5.4 所示。实际的科技产出总是高于或者低于这个平面，从而反映了项目实际绩效的高低，如图 5.5 所示。

MATLAB 软件拟合绩效基准的方法如下：

```
ezsurf('-1.132+0.419*x+0.111*y',[-1 1]);%三维曲面
xlabel('lnK');
ylabel('lnL');
zlabel('lnQ');
```

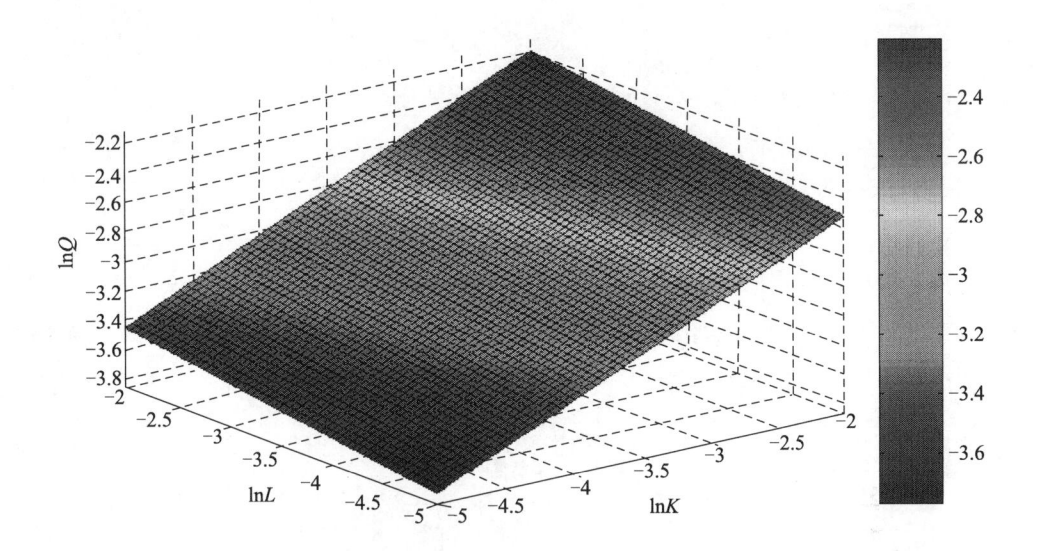

图 5.4 某气候变化南南合作研究项目绩效基准水平

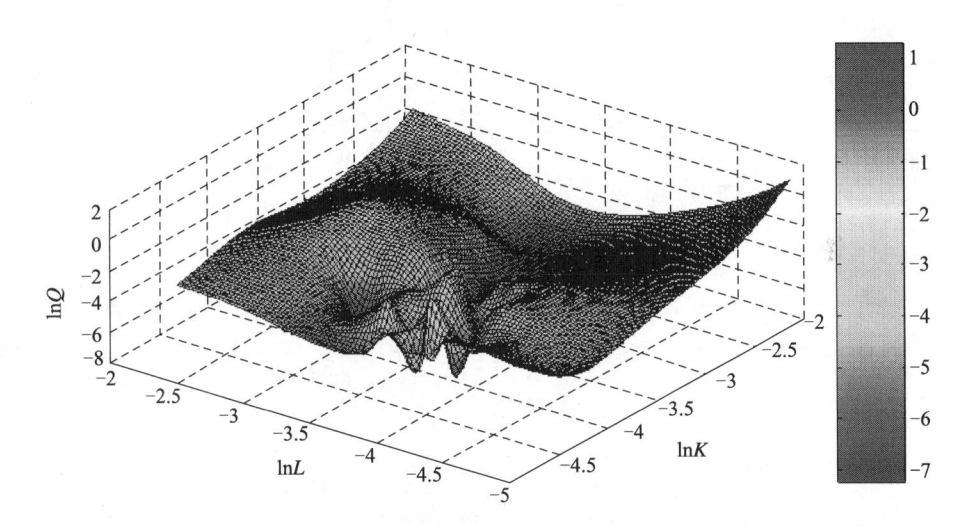

图 5.5 某气候变化南南合作研究项目绩效实际水平

colorbar
title('图表标题');
MATLAB 软件拟合实际绩效的方法如下：
如果样本数据较少，通常需用插值法来画图。
data=[-3.340931582, -4.445891438, -3.972420087
-2.295798045, -3.51817201, -2.842050059

……
```
-6.263781932, -3.106664587, -3.682255464
-5.141263767, -2.691209386, -3.236514651];%定义矩阵
T=data ( : , 2);
D=data ( : , 3);
K=data ( : , 1);
[X, Y, Z]=griddata (T, D, K, linspace (min (T), max (T))', linspace (min (D), max (D)), 'v4');%插值
figure, surf (X, Y, Z) %三维曲面
xlabel ('lnK');
ylabel ('lnL');
zlabel ('lnQ');
colorbar
title ('图表标题');
```

根据绩效评估的结果,进行相关分析。但由于评价指标和方法的局限性,上述模型对于某些项目可能会误判,可进一步结合案例分析、同行评议等方法对项目进行科学全面的评价。

第四节 本章小结

本章首先介绍了绩效评估的基本理论方法;其次以某科技专项为例,介绍了气候变化南南科技合作相关专项整体绩效评估方法,从目标完成情况、效果与影响、组织管理有效性、投入产出效率等方面,建立了整体绩效评价体系;最后基于柯布-道格拉斯知识生产函数理论,构建了气候变化南南合作研究项目绩效评价模型。

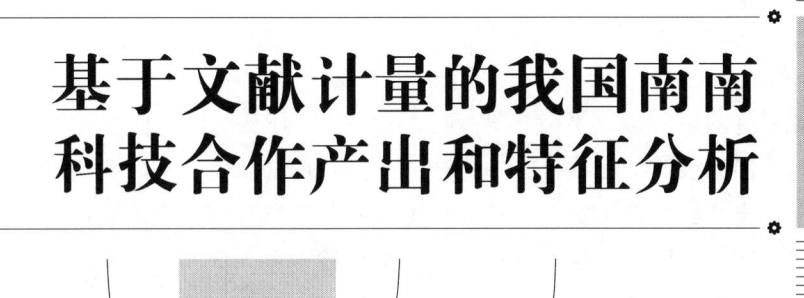

第六章 基于文献计量的我国南南科技合作产出和特征分析

在国内外科学基金、科技计划的支持下，我国科技界开展了大量气候变化南南合作研究。要从整体上分析气候变化南南合作研究的主要特征存在一些困难，主要包括：一是南南合作研究涉及资助计划、机构繁多，国内现有上百个科技计划，分布在40多个管理部门，难以详细统计分析；二是中方参与机构多，合作对象众多，合作国别众多，难以通过传统的问卷调查和访谈方式进行研究；三是相关资料数据较难获取或格式不一，难以定量分析。

SCI南南科技合著论文是我国与发展中国家开展合作研究的重要产出，也是反映我国气候变化南南科技合作绩效的重要方面。SCI论文基本信息可以通过Web of Science检索获取，且通过文献计量分析国际科技合作的方法也比较成熟。因此，本章利用文献计量的方法，对我国南南科技合著论文特征进行研究，从合作模式、国别、机构、学科、质量、资助特征等角度对我国与发展中国家间的实质性科研合作情况进行分析，探究我国在南南科技合作网络中的地位和角色，最后对气候变化国际科技合作网络进行分析。由于在南南合著论文中区分气候变化研究和非气候变化研究难度非常大，即使按照关键词和文章题目检索也未必准确。因此，本章没有将研究范围局限在气候变化领域，在检索策略上未对关键词和领域分类加以限制，以反映我国南南科技合著论文的全貌，分析结果同时能反映气候变化南南科技合著论文的特点。

第一节 分析模型

一、分析框架

国际合著论文是南南科技合作的重要成果之一，反映我国与发展中国家研发合作的规模和质量。金炬、刘云、Ping Zhou和Tianwei He等[218, 243, 253, 254]多位国内外学者通过文献计量研究了我国国际科技合作活动，但主要关注我国与发达国家科技合作，而对南南科技合作研究关注较少。郭永正、Kostoff等[226, 246]采用文献计量方式对我国和印度的国际科学合作进行了比较研究，周琴和许培扬基于SJR数据库对巴西、印度、韩国、中国科技论文进行了比较分析[247]，王文平等利用专利计量方法对金砖五国国际技术合作特征进行了研究[248]，此外还有一些学者利用文献计量的方法对单个发展中国家科技发展进行分析[249, 250]，或针对某个特定领域分析国际科技合作态势时，把某个发展中国家作为对比研究的一部分。总之南南科技合作文献计量分析研究内容分散，缺乏整体性。

本章对我国南南科技合著论文进行文献计量分析，提出如下研究问题。

（1）我国南南科技合著论文的总体产出情况如何？
（2）我国南南科技合著论文的合作模式、国别、机构、质量等有何特点？
（3）我国南南科技合著论文的资助特点如何？
（4）在南南科技合著论文中我国的影响力如何？
（5）气候变化国际科技合作网络如何？

二、发展中国家确定

科技援外专项和国合专项支持南南合作项目涉及的发展中国家国别有限，且容易确定。SCI论文数据库涉及国别众多，因此进行文献计量首先应分别确定发展中国家和发达国家名单。

发展中国家与发达国家通常根据经济及社会发展水平加以区分，但关于发展中国家和发达国家分类，国际上和学术界并没有准确的定论，在国际实践中通常按定义法、自选法和列举法区分类别[255]。学术界通常按照将人均国民生产总值（GNP）、人均国民总收入［1993年联合国将GNP——国民生产总值（Gross National Product，GNP）改称为GNI（国民总收入）］或GDP作为衡量一个国家经济发展水平的主要参数。世界银行依据人均国民总收入水平将所有经济体分为四类：低收入国家、中等偏下收入国家、中等偏上收入国家和高收入国家[256]。按WTO规则，由成员国自我声明是否是发展中国家。一些观点通常认为OECD成员国为发达国家[257]。第一届联合国贸易和发展会议形成了77国集团，目前已发展到130多个国家和地区，多认为77国集团成员国为发展中国家。本章主要参考OECD和77国集团成员国对发展中国家进行划分，并进行了修改，把泰国、肯尼亚、阿根廷等国家划分为发展中国家，把美国、英国、日本等国家划分为发达国家，其他国家因南南论文发表有限，国际社会关注度也不高，因此不予研究。名单详见附录6。

三、数据来源与分析方法

本书选用科学引文索引网络扩展版（SCI-expanded，简称SCI）数据库作为数据检索源，设定发表时间为1991年1月1日至2014年12月31日，检索作者机构地址中同时出现中国（包括大陆、香港和澳门，不包括台湾）和主要发展中国家的英文论文（简称我国南南科技合著论文），文献类型设定为文章（article），检索结果为2.89万篇。将基本文献信息下载后，导入文本挖掘软件VantagePoint（简称VP）进行数据清理和分析。

本书采用的研究方法主要包括文献统计分析、社会网络分析等，使用的软件为文本挖掘软件VP和网络分析工具Ucinet等。

第二节　我国南南科技合作产出论文、合作模式与特点分析

一、合著论文产出的总体分析

1991～2014年，我国产出SCI论文总量达166万余篇，与其他国家地区合作发表SCI论文近41.8万篇，国际合著论文占我国SCI论文的1/4。论文产出量与国际合著论文数量均呈指数增长趋势[231]。我国与发展中国家地区合作发表SCI论文2.89万篇，占国际合著论文的6.92%。由图6.1可以看出，从总体上看，我国南南科技合著论文的数量也呈现指数快速增长模式，与国际合著论文增长趋势一致。

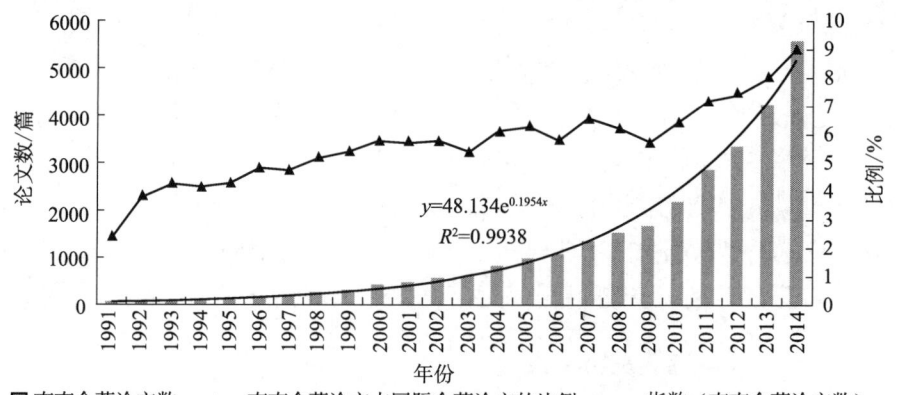

$y=48.134e^{0.1954x}$
$R^2=0.9938$

图6.1　1991～2014年我国南南科技合著论文产出时间序列趋势

根据图6.1，我国南南科技合著论文的发展可分为三阶段：①起步阶段

（2001年以前），我国南南科技合著论文数量较少，特别是1995年以前每年不足百篇，这一阶段我国和发展中国家的科技水平均比较落后，对于南南科技合作国家几乎没有支持，南南科技合作的程度十分有限；②平稳发展阶段（2001~2010年），我国南南科技合著论文数量及占国际合著论文的比例逐步上升，从2002年开始南南科技合著论文数量突破500篇，到2005年年底南南科技合著论文数量从1994年的不足100篇增加到900余篇，占国际合著论文的比例达到6.31%，这一阶段国家用于国际科技合作的经费量开始增长，2001年国家设立了国际科技合作计划，其他科技计划也加强了对国际合作的关注，少量南南科技合作项目得到支持；③快速发展阶段（2011年至今），进入"十二五"以后，国际科技合作被提升至国家战略地位，随着我国的科技水平不断提升，国际科技合作财政支持经费大幅度上升，科技走出去开始提上日程，南南科技合作逐步活跃，南南科技合著论文数量快速增长。随着走出去战略、周边外交战略和"一带一路"战略的实施，我国南南科技合作范围、合作对象、合作领域、合作方式不断拓展，南南科技合著论文的产出数量和速度进一步提升，南南科技合著论文占国际合著论文的比例呈线性增长，2014年我国南南科技合著论文达5600余篇，占我国国际合著论文的比例达到9.12%，反映了我国在发展中国家的影响力在不断提升。

从图6.2可以看出，2001年以前，我国南南科技合著论文仅占1991~2014年南南科技合著论文的6%，不具备代表性。但如果从2006年开始分析，时间跨度只有9年，相对较短。因此，在下面的分析中，选取2001~2014年时间段，跨度14年，开展文献计量研究。

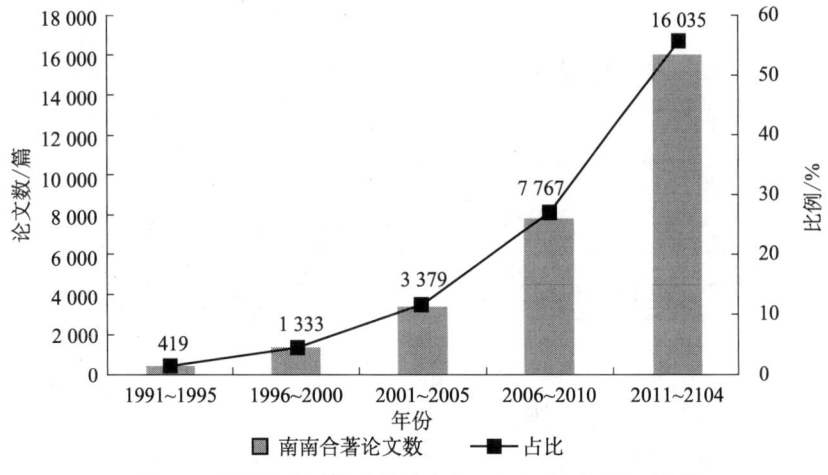

图6.2 我国南南科技合著论文每5年产出时间序列趋势

二、双多边合作模式分析

在国际合著论文中,我们把两个国家合作的论文称为双边合著论文,把三个及以上国家合作的论文称为多边合著论文。2001～2014年,我国南南科技合著论文中,双边合著论文占41.45%,均为我国与其他发展中国家合作发表的论文。多边合著论文占58.55%,不仅包括我国与其他发展中国家合著论文,还包括我国、其他发展中国家、发达国家三方合著论文。

从图6.3可以看出,2010年以前,双边合著论文与多边合著论文数量基本相当,多边合著论文数略高于双边合著论文数。随着我国国际科技合作的深化,多边合著论文的增长速度高于双边合著论文,多边合著论文占比逐渐提高,到2014年,占比达61.44%,反映南南科技合著论文中,多个国家合作的趋势越来越明显。发达国家与发展中国家的合作在我国南南科技合著论文也占很大比例,2001～2014年多边合著论文中90%以上均有发达国家参与,完全由发展中国家完成的多边论文仅占多边论文的4.6%。总体上看,发达国家参与论文占南南科技合作论文数的55.86%。

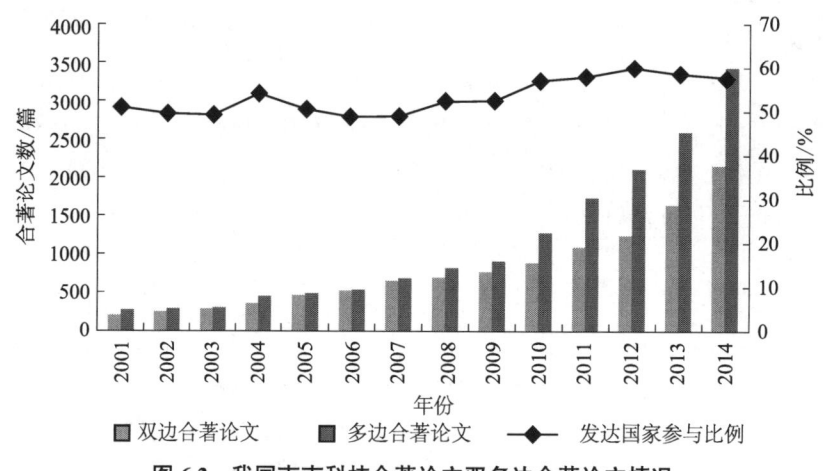

图 6.3 我国南南科技合著论文双多边合著论文情况

三、合作国别与区域分析

1. 总体情况分析

2001～2014年,与我国合作发表SCI论文的其他发展中国家(地区)共计 110 个，分布于亚洲、非洲、美洲等地区。在不考虑发达国家的情况下，我国南南科技合作的主要国别高度集中，主要集中在印度和巴西，与印度合著论文数最高，占比 22.60%，其次是巴西，占比 14.81%，见图 6.4。我国 75.12% 的南南科技合著论文集中在前 10 个国家（地区），86.17% 的南南科技合著论文集中在前 20 位国家（地区）。南南合作的主要发展中国家包括印度、巴西、巴基斯坦、马来西亚、沙特阿拉伯（简称沙特）、泰国、南非、伊朗、阿根廷等。在考虑发达国家的情况下，前 5 位合作国别分别为美国、印度、德国、英国、巴西。

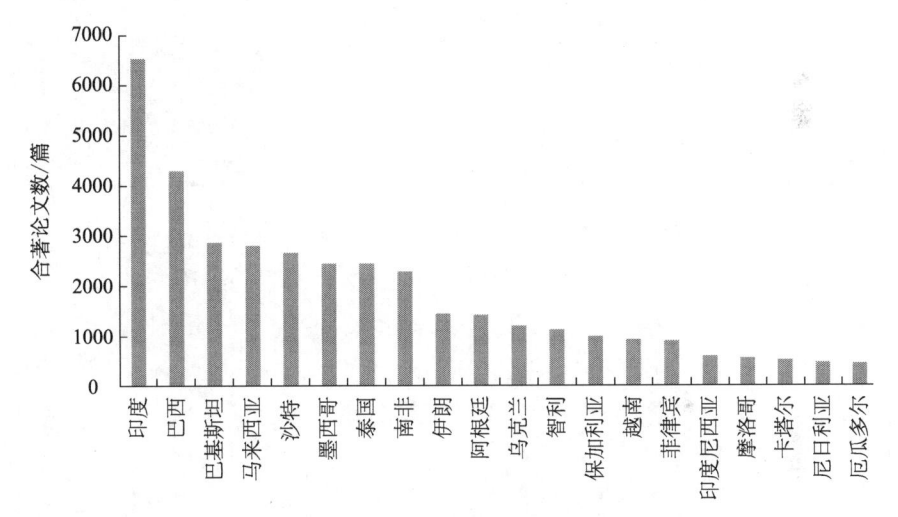

图 6.4 我国南南科技合著论文前 20 位发展中国家论文情况国际比较

将 2001～2014 年分为三个阶段分析每 5 年合作国别变化（第三阶段为 4 年）。从表 6.1 可以看出，除阿根廷、菲律宾、保加利亚、沙特、巴基斯坦外，我国南南合作前 10 位的发展中国家名单基本不变，但排序略有变化。印度、巴西基本处于第一、第二的位置，属于与我国论文合作最多的发展中国家，合著论文增长速率较高，这与两国整体科研实力较强有很大关联。2006 年以后，巴基斯坦、南非、沙特与我国的合著论文数量呈显著上升趋势，特别是沙特。而马来西亚、菲律宾等科研水平一般的国家，虽然与我国的合著论文数量持续增长，但增长速率不高，排名逐渐下降，2010～2014 年阶段菲律宾已跌出前 10 位。可见，这与合作外方的科研水平、双方科技人员合作交流的密切程度、两国的双边关系都有较大的关联。

表 6.1　2001～2014 年合著论文前 10 位发展中国家变化

2001～2005 年合著论文			2006～2010 年合著论文			2011～2014 年合著论文		
国别	论文数/篇	占比/%	国别	论文数/篇	占比/%	国别	论文数/篇	占比/%
印度	948	27.76	印度	1912	24.51	印度	3191	19.86
马来西亚	628	18.39	巴西	923	11.83	巴西	2520	15.68
巴西	534	15.64	马来西亚	757	9.70	沙特	2341	14.57
泰国	320	9.37	泰国	735	9.42	巴基斯坦	2066	12.86
墨西哥	292	8.55	墨西哥	722	9.26	南非	1479	9.21
菲律宾	156	4.57	巴基斯坦	641	8.22	泰国	1282	7.98
阿根廷	144	4.22	南非	539	6.91	墨西哥	1279	7.96
保加利亚	127	3.72	阿根廷	416	5.33	马来西亚	1208	7.52
哥伦比亚	105	3.08	哥伦比亚	361	4.63	哥伦比亚	1016	6.32
埃及	98	2.87	菲律宾	273	3.50	埃及	883	5.50

2. 双多边论文合作国别分析

表 6.2 中列出 2001～2014 年我国双多边合著论文中前 10 位国家。在双边合著论文中，主要合作国别为印度、巴基斯坦、沙特等，亚洲国家排名靠前，巴西、墨西哥等拉美国家相对靠后。在多边合著论文中，主要发展中国家合作国别为印度、巴西、墨西哥等，拉美国家排名靠前，巴基斯坦、马来西亚等双边论文靠前国家排名相对靠后，巴西与墨西哥、巴基斯坦和马来西亚在两个排名中顺序互换。无论是双边合著论文还是多边合著论文，印度都是我国最重要的合作伙伴，且多边合著论文数量是双边合著论文数量的 3 倍。作为基础四国之一的南非与我国的南南科技合著论文并不突出。此外，印度、巴西、南非、泰国、墨西哥的多边合著论文均显著高于双边合著论文。

表 6.2　2001～2014 年双多边合著论文前 10 位国家

双边合著论文发展中国家			多边合著论文发展中国家			多边合著论文发达国家		
国别	论文数/篇	占比/%	国别	论文数/篇	占比/%	国别	论文数/篇	占比/%
印度	1517	13.69	印度	4468	27.97	美国	8106	50.74
巴基斯坦	1487	13.42	巴西	3465	21.69	德国	4353	27.25
马来西亚	1322	11.93	墨西哥	1821	11.40	英国	4187	26.21
沙特	927	8.36	泰国	1769	11.07	法国	3406	21.32
南非	607	5.48	沙特	1687	10.56	日本	3165	19.81
泰国	558	5.04	南非	1602	10.03	俄罗斯	2949	18.46
伊朗	506	4.57	哥伦比亚	1438	9.00	韩国	2925	18.31

续表

双边合著论文发展中国家			多边合著论文发展中国家			多边合著论文发达国家		
国别	论文数/篇	占比/%	国别	论文数/篇	占比/%	国别	论文数/篇	占比/%
巴西	484	4.37	巴基斯坦	1275	7.98	澳大利亚	2724	17.05
墨西哥	463	4.18	马来西亚	1246	7.80	意大利	2595	16.25
埃及	287	2.59	阿根廷	1239	7.76	荷兰	2416	15.12

在多边合著论文中，发达国家参与比例很高，主要发达国家包括美国、德国、英国、法国、日本等，美国排名第一，美国参与合作的论文占多边合著论文的50%以上，美国参与论文总数大大超过印度，反映了美国的科技实力和影响力。德国、英国参与论文数高于巴西（图6.5）。

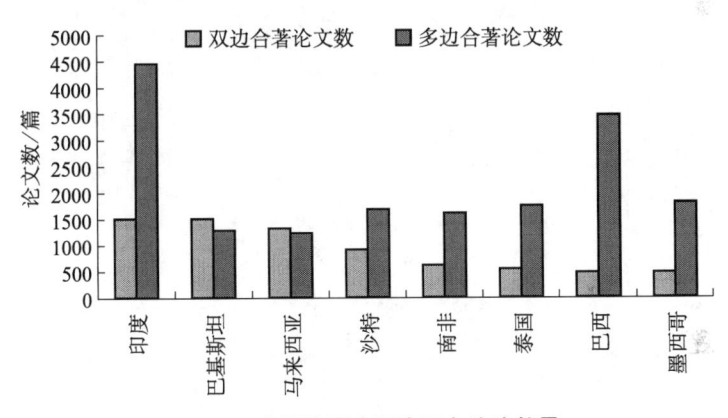

图6.5 主要发展中国家双多边论数量

3. 双边合著论文的区域分析

多边合作涉及国家和区域众多，不便于统计分析，本章仅对双边合作的论文进行区域分析。从图6.6可以看出，双边南南科技合著论文中，我国与亚洲发展中国家合作最多，地缘优势明显，论文数增长也最迅速，论文数量占双边合著论文的72%。随着南南合作的深化，我国与非洲国家的合著论文数逐步上升，但数量仍比较有限，占双边合著论文数的15%，我国与美洲发展中国家合著论文数量更少，占双边合著论文数的12%。具体到次级区域，我国与南亚、东南亚合著论文较多，西亚、南部非洲和北非次之，其他区域较少，见图6.7和图6.8。我国与亚洲发展中国家合作的地缘优势明显，且亚洲国家整体科技水平较高，因此合作密切。非洲虽与我国合作关系密切，但科技水平落后，合著论文产出有限。美洲国家虽然有一定的科技实力，但距离遥远，与我国合著论文不多。

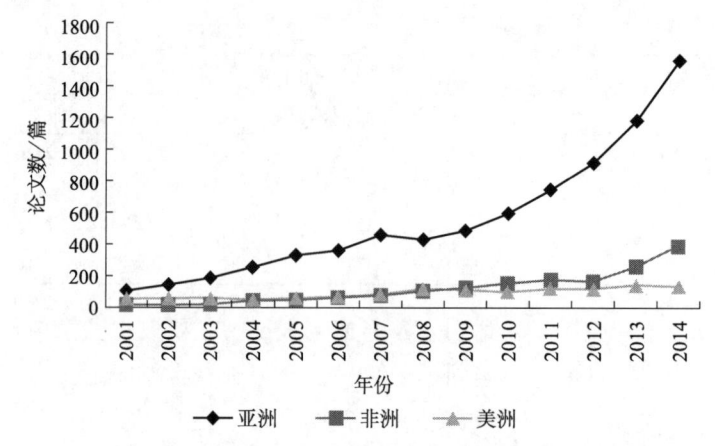

图 6.6　中国双边南南科技合著论文区域合作情况

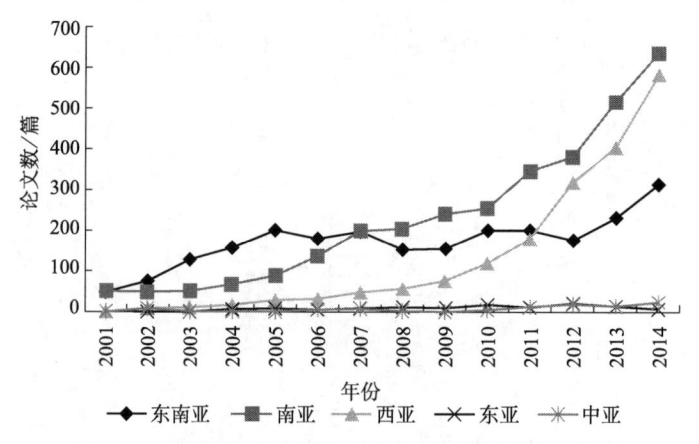

图 6.7　中国双边南南科技合著论文亚洲区域合作情况

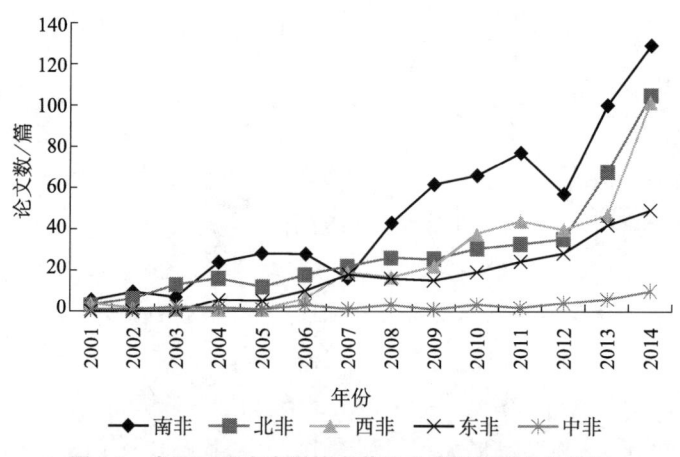

图 6.8　中国双边南南科技合著论文非洲区域合作情况

4. 核心国家与合著度

核心合作国家群是与我国合著论文数量较多、与我国国际科技合作较为密切的国家群体。根据普莱斯理论确定各个统计时段核心合作国家或地区至少合著论文数应为 m 篇，计算公式为

$$m = 0.749\sqrt{n_{\max}} \tag{6.1}$$

式中，m 为核心合作国至少与我国合作发表的论文数；$n_{\max}$ 为统计时段内与我国合作发表论文数最多的发展中国家与我国合作发表的论文数。从表 6.3 可以发现，我国南南科技合作合著论文的核心发展中国家数量持续增长，从 2006 年的 26 个增至 2014 年的 73 个，反映我国南南科技合作的广度不断增加。

表 6.3　2006～2014 年我国南南科技合著论文核心合作国家数量

年份	2006	2007	2008	2009	2010	2011	2012	2013	2014
最高论文数 / 篇	178	223	270	275	390	472	580	627	708
普莱斯指数	10	12	13	13	15	17	19	19	20
核心国家数 / 个	26	28	29	32	47	46	50	49	73

采用 Subramanyam 的文献合著度分析合作特征。合著度是考察论文合作关系的重要参量，反映了某学科论文作者的合作智力的发挥水平。合著度是指在确定的时间段中科技论文的篇均国家、机构或作者的数量，用 CI 表示，计算公式为

$$\mathrm{CI} = \frac{\sum_{j=1}^{k} j \times f_j}{N} \tag{6.2}$$

式中，f_j 表示合著作者数为 j 时发表的论文数量；k 表示合著作者的最大数值；N 表示论文发表总数。利用合著度公式可以分别计算作者合著度 $\mathrm{CI_a}$、机构合著度 $\mathrm{CI_i}$ 和国家合著度 $\mathrm{CI_c}$。2001～2014 年团体作者论文的 $\mathrm{CI_a}$、$\mathrm{CI_i}$、$\mathrm{CI_c}$ 分别为 840、79、19，由于团体作者的加入，会显著放大合著度的数值，特别是机构和作者的合著度，影响了分析，因此仅对剔除团体作者的结果进行分析。

如表 6.4 所示，2001～2014 年，我国南南科技合著论文的国家合著度总体上表现出了波折的上升趋势。$\mathrm{CI_c}$ 由 3.06 个 / 篇增长到了 3.31 个 / 篇，均值为 3.14 个 / 篇，基本保持稳定。平均每篇论文的参与国家数为 3.14 个，两国合著论文数占 46%，3 国合著论文数占 29.5%，6 国以内（含 6 国）合著论文数占 90% 以上，反映了国家合作的广度还比较低。

表 6.4　2001～2014 年我国南南科技合著论文合著度

年份	不含团体作者 CI$_a$	不含团体作者 CI$_i$	不含团体作者 CI$_c$	含团体作者 CI$_a$	含团体作者 CI$_i$	含团体作者 CI$_c$
2001	5.46	4.42	3.06	40.93	9.82	4.49
2002	5.15	4.21	2.76	46.69	11.24	4.63
2003	6.30	4.66	3.04	34.99	9.77	4.42
2004	6.05	4.60	3.05	36.67	9.91	4.53
2005	5.50	5.59	3.12	43.32	11.43	4.65
2006	5.80	4.96	3.02	36.20	9.52	4.18
2007	5.52	5.65	3.22	33.08	9.37	4.20
2008	6.12	6.20	3.39	33.05	9.48	4.29
2009	6.25	5.53	3.29	26.93	8.66	4.14
2010	6.32	5.60	3.32	83.93	11.84	5.04
2011	6.18	5.24	3.17	133.82	14.60	5.67
2012	6.36	5.33	3.07	203.02	18.62	6.43
2013	6.65	5.50	3.15	131.70	15.35	5.62
2014	6.84	5.93	3.31	97.00	13.01	5.12

四、合作机构分析

从 2006～2010 年和 2011～2014 年两个阶段对双多边合著论文发表机构进行分析，见表 6.5～表 6.8。

表 6.5　2006～2010 年双边合著论文发表论文前 10 位机构

我国机构	论文数/篇	其他发展中国家机构	论文数/篇
中国科学院	548	马来西亚 Univ Malaya	390
浙江大学	205	墨西哥 Inst Politecn Nacl	85
香港大学	182	印度 Indian Inst Technol	77
香港城市大学	93	巴基斯坦 Quaid I Azam Univ	73
南京大学	85	南非 Univ Witwatersrand	59
中国农业大学	81	墨西哥 Univ Nacl Autonoma Mexico	57
黑龙江大学	66	巴基斯坦 COMSATS Inst Informat Technol	53
香港理工大学	64	菲律宾 Int Rice Res Inst	46
北京大学	59	南非 Univ Stellenbosch	45
中国农业科学院	57	马来西亚 Univ Sains Malaysia	41

表 6.6　2011～2014 年双边合著论文发表论文前 10 位机构

我国机构	论文数 / 篇	其他发展中国家机构	论文数 / 篇
中国科学院	1011	沙特 King Abdulaziz Univ	290
浙江大学	342	沙特 King Saud Univ	184
香港大学	189	沙特 King Abdullah Univ Sci & Technol	171
华中科技大学	137	巴基斯坦 COMSATS Inst Informat Technol	139
东南大学	122	马来西亚 Univ Malaya	129
北京大学	120	卡塔尔 Texas A&M Univ Qatar	94
中国农业科学院	113	巴基斯坦 Quaid I Azam Univ	93
香港理工大学	111	印度 Indian Inst Technol	70
南京大学	111	巴基斯坦 Univ Punjab	66
哈尔滨工业大学	109	巴基斯坦 Univ Agr Faisalabad	62

1. 双边合著论文中合著机构分析

对于双边合著论文，两个阶段发表最多的前 10 位中方机构变化不大，以大学为主，中国科学院、浙江大学、香港大学在两个阶段都是双边合著论文发表最多的前 3 位中国机构。中国科学院不仅是我国发表双边合著论文最多的机构，也是所有双边合著论文中发表论文最多的机构。

两个阶段双边合著论文发表最多的前 10 个发展中国家机构变化明显，2006～2010 年，前 10 位机构主要来自马来西亚、墨西哥、印度、巴基斯坦、南非，发表论文最多的机构为马来西亚大学，发表论文 390 篇，仅次于我国第一位的中国科学院 548 篇。2011～2014 年，前 10 位机构主要来自沙特、巴基斯坦，沙特上升明显，发表论文最多的机构为沙特阿卜杜拉阿齐兹国王大学，发表论文 290 篇，仅次于我国第二位的浙江大学 342 篇。两阶段外国合作机构中，4 个机构仍排在前 10 位，合作在继续深化推进，6 个机构挤入前 10 位，新的合作关系不断建立。

从论文发表数量上来说，2006～2010 年，我国机构论文发表在 100 篇以上的机构有 3 个，其他发展中国家机构仅 1 个，集中度较高。2011～2014 年，我国机构论文发表在 100 篇以上的机构增至 12 个，表明越来越多的国内机构参与南南科技合作，其他发展中国家机构增至 5 个。

2. 多边合著论文中合著机构分析

对于多边论文，两个阶段双边合著论文发表最多的前 10 位中方机构同样变化不大，中国科学院、北京大学、中国科技大学在两个阶段都是多边合著论文发表最多

表 6.7 2006～2010 年多边合著论文发表论文前 10 位机构

我国机构	论文数/篇	其他发展中国家机构	论文数/篇	发达国家机构	论文数/篇
中国科学院	774	印度 Panjab Univ	463	俄罗斯 Inst High Energy Phys	515
中国科技大学	458	印度 Tata Inst Fundamental Res	352	韩国 Korea Univ	457
北京大学	342	巴西 Univ Sao Paulo	251	美国 Univ Illinois	414
香港大学	275	阿根廷 Univ Buenos Aires	237	俄罗斯 Inst Theoret & Expt Phys	410
香港城市大学	199	印度 Univ Delhi	231	韩国 Sungkyunkwan Univ	390
清华大学	125	巴西 Univ Estadual Paulista	210	日本 Univ Tokyo	330
浙江大学	110	巴西 Univ Estado Rio de Janeiro	194	美国 Brookhaven Natl Lab	329
山东大学	90	巴西 Ctr Brasileiro Pesquisas Fis	187	美国 Univ Washington	309
南京大学	84	墨西哥 CINVESTAV	186	韩国 Seoul Natl Univ	293
上海交通大学	81	巴西 Univ Fed ABC	134	美国 Indiana Univ	291

表 6.8 2010～2014 年多边合著论文发表论文前 10 位机构

我国机构	论文数/篇	其他发展中国家机构	论文数/篇	发达国家机构	论文数/篇
中国科学院	1831	巴西 Univ Sao Paulo	750	俄罗斯 Inst High Energy Phys	1023
北京大学	1002	沙特 King Abdulaziz Univ	702	俄罗斯 Petersburg Nucl Phys Inst	1017
中国科技大学	756	印度 Panjab Univ	676	美国 MIT	976
中山大学	600	哥伦比亚 Univ Los Andes	496	俄罗斯 Inst Theoret & Expt Phys	975
南京大学	581	巴西 Univ Fed Rio de Janeiro	491	捷克 Charles Univ Prague	971
清华大学	567	印度 Univ Delhi	489	意大利 Univ Bologna	953
山东大学	505	巴西 Univ Estado Rio de Janeiro	468	美国 Ohio State Univ	912
香港大学	452	巴西 Univ Fed ABC	461	俄罗斯 Moscow MV Lomonosov State Univ	905
香港城市大学	379	阿根廷 Univ Buenos Aires	459	意大利 Ist Nazl Fis Nucl	904
上海交通大学	367	南非 Univ Witwatersrand	440	法国 Univ Paris 11	902

的前3个中国机构。两个阶段多边合著论文发表最多的前10位发展中国家机构主要来自印度、巴西、阿根廷，组成和排序均有一定变化。2006~2010年发表论文最多的机构为印度旁遮普大学，2011~2014年发表论文最多的机构为巴西圣保罗大学。两个阶段多边论文发表最多的前10位发达国家机构集中在美俄，机构变化比较明显，除俄罗斯的两个机构外，其余均发生了变化，俄罗斯高能物理研究所在两个阶段都是多边合著论文发表最多的发达国家机构。

如果将我国机构与发达国家机构放在一起排序，以2011~2014年数据为例，可以发现，我国机构除中国科学院、北京大学排名靠前外，其他机构多边合著论文发表数均少于发达国家的前10位机构，整体上看排名比较靠后。这表明在多边合著论文中，我国机构参与度和影响力还不够。

3. 机构合著度

如表6.4所示，2001~2014年，我国南南科技合著论文的机构合著度总体上表现出波折的上升趋势。CI_i由4.42个/篇增长到了5.93个/篇，均值为5.24个/篇，前期的波动性较大。合作机构为3个以上的合著论文的比例显著增加，由2001年的36.15%增加到2014年的59.2%。

五、通讯作者分析

1. 通讯作者总体情况分析

在国际合著论文中，通讯作者反映合作中的主导地位。i国作者的主导率计算公式为

$$RP_i = \frac{N_i}{\sum_{i=1}^{n} N_i} \qquad (6.3)$$

式中，N_i为在所限定的数据集中i国作者任通讯作者的数量。RP_i越大，则i国作者寻求国际合作的主动性越高，合作中的主导性越强。

图6.9为1991~2014年我国南南科技合著论文中美作者主导率趋势，图6.10为1991~2014年我国南南科技合著论文主要国家主导率趋势。1991~2014年，我国南南科技合著论文中，中国、美国、德国、日本、印度、马来西亚、巴基斯坦7国通讯作者占论文总数的68%，我国作者的主导率最高，其次为美国。1991~2014年，中国作者的主导率不断提升，反映中国作者寻求南南科技合作的主动性越来越高，在南南科技合作中的主导地位也越来越明显。美国作者的主导率长期保持稳定，但略有下降。除巴基斯坦作者的主导率近年

来有所上升外，其余国家略有下降。

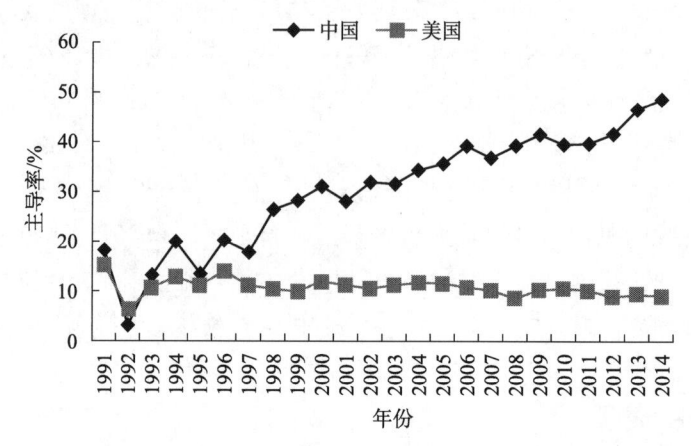

图 6.9 1991～2014 年我国南南科技合著论文中美作者主导率趋势

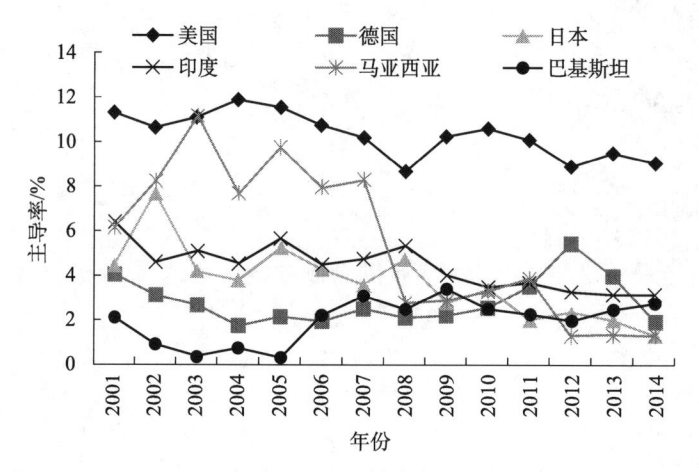

图 6.10 2001～2014 年我国南南科技合著论文主要国家主导率趋势

2. 双多边合著论文中的通讯作者情况分析

从通讯作者角度考察双多边合著论文发表情况（表 6.9），双边合著论文中，通讯作者为中国的论文占双边合著论文的 66.23%，排第一，其次是马来西亚、印度等，均不超过 10%，前 10 国发表文章占双边合著论文的 90% 以上，表明我国在双边合著论文中处于主导地位。多边合著论文中，通讯作者为中国的论文仅占多边合著论文的 24.47%，小于双边合著论文情况，但仍然排名第一，其次是美国（16.57%）、德国（5.14%）、日本（4.73%）。前 10 国发表文章占多边合著论文的 67.47%，其中除中国、印度为发展中国家外，其余均为发达国家。

同时，多边合著论文中通讯作者为发达国家的占 58.37%，中国占 24.47%，其他发展中国家占 17.16%。可以看出，多边合著论文中，通讯作者国别相对分散，发达国家占主导地位，发展中国家话语权不高，从单个国别讲中国虽然保持第一，但总体上仍然是处于参与者的角色。

表 6.9　2001～2014 年双边与多边合著论文通讯作者国别对比

双边合著论文通讯作者国家	论文数/篇	占双边合著论文比例/%	多边合著论文通讯作者国家	论文数/篇	占多合著论文比例/%
中国	7491	66.23	中国	3910	24.47
马来西亚	717	6.34	美国	2648	16.57
印度	645	5.70	德国	821	5.14
巴基斯坦	472	4.17	日本	755	4.73
伊朗	306	2.71	英国	628	3.93
巴西	226	2.00	澳大利亚	461	2.89
泰国	184	1.63	俄罗斯	420	2.63
沙特	175	1.55	法国	394	2.47
南非	167	1.48	印度	392	2.45
墨西哥	154	1.36	荷兰	350	2.19
合计	—	93.17	合计	—	67.47

3. 团体作者情况分析

2001～2014 年合著论文中有 2751 篇由团体作者完成（团体作者论文发表情况见图 6.11），占总数的 10.1%，发展中国家通讯作者论文仅 287 篇，通讯作者主要为发达国家人员。论文数前 10 位的团体作者共发表论文 2033 篇，占团体作者论文的 73%，上述团队主要利用欧洲核子研究组织（European Organization for Nuclear Research，CERN）、日本高能加速器研究组织（High Energy Accelerator Research Organization，KEK）、美国费米实验室、美国布鲁克海文国家实验室、中国科学院高能物理研究所的粒子加速器，开展高能物理和基本粒子等国际大科学研究。2033 篇论文中，平均每篇文章有 14 个参与国，发展中国家数量占 1/4，发展中国家通讯作者论文为 160 篇，国家为中国、印度、阿根廷、巴西、埃及。结果表明，中国、印度、阿根廷等科研实力较强的发展中国家也在积极参与前沿科技和国际大科学研究，但总体看来，话语权和影响力还比较弱。

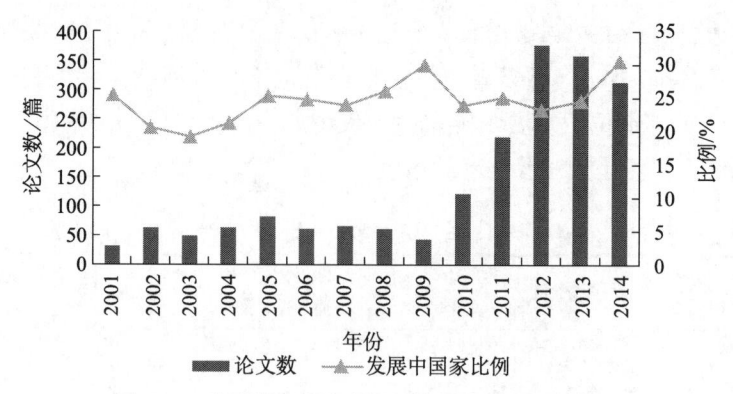

图 6.11　我国南南科技合著论文团体作者论文情况

4. 作者合著度

如表 6.4 所示，2001～2014 年，我国南南科技合著论文的作者合著度总体上表现出波折的上升趋势。我国南南科技合著论文的 CI_a 由 5.46 人/篇增长到了 6.84 人/篇，均值为 5.68 人/篇，上升趋势明显。篇均作者数的增多也反映了论文质量的提高。科学计量学家 Donald 和 Beaver 从合作人数的角度将科学合作方式分为小课题组合作（2～5 人的合作）和团队合作（6 人及以上的合作）两种，我国南南科技合著论文由团队完成的比例呈现缓慢上升的趋势，由 2001 年的 41.07% 增长到了 2014 年的 50.62%，超过一半的论文是由团队合作完成的科研成果。

六、合著论文质量分析

总被引频次、篇均被引频次和 Hirsch 提出的 h 指数是分析文献质量的主要指标。总被引频次可反映某一组论文的影响力水平，但论文数量的提高通常能增加总被引频次。篇均被引频次可避免论文数增加引起的累加效应，但论文数量过少时，可能会放大论文质量。h 指数是指某个或某组论文至多有 h 篇论文分别被引用了至少 h 次，该指数综合考虑了论文的数量和质量，减少了因为论文数量给论文质量带来的影响，但在整体样本和部分样本比较时，h 指数由于样本量的不同会导致失真。本书以篇均被引频次为主要依据，综合考虑三种指标，对我国南南合作论文质量进行评价。

比较全部论文和双边合著论文质量（表 6.10），全部论文的篇均被引频次基本是双边合著论文的 2 倍，h 指数同样如此，表明南南合著论文的总体质量明显高于双边合著论文质量，反映了多边合著论文质量显著高于双边合著论文质量。由于发达国家的参与，合作广度的提高，提升了多边合著论文的质量。比较篇均被引频次和 h 指数，发现我国为通讯作者论文的质量低于总体论文，但高于双边合著论文。通过篇均被引频次比较我国与主要发达国家论文质量（表6.11），发现通讯作者为美国、德国、英国的合著论文质量显著高于我国和总体论文，日本的合著论文质量略高于我国。通过篇均被引频次比较我国与主要发展国家论文质量（表6.12），剔除2004年南非两篇篇均被引频次高于250的文章和2002年巴西单篇高引文章的影响，可以发现通讯作者为中国的合著论文质量略高于南非、印度、巴西的论文。

选取被引频次超过200次的论文作为高质量论文，分析高质量论文的合著特征（图6.12）。被引频次超过200次的合著论文共253篇，其中通讯作者为美国的高引论文96篇，占比38%，处于领先地位，其次为英国（11%）、中国（9%）、加拿大（6%），发展中国家所占比例很少，还处于参与者的角色。另外需要指出的是，253篇高引论文中，118篇为团体作者发表论文，占46.64%。从学科分布来看，253篇高引论文主要分布在内科、物理、科学与技术－其他学科、天文学和天体物理学、肿瘤五个学科。

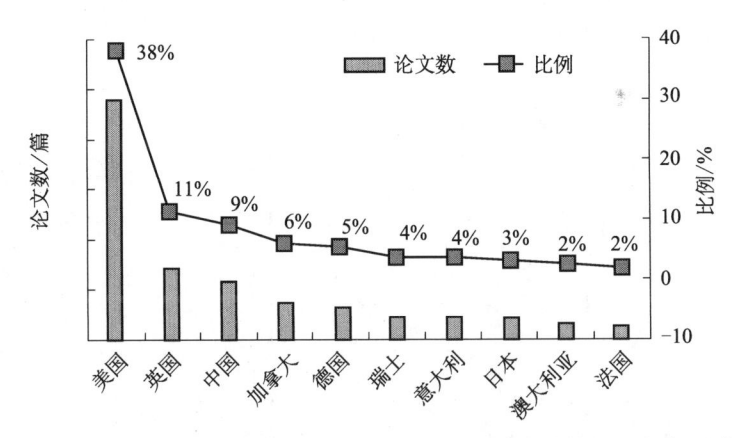

图6.12 我国南南科技合著论文高引论文国别分布图（按通讯作者国别）

七、合著论文学科分析

学科分布反映了南南科技合作研究热点。2001～2014年，我国南南科技合著论文的前5个学科为物理、化学、工程、天文和数学，物理学显著高于其他学科，如图6.13所示。双边合著论文与多边合著论文的重点学科有一定差异，双边合著论文的前5个学科为化学、数学、工程、结晶学和物理，化学显著高于其他学科，

表 6.10 2001～2014 年我国南南科技合著论文质量分析

类型	出版年份	2001	2002	2003	2004	2005	2006	2007	2008	2009	2010	2011	2012	2013	2014
全部	被引总频次/次	14 683	18 629	25 448	32 436	36 149	32 232	37 741	37 864	44 317	47 106	51 455	58 572	37 507	23 276
	论文数/篇	476	551	600	814	974	1 072	1 350	1 524	1 674	2 181	2 856	3 356	4 243	5 615
	h 指数	61	61	65	82	82	77	82	82	79	89	82	83	70	48
	篇均被引频次/次	31	34	42	40	37	30	28	25	26	22	18	17	9	4
双边	被引总频次/次	3 312	4 586	3 556	5 303	7 049	7 720	8 400	9 743	8 365	9 547	9 391	9 718	7 628	5 108
	论文数/篇	204	253	288	367	471	530	663	704	771	892	1106	1 248	1 648	2 165
	h 指数	31	35	30	34	38	41	42	44	37	38	39	38	34	29
	篇均被引频次/次	16	18	12	14	15	15	13	14	11	11	8	8	5	2
中国	被引总频次/次	2 719	4 380	3 329	5 849	7 155	8 673	8 796	9 918	12 259	11 951	12 859	13 660	12 339	8 538
	论文数/篇	132	174	188	281	347	419	495	597	689	859	1 132	1 394	1 969	2 725
	h 指数	28	34	30	37	38	46	43	44	43	44	44	41	37	33
	篇均被引频次/次	21	25	18	21	21	21	18	17	18	14	11	10	6	3

注：中国的被引总频次、论文数、h 指数、篇均被引频次指通讯作者为中国的论文统计数据。

表 6.11 2001~2014 年我国南南科技合著论文质量分析（主要发达国家）

类型	出版年份	2001	2002	2003	2004	2005	2006	2007	2008	2009	2010	2011	2012	2013	2014
美国	被引总频次/次	2 672	3 935	11 209	7 297	7 236	9 860	10 756	8 270	9 211	11 811	10 432	12 982	5 916	4 081
	论文数/篇	53	58	66	96	112	115	137	132	171	230	287	298	402	507
	h 指数	27	30	33	44	43	42	49	49	46	51	46	47	40	27
	篇均被引频次/次	50	68	170	76	65	86	79	63	54	51	36	44	15	8
德国	被引总频次/次	417	1 270	1 030	383	583	645	1 234	737	1 585	1 879	4 542	6 580	2 424	871
	论文数/篇	19	17	16	14	21	21	34	32	37	56	100	182	168	107
	h 指数	11	12	12	11	12	15	18	15	20	21	34	31	24	16
	篇均被引频次/次	22	75	64	27	28	31	36	23	43	34	45	36	14	8
日本	被引总频次/次	1 181	2 912	1 048	1 708	2 615	1 041	1 193	1 612	1 012	1 246	764	1 366	788	219
	论文数/篇	21	42	25	31	51	46	49	72	47	74	58	79	85	75
	h 指数	15	24	18	20	20	19	22	23	20	18	17	16	15	9
	篇均被引频次/次	56	69	42	55	51	23	24	22	22	17	13	17	9	3
英国	被引总频次/次	633	823	2 008	3 505	7 647	1 110	3 135	2 007	2 027	1 652	2 403	3 210	2 064	608
	论文数/篇	11	16	19	29	25	24	31	46	40	43	65	80	96	121
	h 指数	9	12	15	20	17	16	15	49	52	58	50	50	43	28
	篇均被引频次/次	58	51	106	121	306	46	101	44	51	38	37	40	22	5

注：美国、德国、日本的被引总频次、论文数、h 指数、篇均被引频次指通讯作者为该国的论文统计数据。

表 6.12 2001～2014 年我国南南科技合著论文质量分析（主要发展中国家）

类型	出版年份	2001	2002	2003	2004	2005	2006	2007	2008	2009	2010	2011	2012	2013	2014
南非	被引总频次/次	159	157	123	684	259	91	163	350	156	458	243	167	155	145
	论文数/篇	10	8	8	12	13	14	13	20	19	35	27	32	41	54
	h 指数	5	6	5	6	8	5	7	11	8	13	10	7	7	5
	篇均被引频次/次	16	20	15	57	20	7	13	18	8	13	9	5	4	3
巴西	被引总频次/次	294	723	469	409	395	249	408	226	296	309	418	477	461	176
	论文数/篇	25	17	30	18	16	17	20	22	28	27	40	52	83	67
	h 指数	7	12	13	11	10	7	12	8	11	11	11	11	11	7
	篇均被引频次/次	12	43	16	23	25	15	20	10	11	11	10	9	6	3
印度	被引总频次/次	654	446	519	684	999	892	1189	877	824	1042	1251	904	856	553
	论文数/篇	30	25	30	37	55	48	64	81	67	76	106	110	133	175
	h 指数	13	10	13	15	19	15	18	15	14	16	19	15	11	8
	篇均被引频次/次	22	18	17	18	18	19	19	11	12	14	12	8	6	3

注：南非、巴西、印度的被引总频次、论文数、h 指数、篇均被引频次指通讯作者为该国的论文统计数据。

而多边合著论文的前 5 个学科为物理、天文学和天体物理学、化学、工程和其他科技主题,物理和天文显著高于其他学科,如图 6.14 所示。

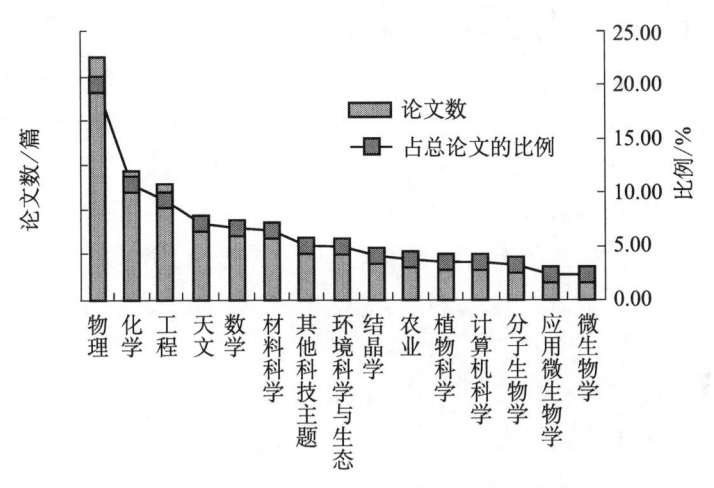

图 6.13　2001～2014 年合著论文领域分布

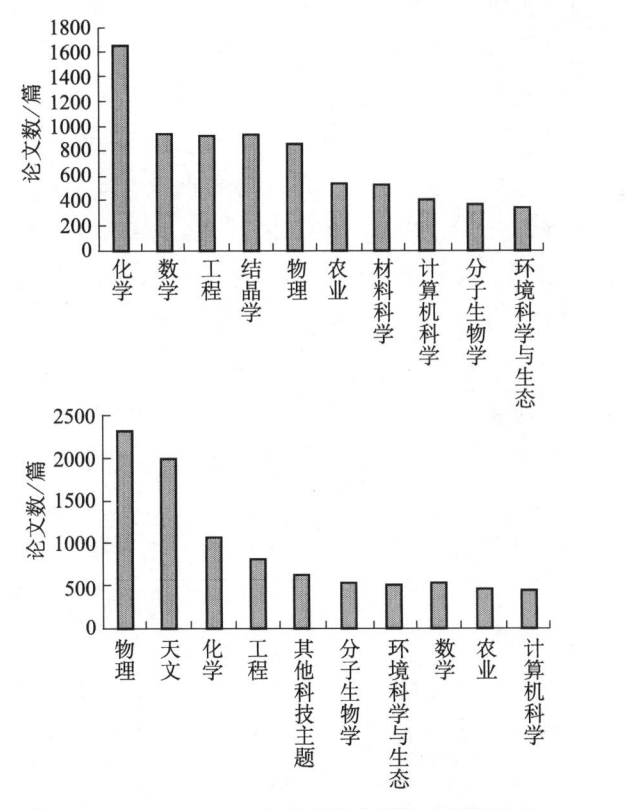

图 6.14　2001～2014 年双多边合著论文领域分布

八、主要结论与发现

随着我国国力和科技水平的发展,我国与发展中国家的科研合作规模正在不断扩大,我国南南科技合著论文的数量呈指数快速增长模式。特别是2010年以后,随着"走出去"战略、周边外交战略和"一带一路"战略的实施,我国南南科技合作范围、合作对象、合作领域、合作方式不断拓展,2014年,我国南南科技合著论文数量达到5600余篇,反映了我国在发展中国家的影响力在不断提升。

(1)我国南南科技合著论文有双边和多边合著两种合作模式,两种合作模式平分秋色,多边合著论文数量略高于双边合著论文数量。多边合著论文的增长速度高于双边合著论文,多边合著论文占比不断提升,多个国家合作的趋势越来越明显。发达国家是我国南南合著论文的重要参与者,多边合著论文中90%以上均有发达国家参与。

(2)在不考虑发达国家的情况下,我国南南科技合作的主要国别高度集中,印度和巴西分别位列第一和第二,且长期保持。在考虑发达国家的情况下,前5位合作国别分别为美国、印度、德国、英国、巴西,美欧国家影响力突出。无论是双边合著论文还是多边合著论文,印度都是我国最重要的合作伙伴。从合作区域上看,与亚洲国家合作最多,尤其是东南亚和南亚,与非洲和拉美合作有限。

(3)中国科学院、浙江大学、香港大学是我国双边合著论文发表的主要机构。中国科学院、北京大学、中国科技大学是我国多边合著论文发表的主要机构。近十年,中方前10位机构变化不大,双边合著论文前10位发展中国家变化较大,多边论文前10位发展中国家变化不大。与发达国家机构相比,在多边合著论文中,我国机构参与度和影响力还不够,除中国科学院、北京大学排名靠前外,其他机构落后于发达国家的主要机构。

(4)在双边合著论文中,我国处于主导地位,占66%,其次为马来西亚和印度。多边合著论文中,通讯作者国别相对分散,前10位国家主要为发达国家,我国仍处于第一,占24%,发达国家占主导地位,发展中国家话语权不高,从单个国别讲中国虽然保持第一,但总体上仍然是处于参与者的角色。此外,中国、印度、阿根廷等科研实力较强的发展中国家也在积极参与前沿科技和国际大科学研究,但总体看来,话语权和影响力还比较弱。

(5)我国南南科技合著论文由团队完成的比例呈现缓慢上升的趋势,但国家合作的广度还偏低。多边合著论文质量显著高于双边合著论文质量。美国、德国、英国的合著论文质量显著高于我国,日本的合著论文质量略高于我国。

我国的合著论文质量略高于印度、南非和巴西。我国南南科技合著论文的学科主要集中在物理、化学、工程、天文和数学，物理学显著高于其他学科。

从上述分析可以看出，中国、发展中国家和发达国家三方合作的态势在南南合著论文中越来越明显，多边合著论文质量也明显高于双边合著论文。多边合著对于提升南南科技合作的层次和质量具有重要作用。我国虽在双边合著论文中占主导地位，但在多边合著论文中的影响力和话语权还不高，需要进一步加强支持和引导。

第三节 我国南南科技合著论文的资助特点分析

南南科技合著论文数量的提升，与国内外相关机构的资助密不可分。WOS数据库自2008年起强制要求标注资助信息，因此本书对我国南南科技合著论文资助特征的研究基于2009～2014年的数据。

2009～2014年我国南南科技合著论文受资助比例为79.22%。受资助论文中，我国是主要资助国，占41.81%，美国其次，占6.88%，接着是阿根廷（2.19%）、日本（2.12%）、奥地利（2.09%），其余比较分散，见表6.13。除我国外，发达国家也是南南科技合著论文的主要资助国。

表6.13 不同国家/地区/机构资助我国南南科技合著论文数量

顺序	国家/地区/机构	篇数	占比/%	顺序	国家/地区/机构	篇数	占比/%
1	中国	6 602	41.81	11	巴基斯坦	166	1.05
2	美国	1 087	6.88	12	英国	160	1.01
3	阿根廷	346	2.19	13	澳大利亚	149	0.94
4	日本	335	2.12	14	韩国	139	0.88
5	奥地利	330	2.09	15	欧洲核子研究组织	135	0.86
6	印度	260	1.65	16	马来西亚	129	0.82
7	巴西	259	1.64	17	加拿大	116	0.73
8	欧盟	191	1.21	18	新加坡	70	0.44
9	沙特	187	1.18	19	法国	63	0.40
10	德国	181	1.15	20	瑞典	61	0.39

界定核心资助机构资助的论文篇数大于 35 篇，我国对南南合著论文的核心资助机构有 11 个，包括国家科技计划和中央部门 9 个、地方科技计划 1 个、香港科技计划 1 个，见表 6.14。其中，国家自然科学基金资助南南科技合著论文数量最多，资助了 23% 的论文，覆盖面广。其次是国家重点基础研究发展计划（973 计划）和国家高技术研究发展计划（863 计划），合计资助了 6.5% 的论文。这三个科技计划是我国支持自主创新最重要的三个科技计划，也为促进我国南南科技合作发挥了重要作用。专门用于支持国际科技合作的国家国际科技合作专项资助南南科技合著论文较少，仅排第十，反映了专项对南南研发合作的支持力度不足，需加强。省一级科技计划也为南南科技合作发挥了一定作用，占资助论文的 0.6%。此外，我国资助论文中以我国通讯作者为主，也有近 8% 的通讯作者来自其他发展中国家，在一定程度上反映了我国科技资助机构的对外开放态度。

表 6.14　我国南南科技合著论文的核心国内资助机构

科技计划 / 资助机构	资助论文数 / 篇	占资助论文比例 / %
国家自然科学基金	3640	23.05
国家重点基础研究发展计划（973 计划）	528	3.34
国家高技术研究发展计划（863 计划）	500	3.17
中国科学院	254	1.61
中央高校基本科研业务费	91	0.58
国家留学基金管理委员会	70	0.44
香港研究资助局	61	0.38
支撑计划	51	0.32
黑龙江科学基金	49	0.31
国家国际科技合作专项	47	0.30
中国博士后科学基金	39	0.25

国外对南南合著论文的核心资助机构有 31 个，其中发达国家地区 21 个，发展中国家 10 个，见表 6.15 和表 6.16。美国能源部、美国国家科学基金会、美国国立卫生研究院、欧盟、日本文部科学省是来自发达国家的主要资助机构，资助了 7.5% 的论文。除政府机构外，一些非政府组织也进行了资助。发达国家资助机构主要资助多边合著论文，且资助论文的通讯作者以发达国家为主。发展中国家的主要论文资助机构来自巴西、阿根廷、沙特、巴基斯坦、印度等国，如阿根廷国际科学技术促进局、巴基斯坦高等教育委员会、巴西高等教育人才促进协调会（CAPES）等，但总体看资助论文数量有限。巴西、阿根廷资助机

构主要资助多边合著论文，沙特、巴基斯坦、印度主要资助双边合著论文。

表 6.15 我国南南科技合著论文的核心发达国家资助机构

科技计划/资助机构	资助论文数/篇	占受资助论文比例/%
美国能源部	345	2.19
美国国家科学基金会	268	1.70
奥地利联邦科学与研究部（FMSR）	221	1.40
美国国立卫生研究院	203	1.29
欧盟	191	1.21
日本文部科学省（MEXT）	177	1.12
CERN	135	0.86
日本学术振兴会（JSPS）	89	0.56
澳大利亚研究理事会	76	0.48
奥地利科学、研究和经济部	72	0.46
德国科学基金会（DFG）	66	0.42
台湾行政院国家科学委员会	53	0.34
美国国家航空航天局（NASA）	47	0.30
韩国国家研究基金会（NRF）	47	0.30
英国维康信托（Wellcome Trust）基金会	46	0.29
瑞典科学委员会	41	0.26
比尔及梅林达·盖茨基金会	39	0.25
美国农业部	38	0.24
加拿大卫生研究院	38	0.24

表 6.16 我国南南科技合著论文的核心发展中国家资助机构

科技计划/资助机构	资助论文数/篇	占资助论文比例/%
阿根廷国际科学技术促进局	335	2.12
巴基斯坦高等教育委员会	122	0.77
巴西高等教育人才促进协调会（CAPES）	111	0.70
印度科学与工业研究理事会	74	0.47
巴西圣保罗研究基金会（FAPESP）	64	0.41
印度大学拨款委员会（UGC）	61	0.39
沙特阿卜杜拉阿齐兹国王大学	59	0.37
印度科技部	59	0.37
沙特阿卜杜拉国王科技大学（KAUST）	47	0.30
泰国研究基金（TRF）	39	0.25
巴西国家科学技术发展委员会（CNPq）	37	0.23

综上，我国南南科技合著论文受资助比例较高，我国是论文的主要资助国，国家自然科学基金、国家重点基础研究发展计划（973 计划）和国家高技术研究发展计划（863 计划）三个科技计划发挥了重要作用。发达国家和发展中国家也为论文资助做出了贡献，发达国家资助机构主要资助多边合著论文，且资助论文的通讯作者以发达国家为主。发展中国家的主要论文资助机构来自巴西、阿根廷、沙特、巴基斯坦、印度等国，巴西、阿根廷主要资助合著多边论文，沙特、巴基斯坦、印度主要资助双边合著论文。

第四节　南南科技合著论文中我国地位分析

一、与主要发达国家的比较分析

美国、英国、德国、日本是主要发达国家，在发展中国家中有很强的影响力。根据 1991~2014 年 SCI 论文统计数据，美、英、德、日 SCI 论文发表数量处于世界前列，国际化程度较高，英国、德国国际合著论文数量约占本国论文的 40% 以上，美国、日本国际合著论文数量约占 20% 以上。美、英、德、日长期实施对外援助战略，高度重视同发展中国家开展科技合作，4 国与发展中国家的合著论文（剔除与中国的合著论文）均占本国国际合著论文的 10% 以上。

根据 1991~2014 年数据，从论文发表总量上看，经过长期的科技发展，我国 SCI 论文发表量已处于世界第二水平，论文发表量与英、德、日处于同一档次，国际合著论文的篇数已超过日本，但我国南南科技合著论文总量仍显著小于美、英、德、日。从发展速度上看，如图 6.15 和表 6.17 所示，与美、英、德、日四个发达国家相比（4 国与发展中国家合著论文数已剔除与中国合著论文数），虽然我国的南南科技合著论文数量自 2009 年开展迅速增长，并于 2014 年追上日本，但与美、英、德等发达国家还有较长差距，特别是美国，2014 年我国南南科技合著论文数量不及美国的 1/5。2014 年，我国 SCI 年度论文数量和国际合著论文数量已超过英、德、日，但南南合著论文数还有差距。

总体来说，在与发展中国家开展科技合作方面，我国与发达国家相比还有一定差距。

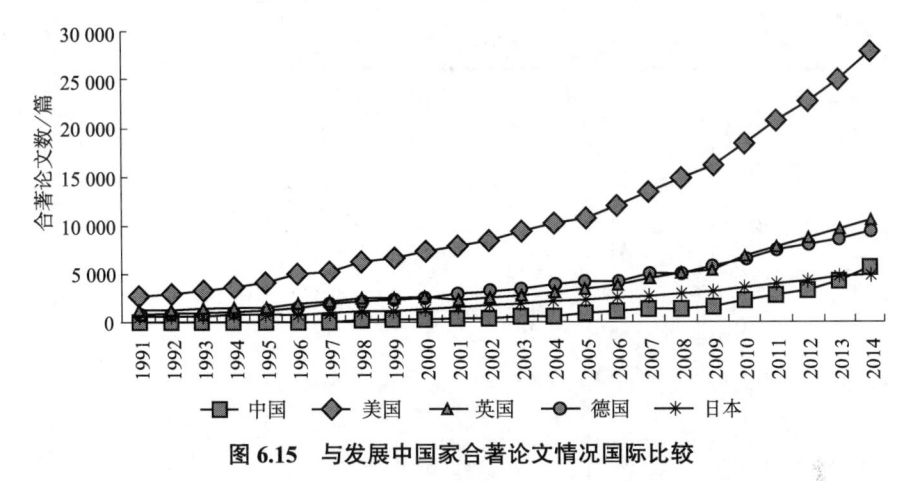

图 6.15　与发展中国家合著论文情况国际比较

美、英、德、日与发展中国家合著论文数中已剔除与中国的合著论文数

表 6.17　1991～2014 年中、美、英、德、日论文发表对比

国别	论文总数/万篇	国际合著论文数/万篇	国际合著占总论文比例/%	与发展中国家（含中国）合著论文数/万篇	占国际合著论文比例/%	与发展中国家（不含中国）合著论文数/万篇	占国际合著论文比例/%
中国	166.60	41.81	25.10	—	—	2.89	6.92
美国	687.29	172.74	25.13	43.40	25.13	26.49	15.33
英国	157.29	69.26	44.03	12.73	18.38	9.59	13.84
德国	150.76	71.55	47.46	12.21	17.07	9.30	13.00
日本	159.81	34.81	21.78	9.30	26.72	5.01	14.39

二、与主要发展中国家的比较分析

1991～2014 年，中国产出 SCI 论文总量达 166 万，在发展中国家中遥遥领先。其他 SCI 论文发表较多的发展中国家还有印度、南非、埃及、巴西、墨西哥、阿根廷等，SCI 发表论文均在 10 万篇以上，处于发展中国家前列，见表 6.18。从总体上看，除中国、印度、巴西外，其他发展中国家的科研水平和论文产出情况比较落后。

表 6.18　1991～2014 年主要发展中国家 SCI 论文发表对比

国别	论文总数/篇	独立发表论文比例/%	国际合著论文比例/%	国际合著论文中 南北合著论文占比/%	国际合著论文中 南南合著论文占比/%	国际合著论文中 三方合作占比/%
印度	854 899	83.18	16.82	88.31	20.29	8.60

续表

国别	论文总数/篇	独立发表论文比例/%	国际合著论文比例/%	国际合著论文中		
				南北合著论文占比/%	南南合著论文占比/%	三方合作占比/%
巴西	485 046	70.69	29.31	88.93	21.08	10.01
南非	179 695	63.56	36.44	87.22	26.84	14.05
墨西哥	177 324	58.70	41.30	88.13	23.48	11.62
阿根廷	148 806	63.09	36.91	82.42	31.54	13.96
埃及	112 058	61.20	38.80	68.59	42.42	11.01
智利	90 028	49.42	50.58	86.10	27.92	14.02
沙特	80 755	43.95	56.05	57.93	57.16	15.09
马来西亚	78 028	54.19	45.81	62.26	51.15	13.41
泰国	75 471	49.07	50.93	91.99	22.87	14.87

（1）选取泰国、马来西亚、越南、印尼、菲律宾、印度、巴基斯坦、孟加拉国、斯里兰卡、哈萨克斯坦、乌兹别克斯坦、沙特、阿联酋等13个亚洲发展中国家，分析1991～2014年国际合著论文优先合作对象，并对每国前3位、前5位和前10位的合作国别分别统计（表6.19），发现前3位合作国别主要为美国、英国、日本，我国在前3名国别统计中仅出现一次，前5位合作国别主要为美国、日本、英国、德国，前10位合作国别主要为美国、英国、德国、中国、日本。可以发现，美国、英国、日本等国在亚洲发展中国家有很强的科技影响力，我国在亚洲国家中的科技影响力弱于主要发达国家，但略高于印度等新兴国家。印度在亚洲发展中国家中也具有一定影响力。

表6.19 亚洲国家前3位、前5位、前10位合作国别情况统计

前3位国别	出现频次/次	前5位国别	出现频次/次	前10位国别	出现频次/次
美国	13	美国	13	美国	13
英国	8	日本	10	英国	12
日本	5	英国	10	德国	12
澳大利亚	4	德国	6	中国	11
德国	3	澳大利亚	5	日本	10
俄罗斯	2	印度	4	法国	9
埃及	1	中国	4	澳大利亚	9
法国	1	埃及	2	印度	8
加拿大	1	俄罗斯	2	加拿大	6
中国	1	法国	2	韩国	6

（2）选取南非、津巴布韦、马拉维、肯尼亚、埃塞俄比亚、坦桑尼亚、乌干达、赞比亚、埃及、尼日利亚、摩洛哥、加纳12个非洲发展中国家，分析1991～2014年国际合著论文优先合作对象，见表6.20。结果表明，前3位合作国别主要为美国、英国、南非，前5位合作国别主要为美国、英国、南非、德国，前10位合作国别主要为英国、美国、瑞士、南非、德国，中国仅在埃及、尼日利亚排前10，且比较靠后。可以发现，美国、英国、南非等国在非洲国家有很强的科技影响力，我国在非洲国家中的科技影响力较弱。肯尼亚在非洲国家中具有一定影响力。

表6.20 非洲国家前3位、前5位、前10位合作国别情况统计

前3位国别	出现频次/次	前5位国别	出现频次/次	前10位国别	出现频次/次
美国	12	美国	12	英国	12
英国	11	英国	11	美国	12
南非	4	南非	7	瑞士	9
德国	4	德国	7	南非	9
西班牙	1	荷兰	6	德国	9
沙特	1	瑞典	3	加拿大	8
瑞士	1	肯尼亚	3	荷兰	8
瑞典	1	法国	3	肯尼亚	7
肯尼亚	1	意大利	2	法国	6
法国	1	日本	2	瑞典	5
—	—	—	—	中国	2

（3）选取巴西、墨西哥、阿根廷、智利、哥伦比亚、厄瓜多尔6个拉美发展中国家，分析1991～2014年国际合著论文优先合作对象，见表6.21。结果表明，对于6个拉美国家，前3位合作国别主要为美国、西班牙，前5位合作国别主要为西班牙、美国、法国，前10位合作国别主要为德国、法国、美国、西班牙、英国、巴西，中国仅在哥伦比亚排前10，且比较靠后。可以发现，美国、西班牙、法国等国在拉美国家有很强的科技影响力，我国在拉美国家的科技影响力较弱。巴西在拉美国家具有一定影响力。

表 6.21 拉美国家前 3 位、前 5 位、前 10 位合作国别情况统计

前 3 位国别	出现频次 / 次	前 5 位国别	出现频次 / 次	前 10 位国别	出现频次 / 次
美国	5	西班牙	6	德国	6
西班牙	4	美国	6	法国	6
法国	3	法国	6	美国	6
英国	2	英国	5	西班牙	6
巴西	2	德国	4	英国	6
德国	1	巴西	3	巴西	5
—	—	—	—	中国	1

13 个亚洲国家的合著论文，中国在 10 个国家排前 10，印度在 8 个国家中排前 10。12 个非洲国家的合著论文，南非在 9 个国家排前 10，肯尼亚在 8 个国家排前 10。6 个拉美国家的合著论文，巴西在 5 个国家排前 10，阿根廷在 4 个国家中排前 10。

可以看出，发展中国家的合著论文中，优先合作的国别为美国、英国、日本、德国等发达国家，美国在亚非拉发展中国家都具有很高的影响力，英国在亚非发展中国家具有较高的影响力，西班牙和法国在拉美发展中国家具有较高的影响力。同时，发展中大国也是发展中国家合著论文的重要合作伙伴，中国、印度是亚洲发展中国家的重要合作伙伴，南非、肯尼亚是非洲国家的重要合作伙伴，巴西、阿根廷是拉美发展中国家的重要合作伙伴。从合著论文的角度看，中国在亚洲发展中国家中具有一定影响力，但与欧洲发达国家相比较弱，在非洲和拉美国家的影响力有限。

第五节 气候变化重点领域国际合作网络分析

为分析气候变化重点领域国际科技合作网络，从文献计量角度，选取能源、农业、水资源与环境等发展中国家优先领域的部分重点技术，进行计量分析，分析气候变化主要领域科学论文国家合作情况。

一、数据来源与检索策略

基于 Web of Science 论文数据库,使用关键词进行检索,时间限制在 2003 年 1 月 1 日～2014 年 12 月 31 日,文献类型设定为文章(article),语言设为英文,下载数据并使用相关软件对论文数据进行数据清洗和建立本地数据库等,结果见表 6.22。国别为中国的论文仅统计中国大陆机构发表论文。利用 Netdraw 软件绘制各领域国家科研合作网络,节点大小代表该领域一国发表 SCI 论文数,两节点之间的连线粗细,代表该领域两国 SCI 合著论文数量。

表 6.22 能源、农业、水资源与环境领域重点技术科学论文检索结果

一级领域	二级领域	论文样本量/篇
能源	光伏设备和元器件	78 793
	风力涡轮机	21 580
	沼气	5 448
农业	作物栽培	16 689
	作物育种	13 150
	土壤改良	16 005
水资源与环境	雨水洪水再利用	16 295
	人畜安全饮用水	15 023
	废水或污水处理	22 328

二、能源领域

(一)光伏设备和元器件

图 6.16 为 2004 年、2009 年、2014 年光伏设备和元器件领域的国际合作网络图,表 6.23 为被引总频次排序。通过对比可以发现,2009 年以后合作网络呈现出参与国家激增、合作越来越紧密的特征。中国、美国、德国是合作网络的骨干,美国同时成为网络中连接中国和第三国的桥梁,沟通了中国和第三国的合作。我国虽然论文数量第一,但篇均被引频次低于主要发达国家。

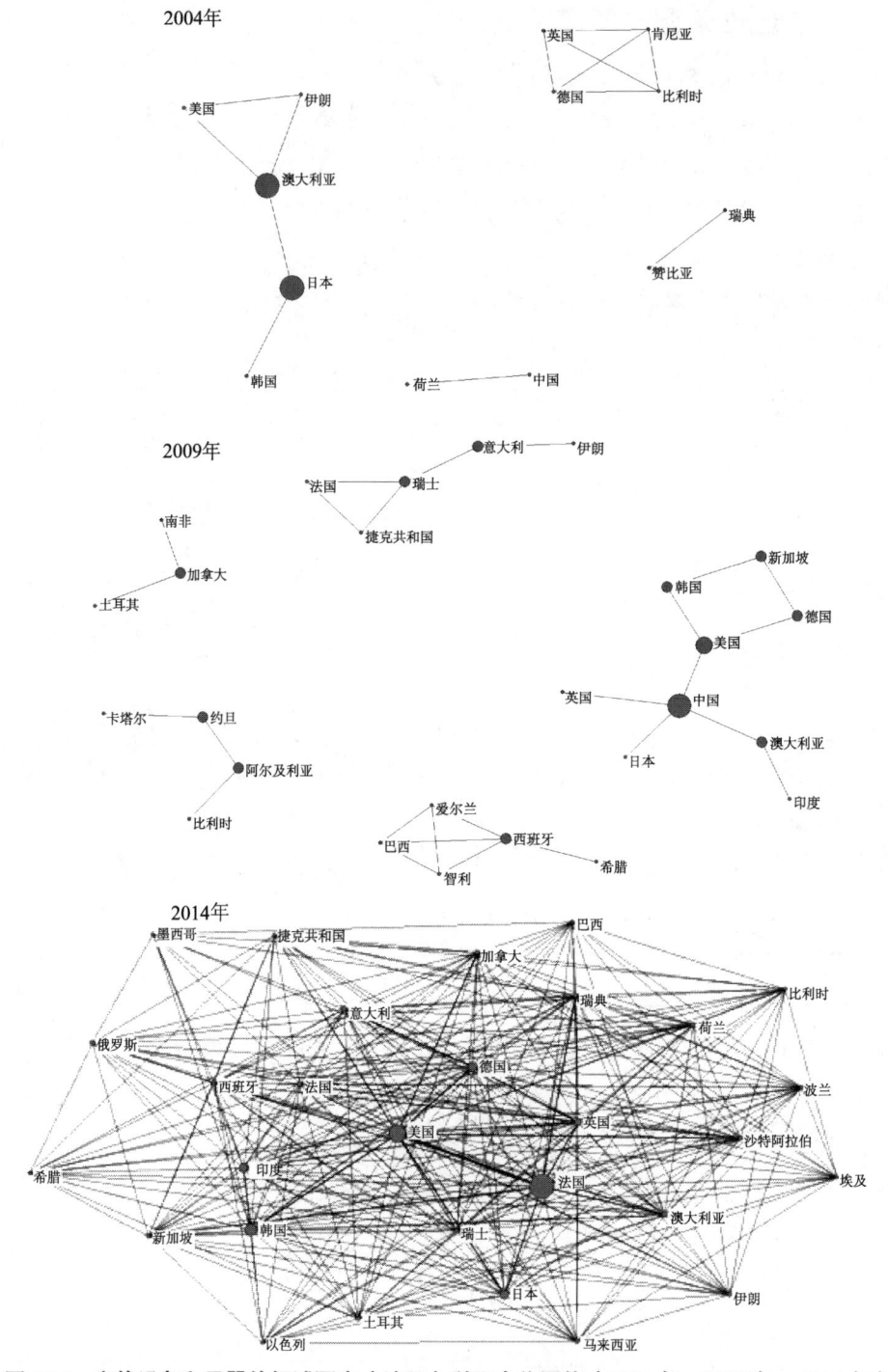

图 6.16 光伏设备和元器件领域国家（地区）科研合作网络（2004 年、2009 年、2014 年）

表 6.23　光伏设备和元器件领域按被引总频次排序前 10 位国家（2003～2014 年）

序号	国家	论文数/篇	被引频次/次	平均被引频次/次
1	美国	50 352	1 324 257	26.3
2	中国	63 557	749 972	11.8
3	日本	29 987	439 606	14.7
4	德国	29 724	415 871	14
5	韩国	31 681	350 251	11.1
6	英国	10 756	273 049	25.4
7	瑞士	5 876	268 450	45.7
8	荷兰	5 236	171 799	32.8
9	西班牙	8 215	124 537	15.2
10	法国	9 909	122 921	12.4

（二）风力涡轮机

图 6.17 为 2004 年、2009 年、2014 年风力涡轮机领域的国际合作网络图，表 6.24 为被引总频次排序。通过对比可以发现，合作网络呈现出参与国家越来越多、合作越来越紧密的特征，且合作网络的发展速度比较均衡。美国、丹麦、德国是合作网络的骨干，且还是大多数国家的第一合作国。英国、中国是这一领域除美国外的主要中心国家，为该领域的研究做了重要贡献。我国虽然论文数量第一，但篇均被引频次低于主要发达国家。

表 6.24　风力涡轮机领域按被引总频次排序前 10 位国家（2003～2014 年）

序号	国家	论文数/篇	被引频次/次	平均被引频次/次
1	美国	7 620	47 586	6.2
2	英国	3 068	23 458	7.6
3	西班牙	2 403	22 118	9.2
4	丹麦	2 080	17 966	8.6
5	中国	9 842	16 312	1.7
6	日本	2 838	12 243	4.3
7	加拿大	2 158	12 092	5.6
8	德国	2 298	9 377	4.1
9	荷兰	848	8 447	10
10	法国	1 446	6 766	4.7

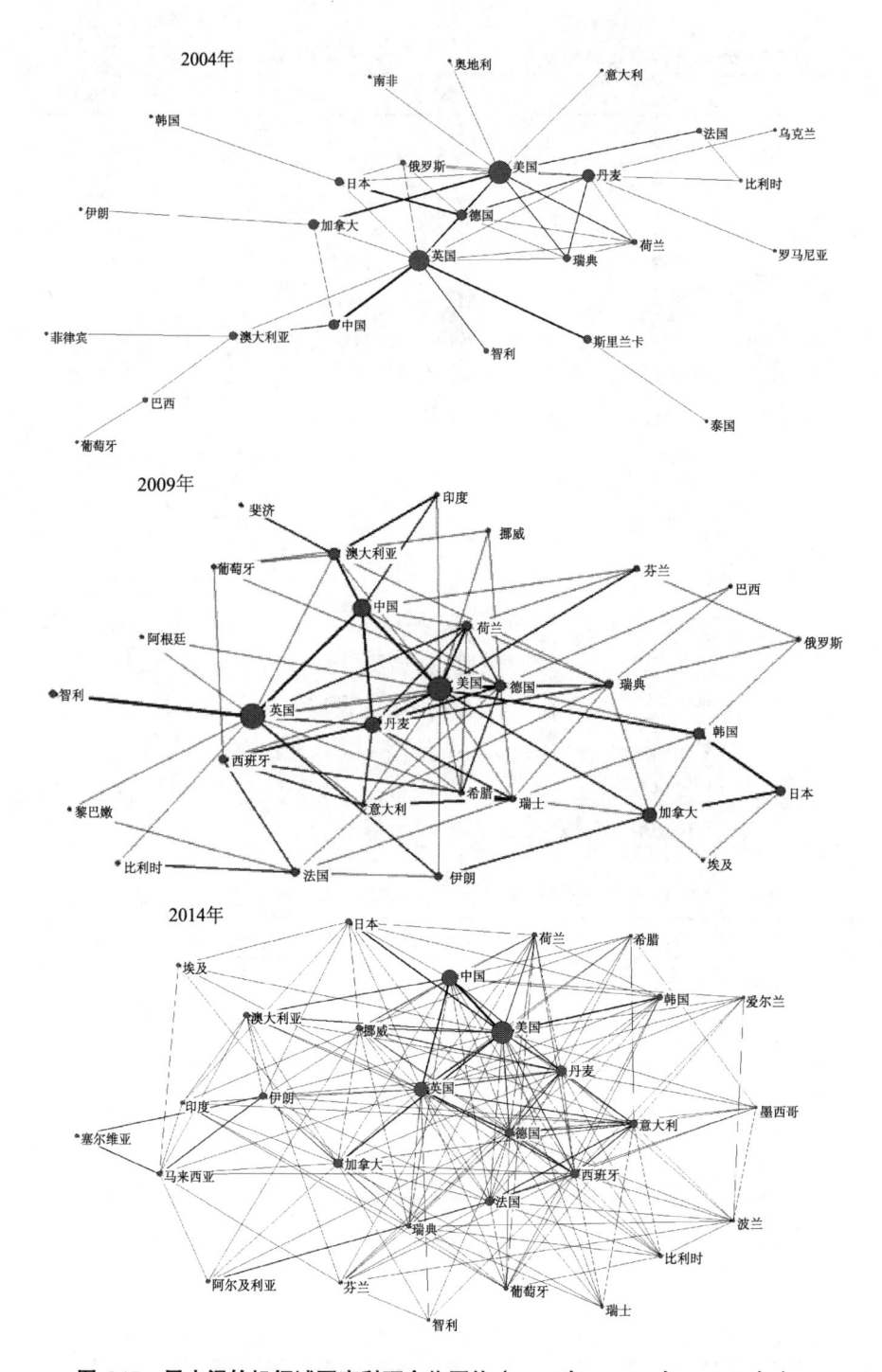

图 6.17 风力涡轮机领域国家科研合作网络（2004年、2009年、2014年）

（三）沼气

图 6.18 是 2004 年、2009 年、2014 年沼气领域的国际合作网络图，表 6.25 为被引总频次排序。通过对比可以发现，合作网络呈现出参与国家越来越多、合作越来越紧密的特征。美国、德国、中国是合作网络的骨干，在科研合作网络中占有重要地位，中美合作紧密。我国虽然论文数量第一，但篇均被引频次低于主要发达国家。

表 6.25　沼气按被引总频次排序前 10 位国家（2003～2014 年）

序号	国家	论文数/篇	被引频次/次	平均被引频次/次
1	中国	4 270	24 078	5.6
2	美国	1 837	23 023	12.5
3	德国	2 199	18 779	8.5
4	西班牙	1 352	12 011	8.9
5	丹麦	710	11 984	16.9
6	瑞典	940	11 203	11.9
7	意大利	1 533	10 426	6.8
8	印度	1 009	9 818	9.7
9	法国	799	9 455	11.8
10	奥地利	612	8 186	13.4

三、农业领域

（一）作物栽培

图 6.19 为 2004 年、2009 年、2014 年作物栽培的国家合作网络图，表 6.26 为被引总频次排序。通过对比可以发现，合作网络总体呈现出均衡发展的态势，国家间技术创新合作网络发展良好。2004 年、2009 年、2014 年都存在多个团体的合作，从美国一家独大的局面向美国、中国、巴西等共同合作发展。我国虽然论文数量第一，但篇均被引频次低于主要发达国家。

（二）作物育种

图 6.20 为 2004 年、2009 年、2014 年作物育种的国家合作网络图，表 6.27 为被引总频次排序。通过对比可以发现，合作网络总体呈均衡发展的态势，从以美国、英国为主的格局向以美国、中国为主的格局发展。我国虽然论文数量第一，但篇均被引频次低于主要发达国家。

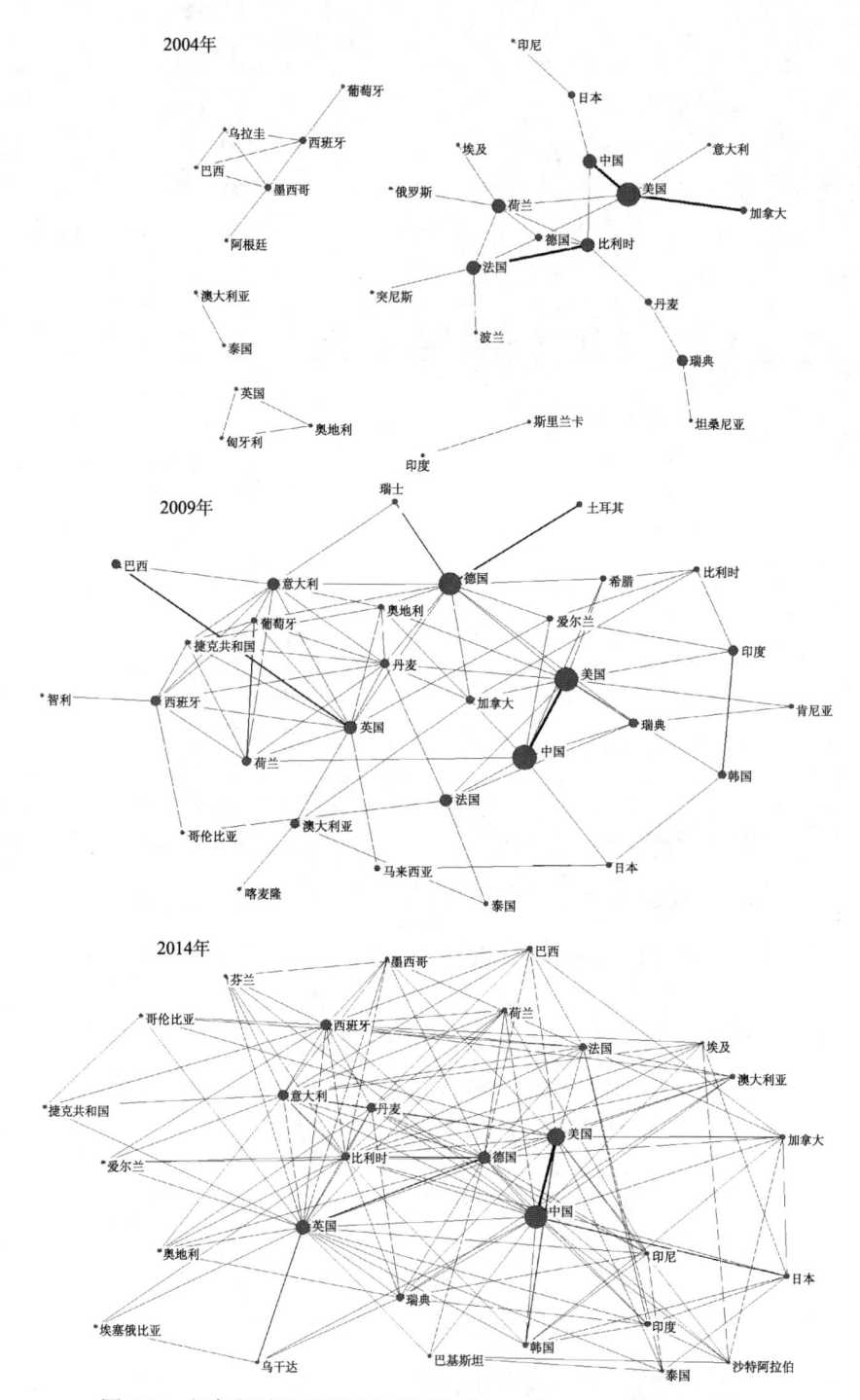

图 6.18 沼气领域国家科研合作网络（2004 年、2009 年、2014 年）

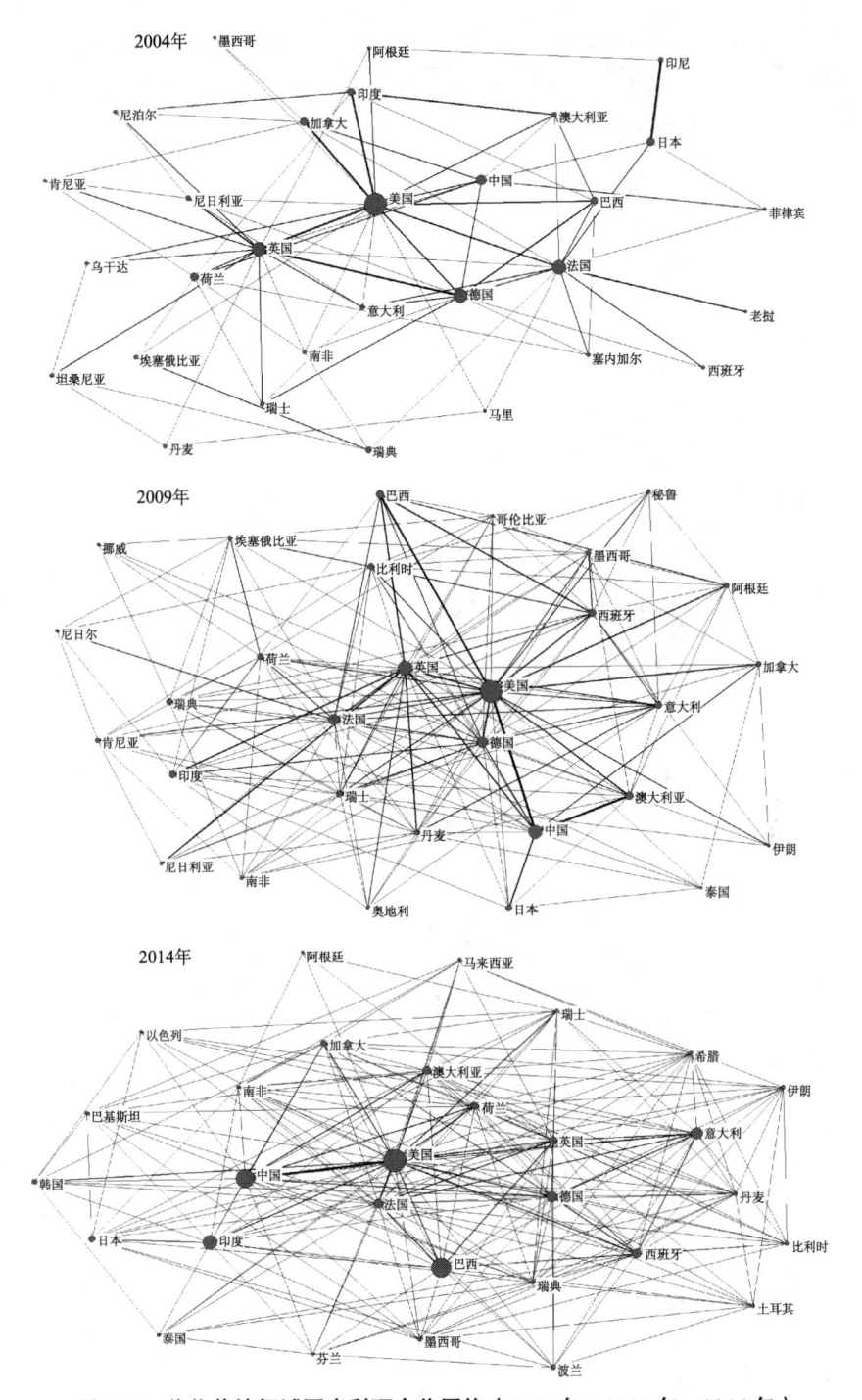

图 6.19　作物栽培领域国家科研合作网络（2004 年、2009 年、2014 年）

表 6.26　作物栽培领域按被引总频次排序前 10 位国家（2003～2014 年）

序号	国家	论文数/篇	被引频次/次	平均被引频次/次
1	美国	3 889	125 885	32.4
2	中国	4 684	65 246	13.9
3	法国	1 578	30 743	19.5
4	德国	1 489	17 593	11.8
5	印度	3 169	17 395	5.5
6	英国	1 118	16 377	14.6
7	意大利	1 816	15 032	8.3
8	西班牙	1 543	11 685	7.6
9	巴西	2 520	11 121	4.4
10	澳大利亚	844	8 105	9.6

表 6.27　作物育种领域按被引总频次排序前 10 位国家（2003～2014 年）

序号	国家	论文数/篇	被引频次/次	平均被引频次/次
1	美国	9 048	210 188	23.2
2	中国	9 480	130 570	13.8
3	英国	2 499	46 511	18.6
4	德国	1 871	40 899	21.9
5	澳大利亚	2 271	32 434	14.3
6	日本	1 821	29 381	16.1
7	印度	3 539	28 776	8.1
8	法国	1 638	24 329	14.9
9	西班牙	1 670	22 457	13.4
10	加拿大	1 348	18 647	13.8

（三）土壤改良

图 6.21 为 2004 年、2009 年、2014 年土壤改良的国家合作网络图，表 6.28 为被引总频次排序。通过对比可以发现，2014 年的网络合作是大群体合作网络主导的形式。研究核心从美国转为美国、中国。我国篇均被引频次低于主要发达国家。

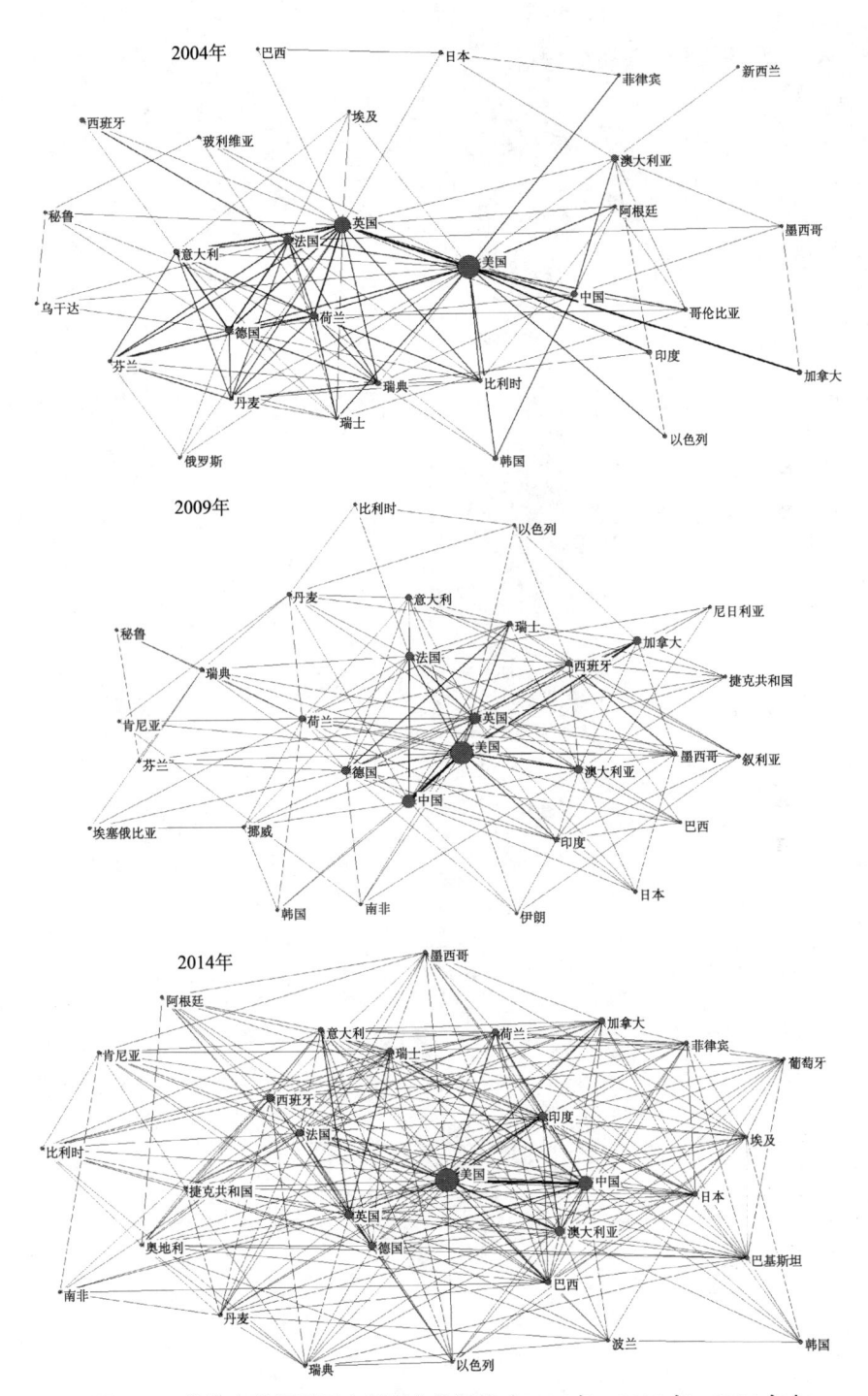

基于文献计量的我国南南科技合作产出和特征分析 ❖ 第六章　177

图 6.20　作物育种领域国家科研合作网络（2004 年、2009 年、2014 年）

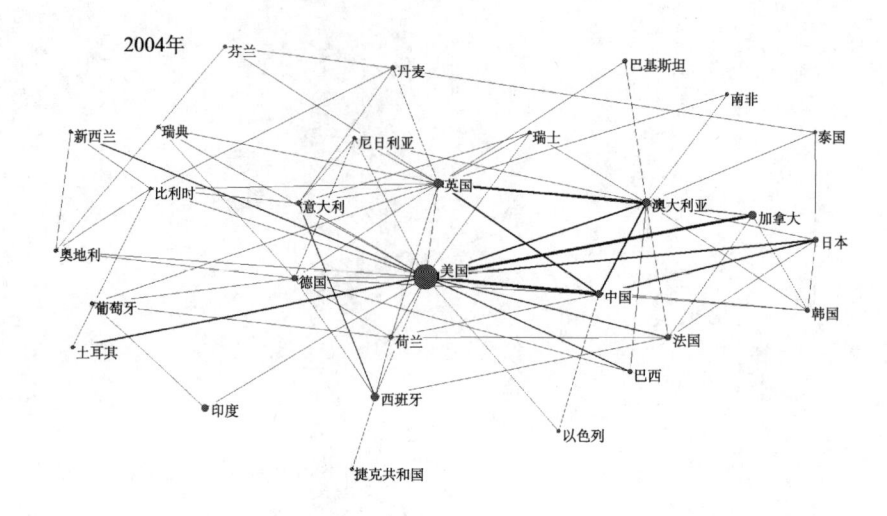

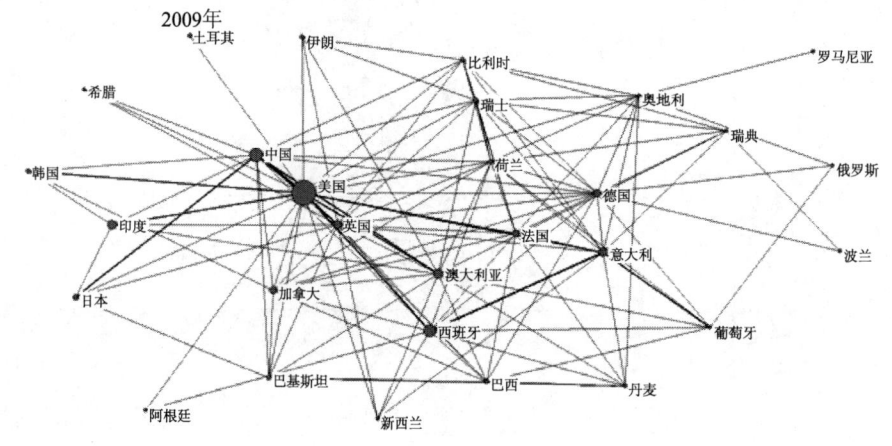

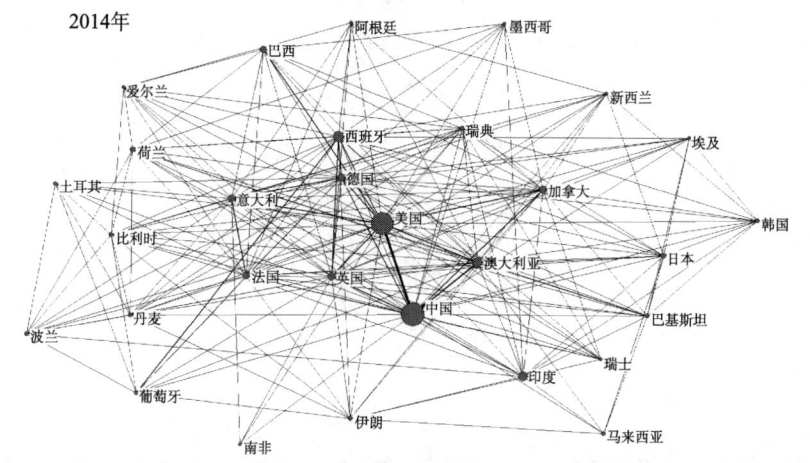

图 6.21 土壤改良领域国家科研合作网络（2004 年、2009 年、2014 年）

表 6.28　土壤改良领域按被引总频次排序前 10 位国家（2003～2014 年）

序号	国家	论文数 / 篇	被引频次 / 次	平均被引频次 / 次
1	美国	9 248	150 133	16.2
2	中国	7 502	48 714	6.5
3	西班牙	3 842	45 890	11.9
4	英国	1 998	32 039	16
5	澳大利亚	2 436	29 481	12.1
6	法国	2 056	22 570	11
7	加拿大	1 767	18 018	10.2
8	德国	1 471	17 770	12.1
9	印度	2 766	17 212	6.2
10	意大利	1 825	14 824	8.1

四、水资源与环境领域

（一）雨水、洪水再利用

图 6.22 为 2004 年、2009 年、2014 年雨水、洪水再利用领域的国家合作网络图，表 6.29 为被引总频次排序。通过对比可以发现，在雨水、洪水再利用领域合作网络呈现出国家间的合作越来越密切的特征。2004 年的合作网络最松散，2009 年国家间的合作变得紧密，2014 年国家间紧密联系的特征表现最为明显。三个年份国家间合作都是以美国为核心展开。我国篇均被引频次低于主要发达国家。

表 6.29　雨洪水再利用按被引总频次排序前 10 位国家（2003～2014 年）

序号	国家	论文数 / 篇	被引频次 / 次	平均被引频次 / 次
1	美国	11 720	208 639	17.8
2	英国	2 905	45 274	15.6
3	中国	6 928	41 544	6
4	法国	3 170	36 050	11.4
5	德国	2 612	34 433	13.2
6	澳大利亚	2 443	24 480	10
7	巴西	3 310	22 182	6.7
8	荷兰	1 365	20 228	14.8
9	比利时	629	20 227	32.2
10	意大利	2 317	18 373	7.9

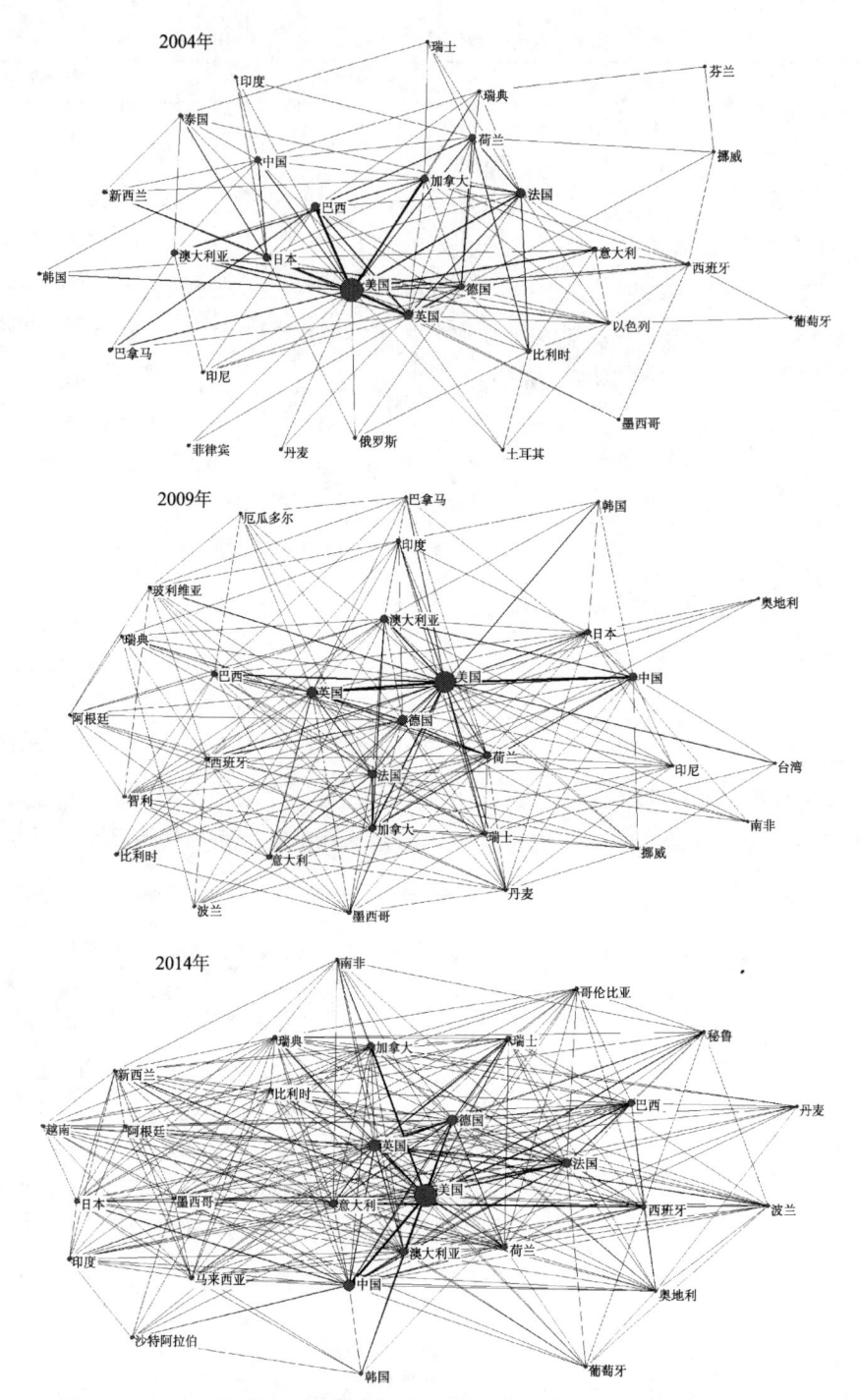

图 6.22 雨水、洪水再利用领域国家合作网络（2004 年、2009 年、2014 年）

（二）人畜安全饮用水

图 6.23 为 2004 年、2009 年、2014 年人畜安全饮用水领域的国家合作网络图，表 6.30 为被引总频次排序。通过对比可以发现，参与研究的国家数越来越多，国家间合作越来越密切。美国是合作网络的核心，在三个年份均保持较为高产的状态，且与其他国家的联系不断增强。我国篇均被引频次低于主要发达国家。

表 6.30　人畜安全饮用水领域按被引总频次排序前 10 位国家（2003～2014 年）

序号	国家	论文数/篇	被引频次/次	平均被引频次/次
1	美国	13 581	243 087	17.9
2	中国	7 612	54 855	7.2
3	日本	4 022	48 469	12.1
4	德国	2 277	44 295	19.5
5	西班牙	2 852	41 727	14.6
6	加拿大	2 689	34 329	12.8
7	英国	1 719	28 852	16.8
8	瑞士	1 005	27 965	27.8
9	澳大利亚	2 102	27 959	13.3
10	法国	1 957	24 802	12.7

（三）废水或污水处理

图 6.24 为 2004 年、2009 年、2014 年废水或污水处理的国际合作网络图，表 6.31 为被引总频次排序。通过对比，可以发现合作网络呈现出参与国家越来越多、合作越来越紧密的特征，合作网络图中心的合作国家已形成了非常密集的合作关系。2004 年、2009 年，合作骨干国为美国，2014 年，中国成为唯一可同美国抗衡的国家。我国篇均被引频次低于主要发达国家。

表 6.31　废水或污水处理领域按被引总频次排序前 10 位国家（2003～2014 年）

序号	国家	论文数/篇	被引频次/次	平均被引频次/次
1	美国	7 836	200 457	25.6
2	中国	11 977	125 361	10.5
3	西班牙	5 506	117 265	21.3
4	英国	2 707	64 139	23.7
5	德国	2 803	63 976	22.8
6	加拿大	2 140	45 517	21.3
7	意大利	2 434	44 115	18.1
8	法国	2 850	43 757	15.4
9	瑞士	1 113	42 086	37.8
10	澳大利亚	1 765	30 250	17.1

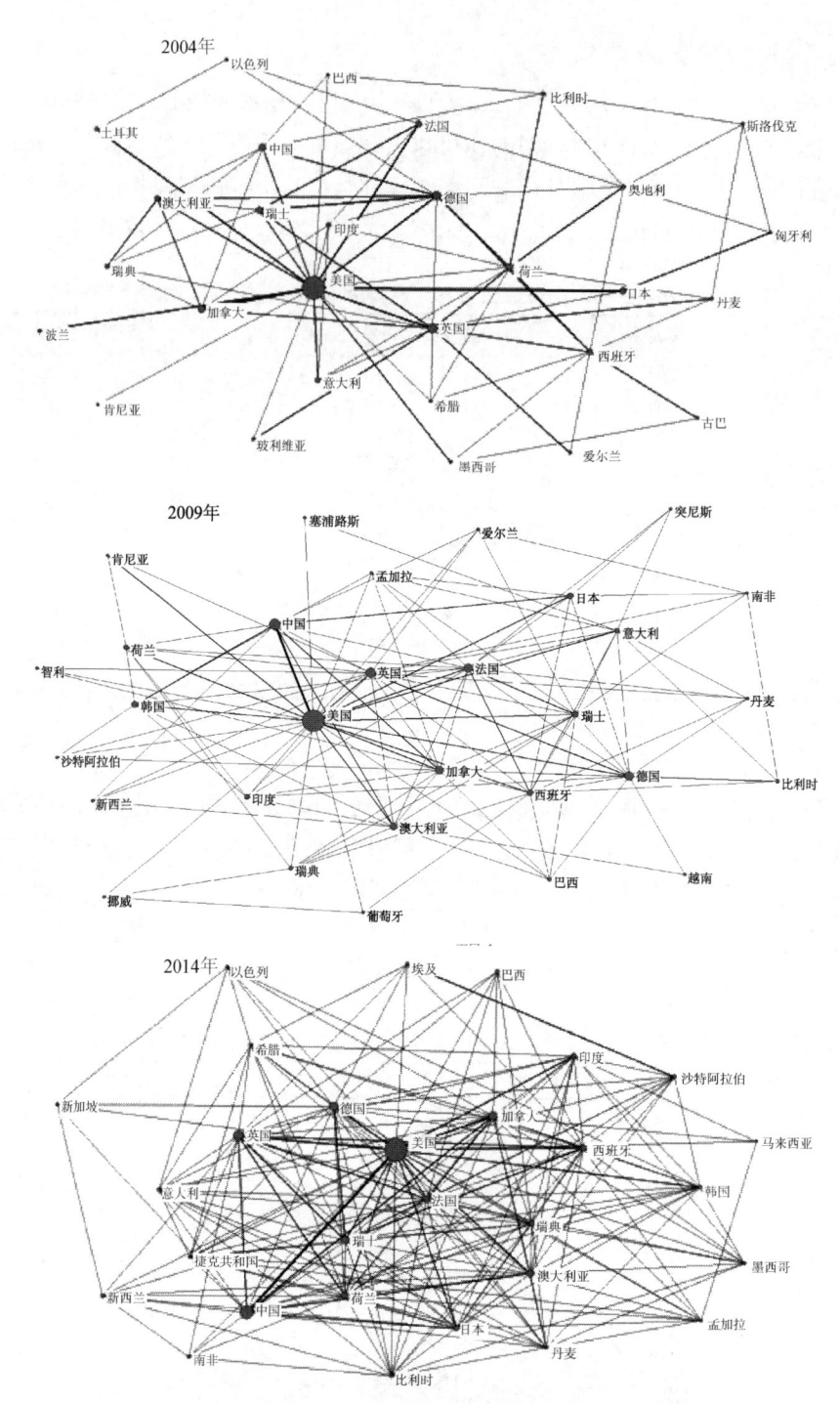

图 6.23 人畜安全饮用水领域国家科研合作网络（2004 年、2009 年、2014 年）

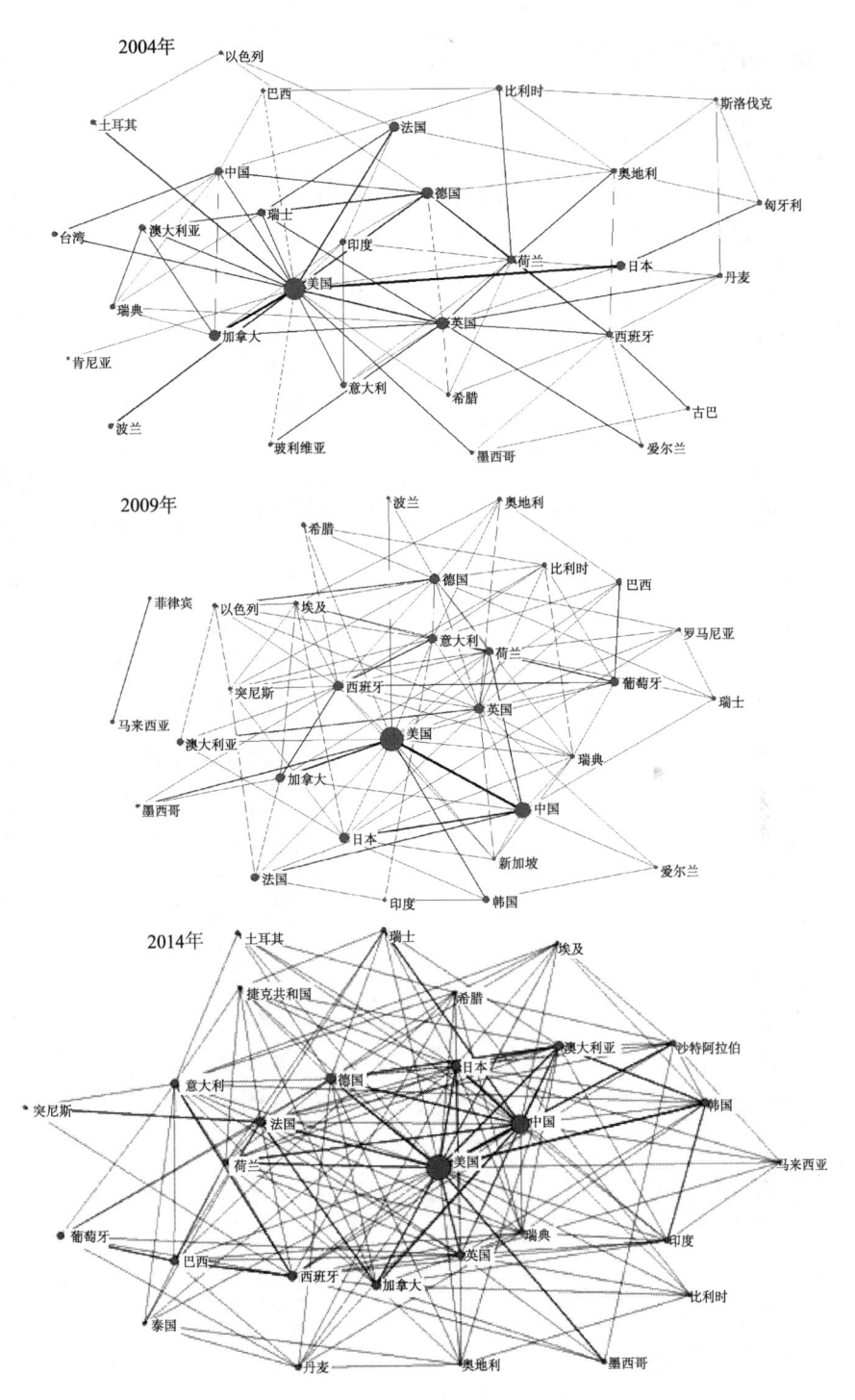

图 6.24 废水或污水处理领域国家科研合作网络（2004 年、2009 年、2014 年）

五、主要结论与发现

通过上述研究可以发现，能源、农业、水资源与环境等气候变化重点领域重点技术的国际科技合作不断深化，合作网络呈现出参与国家越来越多、合作越来越紧密的特征；美国等发达国家处于合作网络的中心，发挥着重要的科学引领和合作连接作用；我国在上述重要领域的国际合作范围和研究产出不断提高，逐步发挥越来越重要的角色，论文发表数量处于前列，但篇均被引频次仍低于主要发达国家，具有较大的提升空间。

第六节　本章小结

本章利用文献计量的方法，对我国南南科技合著论文进行了研究。首先分析我国南南科技合著论文的总体产出情况；其次从合作模式、国别区域、合作机构、合著度与论文质量、学科等角度分析我国南南科技合著论文发表情况；再次从国内资助机构、发达国家资助机构、发展中国家资助机构三个角度，分析了我国南南科技合著论文的资助特点；最后，结合发达国家南北科技合著论文发表情况，以及发展中国家南南科技合著论文发表情况，分析了我国在南南科技合著论文的地位。

研究结果表明以下几个方面。

（1）随着我国国力和科技水平的发展，以及科技经费的投入，我国南南科技合著论文的数量呈指数快速增长模式，在发展中国家的影响力不断提升。

（2）我国南南科技合著论文中，多边合著论文数量和增长速度略高于双边合著论文，多个国家合作的趋势越来越明显，发达国家参与了90%以上的多边合著论文。

（3）在我国南南科技合著论文中，与我国合作最多的国家是美国，其次是印度。印度和巴西是合作最多的发展中国家。主要合作国别、区域与当前国际科技合作态势和我国南南合作政策重点相符。

（4）中国科学院是我国南南科技合著论文发表的主要国内机构。在多边合作论文中，除中国科学院、北京大学外，我国机构参与度和影响力还不够。

（5）在双边合著论文中，我国处于主导地位。多边合著论文中，发达国家占主导地位，总体上看我国仍处于参与者的角色。

（6）多边合著论文质量显著高于双边合著论文。美国、德国、英国的合著论文质量显著高于我国，日本的合著论文质量略高于我国。我国的合著论文质量略高于印度、南非和巴西。我国南南科技合著论文的学科主要集中在物理、化学、工程、天文和数学，物理学显著高于其他学科。

（7）我国南南科技合著论文受资助比例很高，中国是主要资助国，美国次之。国家自然科学基金资助南南科技合著论文数量最多，但与南南科技合作紧密相关的科技计划如科技援外专项、国合专项等对合著论文资助有限。

（8）从与发展中国家合著论文数量上看，我国与美国、英国、德国、日本等国家还有较大差距。发展中国家的优先合作的国别为美国、英国、日本、德国等。我国在亚洲发展中国家中具有一定影响力，但与欧洲发达国家相比较弱，另外在非洲和拉美国家的影响力有限。

可见，在我国科技经费和相关政策支持下，我国南南科技合著论文的产出不断增加，合作范围不断拓展，在发展中国家保持一定的科技影响力，但与主要发达国家相比，论文质量和影响力还存在一定差距。因此，建议继续保持与传统发展中大国和地区的科技合作，并积极拓展新的合作；加大我国科技计划对外开放，鼓励科研人员参与"中国–发展中国家"和"发展中国家–中国–发达国家"的合作，提高我国科技在发展中国家的影响力；提高南南科技合作研究的质量和水平，缩小与发达国家的差距。此外，科技援外专项、国合专项等国际合作经费对南南科技合作研究的资助支持有限，建议进一步加强。

我国气候变化南南科技合作影响因素、问题和政策建议

本章首先以气候变化科技援助和南南合作研究两种合作形式为例，分析气候变化南南科技合作的影响因素，其次通过问卷调查，结合上文相关研究发现，分析当前我国气候变化南南科技合作存在的主要问题，最后提出加强气候变化南南科技合作的政策建议。

第一节　气候变化南南科技合作影响因素分析

本节选取气候变化南南科技合作的两种典型合作形式——科技援助和南南合作研究，进行影响因素分析。我国学术界对于技术转移影响因素研究较多[39-45]，对于气候变化南南科技合作的影响因素分析，主要集中在对外直接投资形式上，孙延杨[258]、陈恩和陈博[259]、陈晓[260]、杜群阳和邓丹青[261]、高贵现等[262]研究了我国对发展中国家直接投资的影响因素，认为影响因素包括发展中国家经济风险、利益纷争、政局冲突、贸易技术壁垒、企业外部竞争、海外经营经验不足、风险意识薄弱等。对于其他合作模式影响因素的研究比较分散。陈喜荣[94]对中国－巴西科技合作影响因素进行了分析，认为两国科技合作受到科技实力差距、相互重视程度不够等因素影响。蔡春河[263]对中国农业专家援非工作影响因素进行了研究，认为派出专家的工作岗位、语言沟通能力、团队合作能力是援助效果主要影响因素。学术界对于气候变化科技援助和南南合作研究的影响因素研究较少，本章通过内容分析法对影响因素进行分析。

一、研究方法

目前对于影响因素有多种研究方法，如文献分析、案例分析、网络分析法、计量分析、内容分析法等。蒋国瑞和高丽霞[264]利用网络分析法构建技术转移影响因素评价指标体系，从定性和定量两角度分析，考虑指标间的相互影响，通过专家打分最终给定指标间的重要性排序。石善冲[39]首先对技术转移影响因素进行初选，通过专家调查确定数据矩阵，利用主成分分析及筛选法原理对影响因素进行筛选，确定关键因素。隋俊等[265]通过计量方法，运用灰色关联分析实证研究跨国公司技术转移对我国制造业绿色创新系统创新绩效的影响因素。

由于气候变化南南科技合作影响因素的研究文献非常有限，通过文献研究方式总结的影响因素并不全面,因此本章拟通过内容分析法分别确定气候变化科技援外和合作研究的影响因素。内容分析法是一种将不系统的、定性的符号性内容如文字、图像等转化成系统的、定量的数据资料的研究方法[266]。具体应用方法是按照一定的规则,将文本内容系统地分配到各个类目中,并使用统计工具对包含在这些类目中的关系进行分析,一般在媒体分析、期刊分析中应用较多[267]。该方法具有非侵入性、能处理未经结构化的数据,有场域性和关联性、能处理大量数据的优点,是社会科学实证研究的重要方法之一,被认为是一种能够提供新的洞见、增加对特殊现象了解的科学方法[268]。由于方法简单,国内外许多学者利用内容分析法开展影响因素的分析。例如,魏丁和孙林岩[269]对装备制造业客户价值影响因素进行了研究;王炳成等[270]对商业模式创新影响因素进行了研究;王秀峰等[271]对我国生物质能源产业发展影响因素进行了研究。

利用文献分析法开展气候变化南南科技合作影响因素研究,研究过程包括建立样本、建立分析体系、进行评价分析。研究样本的建立通过问卷调查进行,调查对象包括国家科技计划项目中执行南南合作的项目负责人和骨干、援外培训班组织人员、从事南南科技合作的专家等。由于本研究属于探索性研究,在问卷设计时不设定影响因素的具体选项,而是要求被调研者分别描述他们所认为的南南技术示范和南南合作研究的 5 个最重要影响因素。共发放问卷 200 份(问卷见附录 7),回收有效问卷 178 份,参考王炳成等学者的研究分析方法,按以下四个步骤分析有效问卷:①问卷填写内容录入;②对问卷的词句进行词语归纳;③对词语进行归类;④进行统计分析。

在词语归纳和归类环节,为了避免主观性过强,由两位专业人员对问卷词句进行归纳和归类,要求两位人员根据自己所掌握的专业知识自主决定如何归纳和归类,独立完成工作,避免相互影响。工作完成后,对两位的归纳分类结果进行对比,相同意见不再讨论,对于有异议的词语共同商量决定。

内容分析中的研究信度是指不同研究者把相同的分析单元归并到相同的类目中的一致性程度,一致性程度越高,则内容分析的信度越高[270]。信度系数的计算公式如下:

$$R = \frac{n \cdot P}{1 + (n-1) \cdot P} \quad (7.1)$$

$$P = \frac{2M}{N_1 + N_2} \quad (7.2)$$

式中，R 表示信度系数；n 表示参与评价的人数；P 表示相互同意度；M 表示两位评价人员归纳归类完全相同的词语个数；N_1、N_2 分别表示两位评价人员所归类的词语个数。通常，当信度系数大于 85% 时，表明研究者的归类一致性程度较高。

最后，对影响因素进行词频统计分析可以确定关键影响因素。

二、气候变化科技援外的影响因素分析

经过对有效问卷进行填写内容录入、词语归纳和归类，得到气候变化科技援外影响因素的词语归类表，见表 7.1。两位评价人员在归类过程中，每人共统计归纳词语 882 个，起初共有 112 个词语的归类不一致，其信度系数为 93.22%，符合信度要求。

表 7.1　气候变化科技援外影响因素的词语归类表

分类	词语
资金因素	中方支持经费，外方支持经费，金融支持，企业投资
中方的支持政策和管理制度	顶层设计与规划，政策支持，政策落实，政府管理，政府服务，政府作风，主管部门人员变动，科研单位评价机制，国拨经费管理限制，援外人员激励机制和待遇保障，科技人员出国政策
外方的支持	对华友好度，外方政策支持，外方政府态度，政策稳定性，签证便利度，合作单位的配合，外方民众的支持
中方团队能力	对外方的了解程度（国情、经济社会环境、法律政策、市场信息），合作经验，中方人才的数量和质量，中方团队领导人才，中方技术人员水平，中方企业的经济实力，中方企业的科技实力，语言障碍
合作环境	外方法律法规环境，外方政策环境，外方风俗习惯，文化背景，外方市场环境，外方传统产业的阻碍，外方对自身技术的保护，发达国家的影响，其他国家的竞争，国际市场的不当竞争，海外工作环境，海外生活条件，外方治安环境，卫生和医疗条件，信息渠道（信息对称），外方劳工制度，外方人员工作方式和生活习惯，政局稳定性，外方地理环境条件的限制
技术特性与合作模式	技术标准的差异，技术成熟度，技术复杂度，技术适用性，技术性价比，知识产权，技术先进性，示范推广周期，示范推广模式，技术示范的规模，合作交流的方式，产品质量
外方的条件与能力	外方经济水平，外方技术水平，外方基础设施水平，外方的科研条件，科研人员与技术人员的数量和质量，外方技术接受能力，外方人员的科研素养，外方工作效率，外方劳动力素质，外方工人的学历、知识和工作态度
合作的持续性	双边关系，外方需求，双方合作意愿，合作效益和影响，外方的认可度，合作方的选择，企业获利，项目190管理

1. 资金因素

影响因素包括我国政府财政支持的合作经费，外方政府、合作机构、国际

组织配套的相关经费，我国企业匹配的经费，从国内外金融机构取得融资的金额和难易程度。由于发展中国家经济和技术水平落后，在气候变化科技援助，特别是南南技术示范中，如果没有资金支持，项目难以实施。以我方为主的项目通常由我国政府或企业出资，以外方为主的项目通常由外方或国际组织支持，经费支持的力度和到位情况直接影响项目执行成效。融资的渠道和难易，影响企业对外直接投资和示范推广。

2. 中方的支持政策和管理制度

（1）合理完善的政府顶层设计与规划有助于为我国科研机构、大学和企业"走出去"开展气候变化科技援助提供指导，提高合作效率，避免一窝蜂"走出去"，重复投入、重复建设，影响实施效果，造成资金浪费。

（2）政府的政策支持和支撑服务，有助于引导我国科研机构、大学和企业"走出去"开展气候变化科技援助和示范，减少海外技术示范投资风险。科研机构、大学对于项目资金支持政策、考核评价政策、奖励制度等关注较高，企业对于财税优惠、简化办事手续等扶持引导政策关注较高。

（3）提升政府作风，保证政策落实，加强政府对于"走出去"开展气候变化科技援助和技术示范的管理和服务是政策发挥扶持作用的重要保证。此外，政策的连续性和稳定性、政府主管部门人员变动对项目实施也有很大的影响，应确保政策支持和服务的连贯性。

（4）有关管理制度对于气候变化科技援助有重要影响，主要包括科研大学的评价机制、国拨经费管理限制、援外人员激励机制和待遇保障、科技援外人员出国政策、援外物资管理等。

3. 外方支持

外方政府的态度和对华友好度是气候变化科技援助项目顺利实施的重要保证；外方政府对于气候变化科技援助和技术示范是否有相关政策支持，支持政策是否一贯、稳定对于实施成效具有关键影响，如对中方技术人员的签证政策、设备入关优惠政策、土地优惠政策等；外方合作单位对于项目实施是否配合，是否给予充足的人力物力保障，外方民众对于项目实施是否支持理解对技术示范的效果有很大的影响。

4. 中方团队能力

（1）合作经验及对外方的了解程度对气候变化科技援助和示范项目的顺利实施有重要影响，由于两国国情制度差异，对外方的国情、经济社会环境、法律政策、市场信息进行充分调研了解,做到知彼,有助于规避合作风险,避免多走弯路和损失;南南合作不同于与发达国家合作,发展中国家合作对象科研素质、诚信、规范性、工作效率与发达国家相比有一定差距,因此有无合作经验对于气候变化科技援助效果影响较大。

(2)中方团队人才的质量和数量是气候变化科技援助成效的重要保证,其中中方团队领导人才的综合素质、协调能力、合作经验、领导才能和人脉关系是关键,中方人员的技术水平、应变能力、沟通能力、外语能力、吃苦耐劳精神也是重要因素;在技术示范中,往往离不开企业参与,中方参与企业的经济和科技实力也就成了实施成效的关键。

5. 合作环境方面

(1)外方法律法规环境、外方政策环境、外方风俗习惯、文化背景、外方市场环境对气候变化科技援助的实施具有重要影响。外方规范完善的法律政策有助于为合作提供保障。在项目实施过程中,尊重外方法律、风俗文化、劳工制度,做到入乡随俗,有助于中方人员尽快适应外方环境,赢得外方信任,促进项目实施。

(2)在南南技术示范中,难免会遇到各类阻碍,如外方传统产业和保守势力的阻碍,外方对自身技术体系的保护,发达国家和发展中大国的势力和产业与我国产生竞争,国内企业为了追求海外市场而对国内同行采取低价战略等不当竞争;海外工作环境、海外生活条件、外方治安环境、卫生和医疗条件等对我国派驻人员也是一种考验;外方政局的稳定性对合作能否实施具有关键影响。

6. 技术特性与合作模式

技术标准的差异影响技术在当地的应用推广;示范推广技术的成熟度、复杂度、适用性、性价比和先进性是推广应用的重要影响因素,技术成熟度高,操作复杂度低,适用性强和性价比高的技术更易于在发展中国家推广应用;知识产权因素包括对知识产权的保护、推广技术产生新知识产权的界定、知识产权费;示范推广周期、示范推广模式、技术示范的规模、合作交流的方式、产品质量也是技术推广应用的重要影响因素,示范推广周期短的技术更受发展中国家青睐,技术示范的规模越大,影响越高,接受度就越高。

7. 外方的条件与能力

外方经济、技术和基础设施水平是技术示范推广的基础条件,外方综合水平越高,示范推广越容易,可持续性越强;外方的科研条件、科研人员与技术人员的数量和质量、外方技术接受能力、外方人员的科研素养反映当地机构和科研人员的合作能力，能力越高，技术越容易被当地消化、吸收；此外，技术的操作应用依赖于外方劳动力素质、外方工作效率、外方工人的工作态度等。

8. 合作的持续性

双边关系是合作持续的保证；技术是否符合外方需求，双方合作意愿是否一致是合作能否继续的重要因素；合作效益和影响、外方的认可度、企业能否获利决定了未来合作能否持续。

词频统计的结果见表7.2，科技援外的主要影响因素包括支持经费、技术的适用性、外方需求、语言障碍、援外人员激励机制和待遇保障，此外，知识产权、政局稳定性、外方技术水平、中方政策和政府支撑服务也比较重要。

表 7.2 气候变化科技援外影响因素表（按频次高低排序）

影响因素	频次/次	影响因素	频次/次
支持经费	201	外方技术水平	86
技术的适用性	157	中方的政策支持	81
外方需求	125	政策保障和政府的支撑服务	67
语言障碍	121	国外法律政策	59
援外人员激励机制和待遇保障	108	文化差异	56
知识产权	102	外方的经济水平	55
政局稳定性	93	—	—

三、气候变化南南合作研究的影响因素分析

经过对有效问卷进行填写内容录入、词语归纳和归类，得到气候变化南南合作研究影响因素的词语归类表，见表7.3。两位评价人员在归类过程中，每人共统计归纳词语884个，起初共有90个词语的归类不一致，其信度系数为94.64%，符合信度要求。

表 7.3 气候变化合作研究影响因素的词语归类表

分类	词语
双方投入	经费投入，技术投入，设备投入，人员投入，特有资源的投入和管制，支持时限
中方的支持和管理制度	政府顶层设计与系统规划，政策支持，管理制度，激励机制与人员待遇保障，国际合作政策限制，技术指南，对科研单位的评价机制，国拨经费管理限制，援外人员激励机制和待遇保障，科技人员出国政策，政府间的沟通与合作

续表

分类	词语
中方单位和人员的能力	对外方的了解程度，国内企业态度，中方团队的稳定性，中方人员的素养，与外方沟通能力，团队的实力，对口人才，语言障碍，中方产业化能力
合作方式	合作平台，合作机制，合作基础，合作领域，合作目标，合作渠道，双方需求，两国关系，外方需求，市场需求，双方的对接沟通能力
成果分享和预期效益	合作的共赢性，成果归属和分享方式，利益共享机制，知识产权归属与分配，成果应用前景，成果转化周期，科技效益，经济效益，社会效益，科技影响力，合作效果
外方的支持与条件	外方经济社会发展水平，外方基础设施水平，外方科研水平，外方科研条件，外方的支持政策，外方政府态度，外方对合作内容的限制，外方的地方保护政策，合作单位的配合，外方诚信与执行力，外方人员科研素质和水平，外方团队的稳定性，外方负责人变动
合作环境	法律法规环境，风俗文化差异，思维方式差异，宗教信仰，工作效率，国情差异，市场成熟度，外方政局，社会治安，发达国家的影响，其他国家竞争

1. 双方投入

合作研究一般要求双方对等或近似对等的投入，投入形式包括经费、技术、设备、人员和特有科技资源投入，合作研究的效果与双方的经费投入量、技术和设备投入量、人员投入量有很大的关联；合作研究通常短期内较难产生直接经济效益，需要一定的资金投入，且通常需要较长时间的持续支持投入；双方对于特有科技资源和专有技术投入的态度直接影响合作成效，如生物种质资源、地质矿产资源、气象水文资源、遗传资源等在大多数国家属于关系国家安全的管制资源，但对于科研具有重要作用，合作方对此类资源的开放使用程度直接影响合作。

2. 中方的支持和管理制度

主要影响因素与科技援外基本一致。但与技术示范不同，合作研究的开展主要依靠政府支持，合作研究可分为政府间科技合作、自主的科技合作，主要由政府经费支持，合作研究的开展需要政府科技指南、经费、科研设施等方面的支持；在管理制度方面，需要给科研人员提供宽松灵活的管理环境，减少死板的国际合作政策限制，提高出国人员保障，对国拨经费的使用也要与国际接轨。

3. 合作方式

好的合作基础有利于合作的开展和深化；选取合适的合作平台和合作机制

有助于合作取得成果；合作目标是否合理并符合双方预期有助于合作顺利进行；双方的对接沟通有助于减少误解，提高效率；此外，双方需求、两国关系也是合作研究的重要影响因素。

4. 成果分享模式和预期效益

由于合作研究通常要求对等或近似对等的合作，因此合作是否是互利共赢对于合作成效具有重要影响，包括成果归属和分享方式、利益共享机制、知识产权归属与分配是否符合双方利益等；此外，成果应用前景、成果转化周期、科技效益、经济效益、社会效益等合作效果也是影响合作的重要因素。

5. 外方的支持与条件

取得外方政府的肯定和支持，有利于合作研究的顺利开展，特别是外方是否对合作内容设置了限制、外方对技术合作是否设置了地方保护政策，外方是否诚信，执行力如何；对于发展水平较低的国家，合作研究的影响因素还包括外方经济社会发展水平、基础设施水平、科研水平、科研条件和外方人员科研素质和水平，水平较高有利于合作；此外，外方团队的稳定性、外方负责人是否发生变动也对合作效果和持续性有重要影响。

在中方单位和人员的能力、合作环境方面，主要影响因素与技术示范基本一致。

词频统计的结果见表7.4。联合研究的主要影响因素包括知识产权、双方支持经费、外方需求、外方科研水平、双方支持政策，此外，语言障碍、文化背景、合作基础也比较重要。

表 7.4 气候变化合作研究影响因素表（按频次高低排序）

影响因素	频次/次	影响因素	频次/次
知识产权	209	语言障碍	85
中方经费	183	文化背景	77
外方需求	142	合作基础	68
外方科研水平	136	外方资金投入	58
中方支持政策	133	成果分配	55
外方政策	110	外方基础设施	54

第二节 气候变化南南科技合作存在的主要问题

学术界对于南南科技合作存在问题的研究也比较零散。陈汉梅[272]认为南南技术转移的问题包括为了自身利益,技术提供者只进行简单技术转移,技术接受者缺乏系统学习和自主创新、科技水平落后、市场机制不健全,政府和企业对技术的投资过少。王峰[273]认为我国农业科技企业风险意识不强,盲目走出去,人才匮乏,缺乏对目标国的政治、经济、文化及环境的详细调查与可行性分析。秦德智等[86]认为中国-东盟技术转移障碍为供需信息不畅、金融服务不完善、跨国技术转移服务人才缺乏和技术转移风险较高。陈启源和曹丽君[274]认为广西与越南农业科技合作的主要问题为广西经济科技实力较弱,缺乏国际科技合作人才,越南市场运作不规范,合作环境欠佳,科技合作停留在政府主导层面,企业主动性不强。温珂等[80]以中印、中泰生物技术合作为例,认为我国开展南南合作的主动性不足,以非正式合作为主,经费是最突出问题。祝自冬[92]认为南南合作的主要问题包括合作资金不足、缺乏支持措施、援助人员选派难、国际形势复杂多变。周海川[90]认为援非农业技术示范中心可持续发展面临的问题包括目标定位、资金、土地、沟通、项目监测评价等。本节主要通过问卷调查、项目单位调研、专家咨询等方式对我国南南科技合作存在的主要问题进行分析研究。

1. 问卷分析结果

通过问卷调查分析气候变化南南科技合作中存在的主要问题。调查问卷在设计时归纳了由外方的因素导致的问题13项,由中方的因素导致的问题12项,经专家修改后形成调查问卷见附录。问卷主要面向从事南南科技合作的专家、南南科技合作项目承担人,共发放问卷200份,回收有效问卷178份。问卷的主要选项见附录。

经过统计分析,发现外方的因素导致的问题中,最重要的5个问题是外方基础设施配套落后,外方经济、社会发展的落后,外方科技水平、能力落后,外方工作效率低下,外方经费投入不足。中方的因素导致的问题中,最重要的5个问题是单位对援外、走出去的考核激励机制不足,国拨经费的不足,国家对企业"走出去"的支持政策不足,缺少与发展中国家的合作渠道和合作信息、援外人员的待遇保障不到位。

2. 综合分析结果

结合问卷、调研和专家咨询,气候变化南南科技合作是一个系统工程,需要顶层设计、综合规划、超前部署,配套实施、协同推进,发现并转移环境友好、符合当地最终用户需求、买得起、用得上、易维护的应对气候变化适用技术,实现提升当地技术吸收能力的目标,并非易事。当前应对气候变化南南科技合作主要存在以下问题。

(1)国家层面的气候变化南南科技合作政策规划与部门协调有待进一步完善。从整体上看,国家层面尚没有制定法律和政策指导对外援助工作,气候变化南南科技合作涉及各部门战略规划,彼此联系不紧密。发展中国家数量多、差别大,国内对于发展中国家国别政策、优先援助国别和重点领域研究不深入,尚没有应对气候变化科技援外的行动方案和路线图等。气候变化南南科技合作不仅涉及技术示范、技术培训、联合研究等,而且需要机构援建、基础设施建设、设备援助等的配套,涉及商务部、国家发改委、科技部等多个部门,科技部门话语权不高,部门间工作配合不够,条块分割明显,统筹协调工作有待加强。

(2)气候变化南南科技合作可动用财政资金有限。我国主要通过基础设施建设、成套设备援助、物资捐赠等方式支持发展中国家应对气候变化,用于科技合作的资金有限,项目规模小。国家对外援助经费部门分割严重,商务部掌握了90%以上的援助经费,国家发改委管理拟设立的"气候变化南南合作基金",科技部掌握的南南合作经费较少,且经常被挤占,不得已放弃一些机会,甚至不得不婉拒一些发展中国家政府提出的援外请求。受经费限制,当前科技援外项目规模相对较小,且受援国别和领域分散,不易形成合力并产生规模效应。气候南南合作研究项目不属于援外类项目,经费渠道通过国合专项支持,与欧美日韩合作项目相比处于弱势资助地位。同一个气候变化南南科技合作项目涉及的技术示范、合作研究、培训、贸易、基建、成套设备等一链条化合作形式需要由多个部门分别支持。大型国企申请银行贷款走出去开展气候变化技术转移相对容易,但中小企业较难获得银行融资。相关气候南南合作和援外经费没有建立定期绩效评估制度。

(3)气候变化南南科技合作管理制度落后,支持机制缺乏。气候变化南南科技合作财政支持经费管理规定死板落后,经费支出按照科研经费管理制度执行，在国外使用经费限制过多，不能满足实际需要。考核激励机制不足，援外人员待遇不高，海外工作生活条件差，且面临人身安全、健康风险、家庭分居等不稳定因素，科研机构和大学以创新能力和学术水平为考核指标，不重视南南合作，影响了援外人员的积极性。相关配套政策缺乏，政府服务缺位，如援外仪器、设备出关、检验检疫手续烦琐，我驻外使馆在外协调能力较弱，驻发展中国家使馆科技处过少。支持企业走出去的财税、金融、保险等优惠政策缺乏，行业协会对于企业走出去的支撑服务功能有限。

（4）企业尚未成为南南科技合作的主体。科研机构和大学仍然是气候变化南南科技合作的主要执行机构，产学研联合走出去有待加强。科技援外专项对企业支持力度有限，且往往支持国有企业，对民营科技型中小企业支持不够。中小企业也因为自身的科技能力不强，国际化程度较低，在气候变化南南科技合作中面临诸多障碍和风险。南南合作项目见效慢，短期收益率低，影响了企业的积极性。中小企业自律意识不强，在发展中国家相互压价、扰乱市场等不当竞争频繁，技术产品质量不高，不尊重当地法律风俗，不重视当地环境保护，易在发展中国家涉入质量、产权、劳资纠纷，引起当地民众的不满。

（5）信息不对称，缺乏气候变化南南技术转移平台。国内科研机构、大学、企业对合作国相关法律、政策、政府机构信用程度缺乏必要的了解，对风险认识不足，合作渠道有限，发展中国家也普遍缺乏获取信息和适用技术的渠道，存在明显的信息不对称问题。为南南技术转移提供咨询、法律、知识产权、翻译、风险评估等市场服务的机构缺乏。国内虽设立了从事气候变化南南技术转移的中介机构，尝试在市场机制作用下开展技术转移工作，但此类中介机构从质和量上仍不能满足国内外技术供需对接的要求。从事科技援外的国内机构间尚缺乏协调和资源整合，不能共享信息、渠道和经验。在重点发展中国家缺乏技术需求检测和技术转移信息服务的专业机构。

（6）项目成效宣传不足，对我国参与气候谈判的支撑作用需进一步加强。从宣传推广来看，援外项目成效在国内、受援国和西方媒体均存在宣传不足的问题。国内机构和民众对于气候变化南南科技合作的理念和战略意义没有充分理解，外国民众对于我气候援助成效知之甚少。部分项目设计之初侧重经济效益，在验收、宣传时易忽视其在应对气候变化方面取得的成效。从对我国参与谈判的支撑作用来看，当前气候变化国际谈判更关注政治性议题及减排对经济的影响，科技援外及南南合作在支撑我国参与谈判、团结广大发展中国家、争取其支持我国立场方面的作用尚未得到充分发挥。

(7)发展中国家对于气候技术援助的相关配套不足。从受援国情况来看，许多发展中国家没有针对外援的配套政策、资金和人力，导致单一模式下的技术援助在受援国得不到广泛认可和推广。部分发展中国家经济基础和技术吸收能力薄弱、基础设施配套不足，导致技术引进消化周期过长，示范工程结束后，合作项目缺乏可持续性。发展中国家政府效率低下、诚信度不高、生活环境恶劣、安全问题突出，导致援助项目的不确定性较多。发展中国家市场机制不健全，外方传统产业和保守势力的能量大，对自身技术体系保护明显，此外发达国家和发展中大国也易与我国产生竞争。

第三节　政策建议

改革开放 30 多年，我国经济社会取得了飞速发展，科技水平已长期处于发展中国家前列，我国在发展中国家中的影响力日益增强，有能力也有必要进一步深化应对气候变化南南科技合作。2015 年 9 月，我国政府宣布将投入 200 亿元人民币建立"中国气候变化南南合作基金"，帮助发展中国家向绿色、低碳发展模式转变。2015 年 12 月，联合国气候变化大会通过"巴黎协定"，要求把全球平均气温较工业化前水平升高控制在 2℃以内，要求各方以"自主贡献"的方式参与应对气候变化行动，也为南南科技合作创造了更广阔的空间。通过对气候变化南南科技合作的系统分析，提出加强气候变化南南科技合作建议如下。

（1）制定行动规划，加强部门协调，开展气候变化重点领域科技合作。加强我国应对气候变化南南科技合作的战略性、前瞻性工作部署，制定气候变化南南科技合作战略，出台相应配套政策和措施。建立完善覆盖外交、科技、商务、金融等部门的会商制度，集中资源开展能源、农业、水资源等外方急需，且属我方优势领域的合作。加强部门联动，简化走出去涉及的报关、商检、外汇管理等审批流程和办事手续。加强与技术受让国驻华使馆、我驻外使馆的沟通联系，提高气候变化南南技术合作的针对性。加强发展中国家应对气候变化技术需求动态监测，搭建技术供需信息服务平台。

（2）多渠道拓宽资金来源，优化资金支出结构。完善以中央财政拨款和政策性银行长期低息贷款为主、企业投资为辅的多渠道资金筹措机制，在资金分配上向气候变化南南科技合作倾斜。支持企业、科研机构申请联合国、区域发展银行、多边金融机构的金融支持。探索设立与国家中小企业发展基金性质相同的母基金，吸引企业、金融机构、地方政府等共同参与，发挥杠杆作用和乘数效应。建立气候变化科技援助项目的评价体系，加强财政支持项目的绩效评估。推进科技援外专项改革，整合气候变化南南科技合作各类资金渠道，加强对气候变化南南科技合作链条式支持。推进援助项目经费管理改革，推动资金使用方式与国际通行方式接轨，提高援外人员待遇。

（3）完善多层次合作机制，加强双多边合作，提升国际话语权。发挥双边机制作用，围绕气候变化等全球问题深化政府间科技合作，支持双边自主合作。加强与联合国等国际组织的多边合作，共同发起、设立气候变化南南科技合作研究计划，利用好国际组织的专家和渠道，发挥国际组织协调发展中国家政府和科研机构的作用。支持我国科研人员和政府官员到气候变化框架公约秘书处、环境署、全球环境基金会、气候技术中心等组织任职，竞争执委或有决策权的职务，提升我国在多边气候变化南南合作项目设计和资金分配中的话语权。加强气候变化南南科技合作成果的对外宣传。

（4）引导和鼓励全方位、多渠道的技术输出。支持我国科研机构、企业与发展中国家开展气候变化技术培训、合作研究、技术示范、政策咨询和技术服务等合作，建立技术示范基地，促进我国气候变化技术、产品和标准走出去。支持我国科研机构与发展中国家开展气候变化领域的基础研究、观测和科学考察、技术研发等合作，在可再生能源、农业、环境等重点领域共建联合实验室、研究中心。支持我国科研人员与发展中国家共同参与世界气候研究计划（World Climate Research Programme，WCRP）、国际地圈-生物圈计划（International Geosphere-Biosphere Program，IGBP）等国际大科学计划。

（5）协助技术受方加强能力建设。在管理层面，通过培训、合作研究，向发展中国家提供政策规划、技术咨询等服务，提高发展中国家编制气候变化科技规划、制定和实施科技政策的能力，提升发展中国家的宏观科技管理水平。在规划层面，支持发展中国家编写应对气候国家方案、《国家信息通报》和《技术需求评估报告》，协助发展中国家科技界参加政府间气候变化委员会（IPCC）评估报告有关工作等，提高发展中国家技术需求识别能力。在技术层面，支持发展中国家气候变化科研条件改善，鼓励我国公共科研设施、平台向发展中国家科研人员开放，支持发展中国家科研人员来华开展研究项目，扩大人才培训和学位进修的规模。

（6）完善配套措施，推动企业走出去。鼓励科研机构与企业合作，产学研联合共同开展气候变化领域技术合作。鼓励企业在风险可控的前提下发挥自身优势，到发展中国家开展投资、并购，建立合资或独资企业。引导企业自律，提高输出技术产品的质量，避免在发展中国家恶意竞争，减少对当地生态的破坏。培育熟悉发展中国家的法律、政策、风俗、文化的南南气候技术转移机构，提升技术转移中介的服务质量，在重点发展中国家依托使馆、中资机构、援外基地，设立技术需求和技术转移服务平台。

第四节 本章小结

采用内容分析法对气候变化科技援外和合作研究的影响因素进行分析，通过问题调查、词语归纳归类、词频分析等方法得出科技援外和合作研究的主要影响因素；通过问卷调查、专家咨询等方式对我国气候变化南南科技合作中存在的问题进行分析归纳；最后，提出我国加强气候变化南南科技合作的政策建议。

研究发现以下几方面内容。

（1）科技援外的主要影响因素包括支持经费、技术的适用性、外方需求、语言障碍、援外人员激励机制、待遇保障等。联合研究的主要影响因素包括知识产权、双方支持经费、外方需求、外方科研水平、双方支持政策等。

（2）当前我国气候变化南南科技合作中存在的问题包括气候变化南南科技合作战略有待进一步明确，可动用财政资金有限，支持政策缺乏，企业尚未成为南南科技合作的主体，缺乏气候变化南南技术转移平台，项目成效宣传不足，发展中国家对于气候技术援助的相关配套不足。

（3）提出了制定行动规划，加强部门协调；多渠道拓宽资金来源，优化资金支出结构；完善多层次合作机制，加强双多边合作；引导和鼓励全方位、多渠道的技术输出；协助技术受方加强能力建设；完善配套措施，推动企业走出去等政策建议。

参 考 文 献

[1] 郝赪.关于"南南合作"模式研究[D].石家庄：河北大学硕士学位论文，2006.

[2] 徐伟忠.全球化条件下的南南合作[J].世界经济与政治，2002,（12）：61-66.

[3] 张海冰.中非合作与南南合作[J].毛泽东邓小平理论研究，2006,（12）：65-68, 79.

[4] 赵翠翠.经济全球化背景下南南合作问题的研究[D].长春：东北师范大学硕士学位论文，2011.

[5] 黄梅波.中国对外援助机制：现状和趋势[J].国际经济合作，2007,（06）：4-11.

[6] 黄梅波，任培强.中国对外援助：政策演变及未来趋势[J].国际经济合作，2012,（03）：81-84.

[7] G77. Ministerial Declaration adopted by the 38th Annual Meeting of Ministers for Foreign Affairs of the Group of 77 [R]. New York：The Group of 77, 2014.

[8] UNCTAD. UNCTAD Handbook of Statistics 2013 [M]. Geneva：UNCTAD, 2013.

[9] 冯存万.南南合作框架下的中国气候援助[J].国际展望，2015,（01）：34-51, 153-154.

[10] 万钢.科学技术是应对气候变化的关键手段[J].中国科技投资，2008,（07）：8-10.

[11] 科学技术部.中国应对气候变化科技专项行动[R].北京：科学技术部，2007.

[12] 胡锦涛.携手应对气候变化挑战：在联合国气候变化峰会开幕式上的讲话[EB/OL]. http://news.xinhuanet.com/world/2009-09/23/content_12098887.htm [2016-01-06].

[13] 刘燕华，冯之浚.南南合作：气候援外的新策略[J].中国经济周刊，2011,（09）：18-19.

[14] 刘梦羽.气候谈判就是为国家争取战略机遇期：专访多哈气候大会中国代表团团长、国家发改委副主任解振华[J].中国报道，2013,（01）：52-53.

[15] UNEP. Enhancing Information for Renewable Energy Technology Deployment in Brazil, China and South Africa [R]. Nairobi：UNEP, 2011.

[16] UNEP. South-South Trade in Renewable Energy [M]. Nairobi：UNEP, 2014.

[17] UNEP. Green Economy [M]. Nairobi：UNEP, 2011.

[18] 秦海波，王毅，谭显春，等.美国、德国、日本气候援助比较研究及其对中国南南气候合作的借鉴[J].中国软科学，2015,（02）：22-34.

［19］OECD. Development Cooperation Report 2013［R］. Paris：OECD，2013.

［20］UNESCO/UNITWIN Chairs programme. List of Chairs in Natural Sciences［R］. Paris：UNESCO，2014.

［21］张莉. 发展中国家在气候变化问题上的立场及其影响［J］. 现代国际关系，2010，（10）：26-30，40.

［22］周锐. 巴黎气候大会最后阶段欧美联手推出"雄心联盟"［EB/OL］. http：//www.ccchina.gov.cn/Detail.aspx？newsId=57754&TId=184［2015-12-20］.

［23］孙莹. 巴黎大会突现百余国家的新集团［EB/OL］. http：//www.ccchina.gov.cn/Detail.aspx？newsId=57747&TId=184［2015-12-20］.

［24］Beaver D, Rosen R. Studies in scientific collaboration：part II-scientic co-authorship, research productivity and visibility in the French scientific elite, 1799-1830［J］. Scientometrics，1979，A（1）：133-149.

［25］李小云. 国际发展援助概论［M］. 北京：社会科学文献出版社，2009.

［26］Gordon W. Knowledge, innovation and re-inventing technical assistance for development［J］. Progress in Development Studies，2007，7（3）：188.

［27］Webster A. The Sociology of Development［M］. London：Macmillan Education UK，1990.

［28］达里奥·巴蒂斯特拉. 国际关系理论［M］. 北京：社会科学文献出版社，2010.

［29］朱文莉. 国际政治经济学（第二版）［M］. 北京：北京大学出版社，2009.

［30］Hameri A. Technology transfer between basic research and industry［J］. Technovation，1996，16（2）：51-57.

［31］Surendra J P. International Technology Transfer, the Origins and Aftermath of the United Nations Negotiations on a Draft Code of Conduct［M］. New York：Kluwer Law International，2000.

［32］范保群，张钢，许庆瑞. 国内外技术转移研究的现状与前瞻［J］. 科学管理研究，1996，（01）：1-6.

［33］蔡声霞，高红梅. 发展中国家国际技术转移模式的分类及评价［J］. 科技进步与对策，2008，（09）：152-155.

［34］郭燕青. 对技术转移的基本理论分析［J］. 大连大学学报，2003，（03）：66-69.

［35］段媛媛，袭著燕，孙长高. 基于供方视角的技术转移模式研究［J］. 科学与管理，2011，（01）：38-43.

［36］乔翠霞. 国际技术转移的新变化及对中国的启示［J］. 理论学刊，2015，（06）：48-54.

［37］Schott T. Ties between center and periphery in the scientific word system：accumulation of rewards, dominance and self-reliance in the center[J]. Journal of World Systems Research, 1998, 4(2): 112-144.

[38] 刘云. 国际科学合作与交流的政策背景分析[J]. 科学管理研究, 1996, 14(3): 74-78.

[39] 石善冲. 影响技术转移关键因素的确定[J]. 统计研究, 1998,(01): 75.

[40] 穆荣平. 德国向中国的技术转移——上海大众汽车公司案例研究[J]. 科研管理, 1997,(06): 72-79.

[41] 李文波. 国立科研机构技术转移的知识产权问题[J]. 中国科技论坛, 2003,(04): 61-64.

[42] 陈孝先. 我国技术转移中介服务体系研究[D]. 北京: 清华大学硕士学位论文, 2004.

[43] 朱桂龙, 李卫民. 国际技术在中国技术转移影响因素分析[J]. 科学学与科学技术管理, 2004,(06): 31-35.

[44] 罗泽萍. 适宜技术转移的选择: 中国区域空间面板模型的实证分析[J]. 经济研究参考, 2012,(64): 79-87.

[45] 王永梅, 王峥, 张黎. 科研院所技术转移绩效影响因素的实证研究: 基于技术供给方的视角[J]. 科学学与科学技术管理, 2014,(11): 108-116.

[46] 马雨蕾, 李宗璋, 文晓巍. 农业龙头企业与农户间技术知识转移绩效影响因素分析: 基于转移双方意愿及能力的实证研究[J]. 科技进步与对策, 2013,(05): 128-132.

[47] Drimie S, Gillespie S. Adaptation to climate change in southern africa: factoring in AIDS[J]. Environmental Science and Policy, 2010, 13(8): 778-784.

[48] Frame J D, Carpenter M P. International research collaboration[J]. Social Studies of Science, 1979,(9): 481-497.

[49] Forman S, Hungerford N, Yamakawa M, et al. Climate change impacts and risks for animal health in Asia[J]. Revue Scientifique Et Technique-Office International Des Epizooties, 2008, 27(2): 581-597.

[50] Karakosta C, Doukas H, Psarras J. Technology transfer through climate change: Setting a sustainable energy pattern[J]. Renewable and Sustainable Energy Reviews, 2010, 14(6): 1546-1557.

[51] Lybbert T J, Sumner D A. Agricultural technologies for climate change in developing countries: policy options for innovation and technology diffusion[J]. Food Policy, 2012, 37(1): 114-123.

[52] Price D. Little Science, Big Science[M]. New York: Columbia University Press, 1986.

[53] Shi L, Ma W, Shao G, et al. The US and China need to turn ongoing bilateral dialogue into immediate joint mitigation [J]. International Journal Of Sustainable Development And World Ecology, 2015, 22（1）: 25-29.

[54] 申丹娜. 美国实施全球变化研究计划的协作机制及其启示 [J]. 气候变化研究进展, 2011,（06）: 449-454.

[55] 杜莉. 美国气候变化政策调整的原因、影响及对策分析 [J]. 中国软科学, 2014,（04）: 5-13.

[56] 杨航. 美国基金会在应对气候变化国际合作中的作用 [D]. 青岛: 青岛大学硕士学位论文, 2011.

[57] 刘晨阳. 日本气候变化战略的政治经济分析 [J]. 现代日本经济, 2009,（06）: 6-10.

[58] 刘大炜, 许珩. 日本气候变化政策的过程论分析 [J]. 日本研究, 2013,（04）: 1-8.

[59] 冯冲. 日本的气候变化政策研究 [D]. 上海: 华东师范大学硕士学位论文, 2011.

[60] 赵旭梅. 中日环保合作的市场化运作模式探析 [J]. 东北亚论坛, 2007,（6）: 107-112.

[61] 黄梅波, 张麒丰. 欧盟对外援助政策及管理体系 [J]. 国际经济合作, 2011,（9）: 23-30.

[62] 王学军. 欧盟对非洲政策新动向及其启示 [J]. 现代国际关系, 2010,（7）: 50-56.

[63] 孙洪. 我国应对气候变化科技发展的关键技术研究 [R]. 北京: 科学技术部, 2016.

[64] 国务院新闻办公室. 中国的对外援助（2011）[R]. 北京: 国务院新闻办公室, 2012.

[65] 国务院新闻办公室. 中国的对外援助（2014）[R]. 北京: 国务院新闻办公室, 2014.

[66] 安春英. 南南合作框架下的中国对非援助 [J]. 领导之友, 2009,（02）: 49-50.

[67] 申宇航. 云南省对周边国家技术转移途径的研究 [D]. 昆明: 昆明理工大学硕士学位论文, 2011.

[68] 朱淼. 中国气候外交研究 [D]. 北京: 中共中央党校博士学位论文, 2014.

[69] 张妹. 提升我国气候外交能力的对策研究 [D]. 青岛: 中国海洋大学硕士学位论文, 2013.

[70] 余应福. 中国不断加大应对气候变化领域的对外援助力度 [N]. 国际商报, 2013-04-12.

[71] 辛秉清, 李昕, 陈雄, 等. 发达国家应对气候变化科技援外策略研究及启示 [J]. 中国科技论坛, 2014,（01）: 155-160.

[72] 鹿宁宁. 我国面向发展中国家的技术培训 [J]. 中国科教创新导刊, 2011,（07）: 167-169.

[73] 鹿宁宁, 赵新力. 美日德三国技术援助举措及对中国的启示 [J]. 中国科技论坛, 2012,（04）: 145-150.

[74] 温翠苹. 21世纪中国与印度援助非洲对比研究 [D]. 北京: 外交学院硕士学位论文, 2014.

[75] 高钰涵, 刘云, 辛秉清, 等. 面向发展中国家应对气候变化技术转移的资金机制研究 [J]. 科技和产业, 2014, (01): 111-115.

[76] 刘云, 郭有志, 高钰涵, 等. 应对气候变化南南技术转移机制、问题及对策 [C]. 第九届中国软科学学术年会, 2013.

[77] 陶静婵. 南非气候外交研究 [D]. 桂林: 广西师范大学硕士学位论文, 2012.

[78] 贺双荣. 巴西气候变化政策的演变及其影响因素 [J]. 拉丁美洲研究, 2013, (06): 26-32, 80.

[79] 朱慧. 东盟气候外交的"小国联盟"外交逻辑及其功能性分析 [J]. 江南社会学院学报, 2015, (01): 34-39.

[80] 温珂, 张久春, 李乐旋, 等. 健康生物技术领域的南南合作调查研究: 以中印、中泰国际合作研究为例 [J]. 中国科技论坛, 2009, (06): 131-135.

[81] 马敏象, 余东波, 尚晓慧. 云南与东南亚南南开展技术转移对策研究 [J]. 生态经济, 2011, (01): 146-148, 152.

[82] 马敏象, 张维, 尚晓慧. 中国与东南亚、南亚科技合作战略与对策研究 [J]. 云南科技管理, 2015, (01): 17-21.

[83] 黄岚, 韦铁. 中国－东盟技术转移中的知识产权策略研究 [J]. 广西社会科学, 2012, (12): 64-66.

[84] 聂志强, 刘婧. 新疆同中亚各国开展技术转移的重点领域与主要路径分析 [J]. 科技进步与对策, 2012, (17): 72-75.

[85] 高志昂, 张灵静, 赵鸭桥. 中国农业园区对孟国技术转移的探讨: 基于对孟国农业园区的调查研究 [J]. 甘肃农业, 2014, (01): 18-20.

[86] 秦德智, 秦超, 赵德森. 中国－东盟国际技术转移网络服务平台研究 [J]. 技术经济与管理研究, 2014, (12): 29-32.

[87] 李婷. 促进广西开展中国－东盟技术转移服务平台的思考 [J]. 大众科技, 2014, (02): 127-131.

[88] 付云海, 袁国保. 非洲杂交水稻发展刍议 [J]. 中国种业, 2011, (01): 24-26.

[89] 程伟华, 董维春, 刘晓光. 非洲来华留学研究生教育问题与对策 [J]. 学位与研究生教育, 2012, (08): 54-58.

[90] 周海川. 援非农业技术示范中心可持续发展面临的问题与对策 [J]. 中国软科学, 2012, (09): 45-54.

[91] 周泉发, 黄循精. 我国援非农业技术示范中心可持续发展战略初探 [J]. 热带农业科学, 2011, (04): 60-64.

[92] 祝自冬. 中国参与农业多边南南合作的成效、面临的困难和前景 [J]. 世界农业, 2012, (11): 111-114.

[93] 苏明山, 李昕, 鲁传一. 基础四国加强气候变化科技合作的必要性和可能性 [J]. 气候变化研究进展, 2011, (06): 435-440.

[94] 陈喜荣. 中国巴西科技合作影响因素及前景 [J]. 中共福建省委党校学报, 2013, (01): 105-110.

[95] 吴美蓉, 王志民. 中国-巴西地球资源卫星及其应用前景 [J]. Aerospace China, 2000, (01): 10-14.

[96] 陈丽香. 中印气候变化合作研究 [D]. 呼和浩特: 内蒙古师范大学硕士学位论文, 2012.

[97] 郭玉, 段黎萍, 马峥. 基于科学计量学的中印科技合作现状分析 [J]. 中国基础科学, 2014, (05): 36-42.

[98] Brautigam D. The dragon's gift: the real story of China in africa [J]. African Studies Review, 2012, 55 (3): 193-195.

[99] 孙楠. "一带一路"合作将与应对气候变化措施相结合 [N]. 中国气象报, 2015-11-26 (1).

[100] IPCC. Climate Change 2013: The Physical Science Basis [R]. Cambridge: Cambridge University Press, 2013.

[101] AU Commission. European Commission Joint Africa EU Strategy Action Plan 2011-2013 [R]. Libya: 3rd Africa-EU Summit, 2010.

[102] USAID. Climate Change and Development Strategy (2012-2016) [R]. Washington DC: USAID, 2012.

[103] JICS. Program Grant Aid for Environment and Climate Change [R]. Tokyo: Japan International Cooperation System, 2010.

[104] 鲍磊. "共同但有区别的责任"原则的适用对中国的挑战及其对策 [D]. 合肥: 安徽财经大学硕士学位论文, 2012.

[105] 国家发改委. 中国应对气候变化的政策与行动2015年度报告 [R]. 北京: 国家发改委, 2015.

[106] 中共商务部党组. 商务部通报中央第一巡视组反馈意见整改情况 [R]. 北京: 商务部, 2014.

[107] Cantore N, Te Velde D W, Peskett L. How can low-income countries gain from a framework agreement on climate change? An analysis with integrated assessment modelling [J]. Development Policy Review, 2014, 32 (3): 313-326.

［108］IPCC. Climate Change 2014：Impacts，Adaptation，and Vulnerability［R］. Cambridge：Cambridge University Press，2014.

［109］United Nations. United Nations Framework Convention on Climate Change［R］. New York：United Nations，1992.

［110］Haselip J，Hansen U E，Puig D，et al. Governance，eabling fameworks and policies for the transfer and diffusion of low carbon and climate adaptation technologies in developing countries［J］. Climatic Change，2015，131（3）：363-370.

［111］王伟光，郑国光. 应对气候变化报告（2009）［M］. 北京：社会科学文献出版社，2009.

［112］Morocco's National TNA Team. Morocco Technology Needs Assessment and Technology Action Plans for Climate Change［R］. Rabat：Ministry of Energy，Mines，Water and Environment，2012.

［113］South Africa's National TNA Team. South Africa's Climate Change Technology Needs Assessment［R］. Pretoria：Department of Science and Technology of South Africa，2007.

［114］Sri Lanka's National TNA Team. Sri Lanka Technology Needs Assessment and Technology Action Plans for Climate Change［R］. Colombo：Ministry of Environment and Renewable Energy of Sri Lanka，2011.

［115］Bangladesh's National TNA Team. Bangladesh Technology Needs Assessment and Technology Action Plans for Climate Change［R］. Dhaka：Ministry of Environment and Forests of Bangladesh，2011.

［116］Thailand's National TNA Team. Thailand Technology Needs Assessments Report for Climate Change［R］. Bangkok：National Science Technology and Innovation Policy Office of Thailand，2012.

［117］Indonesia's National TNA Team. Indonesia's Technology Needs Assessment for Climate Change［R］. Jakarta：The Indonesia Climate Change Council，2012.

［118］Viet Nam's National TNA Team. Viet Nam Technology Needs Assessment for Climate Change［R］. Hanoi：Ministry of Natural Resources and Environment of Viet Nam，2012.

［119］Ethiopia's National TNA Team. Climate Change Technology Needs Assessment Report of Ethiopia［R］. Addis Ababa：Ministry of Water Resources of Ethiopia，2012.

［120］Rwanda's National TNA Team. Republic of Rwanda Technology Needs Assessment and Technology Action Plans for Climate Change［R］. Kigali：Ministry of Natural Resources of Rwanda，2012.

［121］Mali's National TNA Team. Mali Technology Needs Assessment and Technology Action

Plans for Climate Change [R]. Bamako: National Agency of Meteorology, 2012.

[122] Sudan's National TNA Team. The Republic of Sudan Technology Needs Assessment [R]. Khartoum: Minister of Environment, Forestry and Physical Development of Sudan, 2012.

[123] Ghana's National TNA Team. Ghana Technology Needs Assessment Report [R]. Accra: Ministry of Environment, Science and Technology of Ghana, 2012.

[124] Mauritius's National TNA Team. Mauritius Technology Need Assessment [R]. Port Louis: Ministry of Environment and Sustainable Development of Mauritius, 2012.

[125] Argentina's National TNA Team. Argentina Technology Need Assessment Report [R]. Buenos Aires: Minister of Science, Technology and Innovation, 2012.

[126] Peru's National TNA Team. Peru Technology Need Assessment of Climate Change [R]. Lima: Ministry of Environment, 2012.

[127] Cambodia's National TNA Team. Kingdom of Cambodia Technology Needs Assessment and Technology Action Plans for Climate Change [R]. Phnom Penh: Ministry of Environment of Cambodia, 2013.

[128] Lao's National TNA Team. Lao People's Democratic Republic Technology Needs Assessment Report [R]. Vientiane: Ministry of Natural Resources and Environment of Lao, 2013.

[129] Mongolia's National TNA Team. Technology Needs Assessment Mongolia [R]. Ulaanbaatar: Ministry of Environment and Green Development of Mongolia, 2013.

[130] Kazakhstan's National TNA Team. Republic of Kazakhstan Technology Needs Assessment for Climate Change [R]. Astana: Ministry of Environment and Water Resources of Kazakhstan, 2013.

[131] Kenya's National TNA Team. Kenya Technology Needs Assessment and Technology Action Plans for Climate Change Adaptation [R]. Nairobi: National Environment Management Authority-Kenya, 2013.

[132] Zambia's National TNA Team. Zambia Technology Needs Assessment for Climate Change [R]. Lusaka: Minister of Environment, 2013.

[133] Ecuador's National TNA Team. Ecuador Technology Need Assessment of Climate Change [R]. Quito: Ministry of Environment, 2013.

[134] Adenle A A, Azadi H, Arbiol J. Global assessment of technological innovation for climate change adaptation and mitigation in developing world [J]. Journal of Environmental Management, 2015, 161: 261-275.

[135] Rai V, Funkhouser E. Emerging insights on the dynamic drivers of international low-carbon

technology transfer [J]. Renewable and Sustainable Energy Reviews, 2015, 49: 350-364.

[136] Biagini B, Kuhl L, Gallagher K S, et al. Technology transfer for adaptation [J]. Nature Climate Change, 2014, 4 (9): 828-834.

[137] Belman I A, Tzachor A. National policy and SMEs in technology transfer: the case of Israel [J]. Climate Policy, 2015, 15 (1): 88-102.

[138] UNFCCC. Kyoto Protocol [R]. Bonn: UNFCCC Secretariat, 1997.

[139] 苏伟, 吕学都, 孙国顺. 未来联合国气候变化谈判的核心内容及前景展望: 巴厘路线图解读 [J]. 气候变化研究进展, 2008, (01): 57-60.

[140] 王勤花. 联合国坎昆气候会议达成《坎昆协议》[J]. 地球科学进展, 2010, (12): 1410.

[141] 解振华. 坎昆协议是气候变化谈判的积极助推力 [J]. 低碳世界, 2011, (01): 18-19.

[142] 孟小珂. 巴黎气候变化大会达成历史性协定 [N]. 中国青年报, 2015-12-14 (1).

[143] 漆艳茹. 政府资助国际科技合作项目产出特征及绩效评价 [D]. 北京: 北京理工大学博士学位论文, 2015.

[144] 胡建梅, 黄梅波. 中国对外援助管理体系的现状与改革 [J]. 国际经济合作, 2012, (10): 55-58.

[145] 郭有志. 气候变化技术监测与南南技术转移机制研究 [D]. 北京: 北京理工大学硕士学位论文, 2013.

[146] 朴胜赞. 中韩两国技术转移途径的实证研究 [J]. 中国软科学, 2003, (7): 88-94.

[147] 刘云, 赵勇强, 唐珊. 国防科技计划绩效评估体系构建 [J]. 兵工学报, 2009, (S1): 5-13.

[148] 叶选挺, 刘云, 王文平. 基于知识生产函数的国际科技合作计划项目绩效评价研究 [J]. 兵工学报, 2009, (S1): 51-55.

[149] 杨道建, 赵喜仓, 陈海波. 科技计划项目绩效评价指标体系的构建 [J]. 江苏大学学报: 社会科学版, 2007, (02): 89-92.

[150] 张文泉, 沈剑飞. 建立项目后评估制度势在必行 [J]. 中国工程咨询, 2006, (6): 25-26.

[151] OECD. The DAC Principles for the Evaluation of Development Assistance, OECD (1991) [R]. Paris: OECD, 1991.

[152] 黄梅波, 朱丹丹. 国际发展援助评估政策研究 [J]. 国际经济合作, 2012, (05): 54-59.

[153] 谈毅, 仝允桓. 政府科技计划绩效评价理论基础与模式比较 [J]. 科学学研究, 2004, 22 (2): 150-156.

[154] 杨国梁, 肖小溪, 李晓轩. 美国 STAR METRICS 项目及其对我国科技评价的启示 [J]. 科学学与科学技术管理, 2011, (12): 12-17, 25.

[155] 刘莹, 张大群, 李晓轩. 美国联邦科研机构的绩效评估制度及其启示 [J]. 中国科技论坛, 2007, (09): 140-144.

[156] 戴国庆, 李丽亚. 国外科技项目绩效考评研究与借鉴 [J]. 中国科技论坛, 2006, (5): 45-48.

[157] 李攀, 雷二庆. Star Metrics 美国色彩浓厚的科技评价框架 [J]. 科研管理, 2015, (S1): 390-395.

[158] JCSEE. The Program Evaluation Standards [R]. Washington DC: The Joint Committee on Standards for Educational Evaluation, 1975.

[159] Sciences N a O. Evaluating Federal Research Programs: Government Performance and Results Act [M]. Washington DC: National Academy Press, 1999.

[160] Policy C O S E a P. Advanced Research Instrumentation and Facilities [M]. Washington DC: The National Academies Press, 2005.

[161] 陈敬全. 欧盟研发框架计划的评估实践 [J]. 全球科技经济瞭望, 2013, (07): 60-68.

[162] 黎懋明, 殷广, 李平, 等. 英国的科技管理与欧盟的科技计划评估 [J]. 中国科技论坛, 1995, (06): 54-57.

[163] Georghiou L. Assessing the framework programs: a meta evaluation [J]. Evaluation, 1995, 1 (2): 171-188.

[164] Guy, K. Evaluation Report of Energy Technology Programs 1993-1998 [R]. Helsinki: TEKES, 1999.

[165] Kobayashi S, Okubo Y. Demand aticulation, a key factor in the reconfiguration of the present japanese science and technology system [J]. Science and Public Policy, 2004, 31 (1): 55-67.

[166] 顾海兵, 李讯. 日本科技成果评价制度及借鉴 [J]. 上饶师范学院学报: 社会科学版, 2005, (01): 4-7.

[167] Iwate Prefectural University. The Overview of Administrative Evaluation in Japanese Local Government [R]. Japan: Forum on In-stitutionalization of Evaluation Systems in Asia and Africa, 2011.

[168] Longnecker N. Inspiring Australia: An Evaluation Tool for Science Engagement Activities

[R]. Australia: ResearchGate, 2015.

[169] 曹俊金, 薛新宇. 对外援助监督评价制度: 借鉴与完善[J]. 国际经济合作, 2015, (04): 20-26.

[170] OECD. The Paris Declaration on Aid Effectiveness and the Accra Agenda for Action [R]. Paris: OECD, 2005.

[171] 吕朝凤, 朱丹丹, 黄梅波. 国际发展援助趋势与中国援助管理体系改革[J]. 国际经济合作, 2014, (11): 41-46.

[172] 曹黎. 从千年发展目标到釜山合作宣言: 国际援助理论的变迁[J]. 经济研究导刊, 2013, (09): 202-204.

[173] OECD. Glossary of Evaluation and Results Based Management (RBM) Terms [R]. Paris: OECD, 2000.

[174] 王新影. 美国对外援助评估机制及启示研究[J]. 亚非纵横, 2014, (06): 25-36, 125-126, 131.

[175] Millennium Challenge Corporation. Policy for Monitoring and Evaluation of Compacts and Threshold Programs [R]. Washington: Millennium Challenge Corporation, 2012.

[176] USAID. Evaluation: Learning from Experience USAID Evaluation Policy [R]. Washington: USAID, 2011.

[177] USAID. USAID Evaluation Policy [R]. Washington DC: USAID, 2011.

[178] 张丽娟, 朱培香. 美国对非洲援助的政策与效应评价[J]. 世界经济与政治, 2008, (01): 51-58, 55-56.

[179] 王晨燕. 西方国家发展援助评价的原则及实践[J]. 国际经济合作, 2002, (02): 50-52.

[180] Furlow J, Smith J B, Anderson G, et al. Building resilience to climate change through development assistance: USAID's climate adaptation program [J]. Climatic Change, 2011, 108 (3): 411-421.

[181] Ministry of Foreign Affairs of Japan. ODA Evaluation Guidelines [R]. Tokyo: Ministry of Foreign Affairs of Japan, 2013.

[182] 张博文. 日本对东南亚国家的援助: 分析与评价[J]. 国际经济合作, 2014, (04): 38-42.

[183] 周源, 石婧. 日本官方发展援助的评价体系及其借鉴意义[J]. 国际经济合作, 2015, (10): 86-91.

[184] 陈娜. 日本ODA政策与实施的一致性评价[J]. 国际经济合作, 2014, (07): 57-64.

［185］吴瑞成，耿建忠. 英国农业援外项目评价体系研究与启示［J］. 世界农业，2014，（11）：120-124.

［186］The Department for International Development of UK. Triennial Review of the Independent Commission for Aid Impact（ICAI）［R］. London：The Department for International Development of UK，2011.

［187］Evers，亦兵. 环境评价和开发援助-OECD 的工作［J］. 国外环境科学技术，1986，（05）：5-8.

［188］管仕平. 区域基础研究援助机制研究［D］. 合肥：合肥工业大学博士学位论文，2012.

［189］侯平. 亚行对华国别援助规划评价［J］. 中国工程咨询，2001，（10）：29-31.

［190］IEG of World Bank. Source Book for Evaluating Global and Regional Partnership Programs Indicative Principles and Standards［R］. Washington：World Bank，2007.

［191］陈诗新，王玮，刘芳. 国际农发基金绩效评价做法及启示［J］. 中国财政，2012，（23）：72-74.

［192］卢荻梵. 国际气候援助状况及中国气候变化对外援助研究［D］. 北京：外交学院硕士学位论文，2013.

［193］王发龙. 浅析日本国际合作机构对外教育援助评价制度［J］. 湖州师范学院学报，2011，（05）：120-124.

［194］Uddin N，Blommerde M，Taplin R，et al. Sustainable development outcomes of coal mine methane clean development mechanism projects in China［J］. Renewable and Sustainable Energy Reviews，2015，45：1-9.

［195］陈衍泰，陈国宏，李美娟. 综合评价方法分类及研究进展［J］. 管理科学学报，2004，（02）：69-79.

［196］张佳，姜同强. 综合评价方法的研究现状评述［J］. 管理观察，2009，（06）：154-157.

［197］徐明凯，綦良群，马妍. 发达国家科技评估体系的启示［J］. 科技与管理，2005，7（6）：104-106.

［198］Charnes A，Cooper W W，Rhodes E. Measuring the efficiency of decision making units［J］. European Journal of Operational Research，1978，（2）：429-444.

［199］Banker R D，Charnes A，Cooper W W. Ome models for estimating technical and scale efficiencies in data envelopment analysis［J］. Management，1984，（30）：1078-1092.

［200］Jeong B，Kwon C，Zhang Y S，et al. Evaluating the research performance of a R&D program：an application of DEA［C］. Proceeding of the international multiconference of engineers and computer scientists，2010.

[201] Jayanthi S, Witt E C, Singh V. Evaluation of potential of innovations: a DEA-based application to U.S. photovoltaic industry [J]. IEEE Transactions on Engineering Management, 2009, 56 (3): 478-493.

[202] Chang S C, Liu C Y, Pan L Y. Using DEA to Evaluate Operation Efficiency of Top 10 Global Solar Photovoltaic Companies [C]. 2014 Portland International Conference on Management Of Engineering and Technology. PICMET, 2014.

[203] Zhong W, Yuan W, Li S X, et al. The performance evaluation of regional R&D investments in China: An application of DEA based on the first official China economic census data [J]. Omega-International Journal of Management Science, 2011, 39 (4): 447-455.

[204] Eilat H, Golany B, Shtub A. R&D project evaluation: an integrated DEA and balanced scorecard approach [J]. Omega-International Journal of Management Science, 2008, 36 (5): 895-912.

[205] Holbrook A D. Why measure science [J]. Science and Public Policy, 1992, 19 (2): 36-48.

[206] Varga A. Local academic knowledge spillovers and concentration of economic activity [J]. Journal of Regional Science, 2000, (40): 289-309.

[207] Fischer W, Varga A. Production of knowledge and geographically mediated spillovers from universities international [J]. Journal of Technology Management, 2001, 22 (4): 23-34.

[208] 刘云, 杨雨, 郑永和, 等. 基于知识生产函数的科学基金重大项目绩效测度研究 [J]. 预测, 2011, 30 (1): 30-34.

[209] 翟立新, 韩伯棠, 李晓轩. 基于知识生产函数的公共科研机构绩效评估 [J]. 中国软科学, 2005, (8): 76-80.

[210] 郝震冬. 交通建设科技项目后评价研究 [D]. 长沙: 中南大学硕士学位论文, 2009.

[211] 李亚帅. NSFC 项目绩效评估系统的研究与开发 [D]. 大连: 大连理工大学硕士学位论文, 2008.

[212] 郭碧坚, 韩宇. 同行评议制: 方法、理论、功能、指标 [J]. 科学学研究, 1994, (03): 63-73, 62.

[213] 徐彩荣, 李晓轩. 国外同行评议的不同模式与共同趋势 [J]. 科学学与科学技术管理, 2005, 26 (2): 28-33.

[214] 刘学毅. 德尔菲法在交叉学科研究评价中的运用 [J]. 西南交通大学学报: 社会科学

版，2007，(02)：21-25.

[215] 周琳，殷学平. 科研项目评估方法的研究 [J]. 解放军医院管理杂志，2009，(1)：16-19.

[216] 陈卫，马众模. 基于 Delphi 法和 AHP 法的群体决策研究及应用 [J]. 计算机工程，2003，29 (5)：18-20.

[217] 李鹏雁，谢晓晨. 基于层次分析方法的助学贷款风险评价 [J]. 哈尔滨工业大学学报，2009，(12)：301-304.

[218] 金炬，武夷山，梁战平. 国际科技合作文献计量学研究综述 [J]. 图书情报工作，2007，51 (3)：63-67.

[219] 袁军鹏. 科学计量学高级教程 [M]. 北京：科学技术文献出版社，2010.

[220] 郑文晖. 文献计量法与内容分析法的比较研究 [J]. 情报杂志，2006，(05)：31-33.

[221] Melin G, Persson O. Studying research collaboration using co-authorships [J]. Scientometrics, 1996, 36 (3)：363-377.

[222] Russell J M. The increasing role of international cooperation in science and technology research in mexico [J]. Scientometrics, 1995, 34 (1)：45-61.

[223] Nederhof A J, Moed H F. Modeling multinational publication: development of an on-line fractionation approach to measure national scientific output [J]. Scientometrics, 1993, 27 (1)：39-52.

[224] De Lange C, Glanzel W. Modelling and measuring multilateral coauthorship in international scientific collaboration. Part I. Development of a new model using a series expansion approach [J]. Scientometrics, 1997, 40 (3)：593-604.

[225] 孙秀霞，朱方伟，侯剑华. 国际组织理论研究的合作模式探究：基于研究机构和研究者合作网络的分析 [J]. 情报杂志，2013，32 (1)：105-110.

[226] 郭永正. 中国和印度：国际科学合作的文献计量比较研究 [D]. 大连：大连理工大学博士学位论文，2010.

[227] 樊威. 我国纳米创新系统国际化模式研究 [D]. 北京：北京理工大学博士学位论文，2014.

[228] Glanzel W, Debackere K, Meyer M. 三极对垒还是四分天下 [J]. Science Focus, 2007, 2 (1)：12-16.

[229] Adams J, Wilsdon J. 科学新格局：英国科研及其国际合作 [J]. Science Focus, 2007, 2 (5)：10-15.

[230] 邱均平，刘艳玲. 近10年我国合著现象的研究进展 [J]. 图书情报工作，2011，55 (20)：11-14.

[231] 王文平. 基于科学计量的中国国际科技合作模式及影响研究 [D]. 北京：北京理工大学博士学位论文，2014.

[232] 韩涛，谭晓. 中国科学研究国际合作的测度和分析 [J]. 科学学研究，2013，31（8）：1136-1140.

[233] Adams J. The fourth age of research [J]. Nature Climate Change, 2013, (497): 557-560.

[234] Glanzel W. National characteristics in international scientific co-authorship relations [J]. Scientometrics, 2001, 51 (1): 69-115.

[235] Zhou J, Wang Z, Niu B, et al. Global environmental input-output research trends during 1900-2013: a bibliometric analysis [J]. Fresenius Environmental Bulletin, 2015, 24 (5B): 1996-2004.

[236] Li J, Wang M, Ho Y. Trends in research on global climate change: a science citation index expanded-based analysis [J]. Global And Planetary Change, 2011, 77 (1-2): 13-20.

[237] Yarime M, Takeda Y, Kajikawa Y. Towards institutional analysis of sustainability science: a quantitative examination of the patterns of research collaboration [J]. Sustainability Science, 2010, 5 (1): 115-125.

[238] Zhi W, Yuan L, Ji G, et al. A bibliometric review on carbon cycling research during 1993-2013 [J]. Environmental Earth Sciences, 2015, 74 (7): 6065-6075.

[239] Mao G, Liu X, Du H. Way forward for alternative energy research: a bibliometric analysis during 1994-2013 [J]. Renewable and Sustainable Energy Reviews, 2015, 48: 276-286.

[240] Baettig M B, Brander S, Imboden D M. Measuring countries' cooperation within the international climate change regime [J]. Environmental Science and Policy, 2008, 11 (6): 478-489.

[241] 师丽娟，左文革，袁永翠. 基于科学计量的我国农业院校国际科技合作研究：以中国农业大学为例 [J]. 安徽农业科学，2011，（21）：122-124.

[242] 张忠华. 应对气候变化科技资源监测与评价研究 [D]. 北京：北京理工大学硕士学位论文，2015.

[243] 刘云，朱东华. 基础学科国际合作特征的科学计量分析 [J]. 科学学研究，1997，15（1）：34-38.

[244] 李范，李敏，崔雷，等. 气候变化与传染病专题文献的计量研究 [J]. 现代情报，2012，（04）：95-99.

[245] 王燕平. 基于SCI发文的中国气候变化研究文献计量分析 [J]. 科技管理研究，2014，

(10): 229-234.

[246] Kostoff R N, Briggs M B, Rushenberg R L, et al. 用文献计量数据解读中国和印度的科技发展[J]. 科学观察, 2007, (04): 1-6.

[247] 周琴, 许培扬. 基于 SJR 数据库的巴西、印度、韩国、中国科技论文比较分析[J]. 中华医学图书情报杂志, 2011, (06): 67-70, 78.

[248] 王文平, 刘云, 蒋海军. 基于专利计量的金砖五国国际技术合作特征研究[J]. 技术经济, 2014, (01): 48-54.

[249] 杨光明, 江红, 孙石, 等. 巴西大豆生产与科研现状分析[J]. 中国食物与营养, 2014, (12): 25-28.

[250] 赵军明, 张慧坚, 胡小婵, 等. 基于 SCI-E 的世界菠萝研究文献计量学分析[J]. 热带作物学报, 2014, (01): 203-209.

[251] 张先恩, 刘云. 科学技术评价理论与实践[M]. 北京: 科学出版社, 2008.

[252] 叶宗裕. 关于多指标综合评价中指标正向化和无量纲化方法的选择[J]. 浙江统计, 2003, (4): 24-25.

[253] He T. International scientific collaboration of China with the G7 countries[J]. Scientometrics, 2009, 80(3): 571-582.

[254] Zhou P, Zhong Y, Yu M. A bibliometric investigation on China-UK collaboration in food and agriculture[J]. Scientometrics, 2013, 97(2): 267-285.

[255] 黄志雄. 从国际法实践看发展中国家的定义及其识别标准——由中国"入世"谈判引发的思考[J]. 法学评论, 2000, (02): 73-81.

[256] 伦纳特·斯科伯特, 孙平. 发展中国家的贫困: 定义、程度和意义[J]. 经济资料译丛, 1995, (04): 1-10.

[257] 郭兵云, 卓旭春. 发展中国家再定义[J]. 达州新论, 2013, (02): 32-33.

[258] 孙延杨. 我国对非洲直接投资的影响因素研究[D]. 成都: 西南财经大学硕士学位论文, 2014.

[259] 陈恩, 陈博. 中国对发展中国家直接投资区位选择及影响因素[J]. 国际经济合作, 2015, (08): 14-20.

[260] 陈晓. 我国企业对发展中国家直接投资的风险防范体系研究[D]. 郑州: 郑州大学硕士学位论文, 2014.

[261] 杜群阳, 邓丹青. 中国对非洲直接投资的空间分布及其影响因素研究[J]. 地理科学, 2015, (04): 396-401.

[262] 高贵现，朱月季，周德翼. 中非农业合作的困境、地位和出路 [J]. 中国软科学，2014，(01)：36-42.

[263] 蔡春河. 中国农业专家援非工作影响因素研究 [D]. 北京：中国农业科学院硕士学位论文，2013.

[264] 蒋国瑞，高丽霞. 面向技术受方的技术转移影响因素指标评价体系分析 [J]. 科学学与科学技术管理，2009，(09)：16-20.

[265] 隋俊，毕克新，杨朝均，等. 跨国公司技术转移对我国制造业绿色创新系统绿色创新绩效的影响机理研究 [J]. 中国软科学，2015，(01)：118-129.

[266] 熊伟，许俊华. 基于内容分析法的我国经济型酒店服务质量评价研究：兼与高星级酒店相对比 [J]. 北京第二外国语学院学报，2010，(11)：57-67.

[267] 邱均平，邹菲. 关于内容分析法的研究 [J]. 中国图书馆学报，2004，(02)：14-19.

[268] 曹琴仙，于淼. 基于内容分析法的专利文献应用研究 [J]. 现代情报，2007，(12)：147-150.

[269] 魏丁，孙林岩. 基于内容分析方法的客户价值影响因素研究：以装备制造业为例 [J]. 软科学，2014，(04)：48-52.

[270] 王炳成，杨芳，周晓倩. 管理学实证研究中的内容分析法探析：以商业模式创新影响因素为例 [J]. 统计与信息论坛，2014，(05)：105-110.

[271] 王秀峰，李华晶，李永慧. 基于内容分析法的中国生物质能源产业发展影响因素研究 [J]. 管理学家（学术版），2012，(01)：56-64.

[272] 陈汉梅. 发展中国家国际技术转移的模式及问题 [J]. 当代经济，2011，(18)：11-13.

[273] 王峰. 农业科技型企业"走出去"问题研究 [D]. 武汉：华中农业大学硕士学位论文，2005.

[274] 陈启源，曹丽君. 论广西与越南农业科技合作的理论和实践途径 [J]. 广西大学学报：哲学社会科学版，2010，(06)：49-52.

附　录

附录Ⅰ　国内气候变化适用技术征集的重点领域

一级领域	二级领域
能源	（1）新能源与可再生能源（太阳能、风能、小水电、生物质能、地热、沼气、氢能、海洋能、其他）；（2）传统能源的清洁开发利用（挖掘开采、发电技术、煤化工、石油化工等）；（3）高效输、变、配电技术，智能电网；（4）热电联产等多联供技术；（5）镍氢镍镉电池、锂电池、燃料电池等；（6）CO_2捕集、利用和封存；（7）其他
农业	（1）节水旱作农业；（2）户用沼气技术；（3）农业机械；（4）高产抗逆品种（抗旱、抗涝、耐高温、抗病虫害等动植物品种）；（5）环保肥料及科学施肥技术；（6）农药科学使用技术、病虫害防治；（7）改进水稻种植技术、牲畜及粪便管理；（8）养殖技术；（9）水土保持技术；（10）盐碱和渍害治理技术；（11）气候变暖导致家畜疾病的防治；（12）农业防灾减灾；（13）秸秆等农业废弃物利用；（14）其他
林业	（1）植树造林技术；（2）森林抚育管理；（3）森林病虫害监测预警、控制技术；（4）森林防火技术（包括预报、监测、扑救技术）；（5）树种改进技术（包括耐寒、耐旱、抗病虫树种选育）；（6）经济林及能源林管理；（7）木材加工；（8）其他
水资源	（1）生活节水技术与产品；（2）人畜安全饮水技术；（3）雨洪资源化利用技术；（4）污水处理、中水回用、工业水循环利用技术；（5）流域水资源管理技术；（6）人工增雨技术；（7）海水淡化技术；（8）蓄水和保护技术；（9）荒漠化治理技术；（10）其他
卫生健康	（1）疾病防治；（2）热带病防治（疟疾、中暑、登革热等）；（3）安全饮用水和改善卫生条件；（4）灾后卫生防疫；（5）其他
建筑节能减排	（1）节能建筑设计（包括建筑节能改造）；（2）太阳能建筑技术（主动式、被动式、混合式）；（3）建筑节水节电；（4）供热系统和空调系统节能；（5）墙体保温；（6）节能建筑材料；（7）高效照明和采光（包括LED）；（8）其他
工业节能减排（钢铁、建材、电力、化工、轻工）	（1）钢铁领域节能减排技术；（2）建材领域节能减排技术；（3）电力领域节能减排技术；（4）化工领域节能减排技术；（5）制造业领域节能减排技术；（6）轻工领域节能减排技术；（7）能效提高；（8）余热利用；（9）资源回收利用和替代；（10）高效终端电气设备；（11）改良型和替代型生产性技术；（12）其他
商业和民用节能减排	（1）节能冰箱、节能空调、节能电视、节能洗衣机、节能电脑等电器；（2）其他

续表

一级领域	二级领域
防灾减灾	（1）气象预报技术；（2）抗旱技术；（3）防洪防汛技术；（4）其他
基础设施（用于沿海地区预防风暴灾害）	（1）基础设施加固技术；（2）海堤及风暴潮屏障技术；（3）其他
资源环境	（1）环境监测技术；（2）草场植被恢复技术；（3）海洋环境的监测和预警；（4）海洋生态系统保护和恢复技术（红树林栽培、移种和恢复技术，近海珊瑚礁生态系统及沿海湿地保护和恢复技术）（5）应对海平面升高
废弃物利用	（1）填埋甲烷回收；（2）废弃物焚烧；（3）堆肥；（4）回收利用和废弃物最少化；（5）其他
交通	（1）自行车（含电动车自行车）；（2）城市道路排水系统；（3）清洁柴油；（4）其他
其他	—

附录 II 面向发展中国家应对气候变化先进适用技术转移征集表

领域 （单选）	□ 能源　　□ 农业　　□ 林业　　□ 水资源　　□ 卫生健康 □ 建筑节能减排　　□ 工业节能减排　　□ 商用和民用节能减排 □ 防灾减灾　　□ 基础设施　　□ 资源环境　　□ 废弃物利用　　□ 交通
技术名称 （中英对照）	
技术类别 （多选）	□ 技术　　□ 产品或设备　　□ 服务
技术简介 （800字以内） （中英对照）	描述技术（产品设备、服务）的功用、技术指标、特点优势等 1. 功能与用途 2. 主要技术指标 3. 应用范围 a. 文字描述 b. 应用地区自然条件（多选） □ 干旱半干旱地区　　□ 水资源丰富地区　　□ 自然灾害多发区 □ 沿海地区、岛屿　　□ 内陆地区　　□ 山地　　□ 林区 □ 热带地区　　□ 亚热带地区　　□ 温带地区　　□ 普遍适用 c. 应用地区经济要求（多选） □ 经济不发达地区　　□ 经济发展水平中等地区　　□ 经济发展水平较好地区 □ 普遍适用 d. 适用地域（多选） □ 北非　　□ 西非　　□ 中非　　□ 东非　　□ 南非　　□ 东南亚　　□ 南亚 □ 中亚　　□ 西亚　　□ 南美　　□ 加勒比海　　□ 普遍适用 4. 技术特点、优势
技术成熟度 （多选）	□ 已推广应用　　□ 可在发展中国家投入产业化 □ 成熟产品
技术易用程度 （单选）	□ 无需培训，即可使用 □ 需简单培训后，方可使用 □ 需专门培训后，方可使用
使用经济性 （多选）	□ 使用成本低　　□ 首次投入成本高，后期使用成本低

续表

后期维护情况 （单选）	（描述产品设备的后期维护情况，技术、服务不填此项） □免维护　　□可自行维护　　□需培训维护人员或设维护点	
	□维护费低（单独勾选）	
技术来源 （单选）	□自主开发　　□国外引进再开发　　□国际联合开发	
知识产权归属 （单选）	□自有　　□共有　　□其他	
转让现状或意向 （多选）	□已或正向发展中国家转让，受让国家地区 □拟向发展中国家转让，拟转让国家地区	
典型案例 （300字以内） （中英对照）	若已或正向发展中国家转让，简单描述其应用推广情况。	
技术提供方	机构名称（中英）：	
	上级科技管理部门：	
	单位属性：□科研机构　　□设计单位　　□大专院校　　□企业　　□其他	
	联系人（中英）：	电话：
	Email：	
	地址（中英）：	邮编：
	企业规模：（企业填，单选） □小型企业（职工数＜300人，年销售额＜3000万元） □中型企业（职工数300～2000人，年销售额3000万～3亿元） □大型企业（职工数＞2000人，年销售额＞3亿元） （注：大型和中型企业需同时满足所列各项条件的下限指标，否则下划一档）	

附录Ⅲ 适用技术专家评价表

一、技术特性

1. 技术成熟度
□低　　□较低　　□一般　　□较高　　□高

2. 技术实用性
□低　　□较低　　□一般　　□较高　　□高

3. 操作复杂度
□低　　□较低　　□一般　　□较高　　□高

4. 技术的可维护度
□低　　□较低　　□一般　　□较高　　□高

二、技术经济性

1. 投入成本
□低　　□较低　　□一般　　□较高　　□高

2. 维护成本
□低　　□较低　　□一般　　□较高　　□高

3. 预期回报
□低　　□较低　　□一般　　□较高　　□高

4. 就业贡献
□低　　□较低　　□一般　　□较高　　□高

三、技术应用

1. 应用情况
□未在发展中国家应用　　□在少数发展中国家应用（1～2个）　　□一般（3～5个）　　□在多个发展中国家应用（6～10个）　　□在很多发展中国家应用（10个以上）

2. 应用范围
□小　　□较小　　□一般　　□较广　　□广

四、环境效益

1. 环境友好性

□低　　□较低　　□一般　　□较高　　□高

2. 减排适应潜力

□低　　□较低　　□一般　　□较高　　□高

附录Ⅳ 某专项绩效评估专家问卷调查

（说明：除题目中标明多选外，均为单选）

一、个人基本情况

1. 您所属的行业领域：＿＿＿＿＿＿

2. 您所在的单位属于：

（1）科研院所 （2）大专院校 （3）企业（包括转制院所）

（4）其他＿＿＿＿＿＿

3. 您的职称：

（1）正高 （2）副高 （3）中级 （4）初级 （5）其他

4. 您承担、参与或评价过以下南南科技合作项目（多选）

（1）国家国际科技合作专项中与发展中国家合作项目 （2）国家科技援外项目 （3）承办过发展中国家技术培训班 （4）未承担或参与过以上项目

5. 您对于我国参与南南科技合作的了解程度：

（1）不太了解 （2）一般 （3）比较了解 （4）非常了解

二、某专项项目立项与执行情况

6. 您认为项目承担者申请某专项项目的主要目的是（多选）：

（1）落实政府间科技合作议定，推动我国科技外交工作

（2）解决关键技术瓶颈

（3）提升自主创新能力

（4）实施"走出去"战略，通过技术输出，带动市场开拓

（5）提升国际影响

（6）引进国外特有资源和科学数据

（7）培养具有全球视野的科学家和青年人才

（8）到国外进行科学资源调查，获取全球范围的重要科学资源数据

（9）建立稳定的国际合作基地

（10）争取更多的经费支持

（11）其他

7. 从您所参与或评审过的项目来看，您认为开展南南科技合作存在哪些障

碍或问题：

7.1 由外方的因素导致的障碍，请按重要性列出您认为关键的五项：

（1）外方经济、社会发展的落后

（2）外方基础设施配套落后

（3）外方科技水平、能力落后

（4）外方人员科学素养与中方的差距

（5）外方法律法规不完善、市场机制不健全

（6）外方经费投入不足

（7）外方文化背景和思维方式的差异

（8）外方工作效率低下

（9）外方对我方的合作内容的限制，如对中方引进外方自然资源、样本的限制，对中方开展科学调查的限制等

（10）外方合作者人员变动

（11）合作交流不充分

（12）发达国家对合作的干扰

（13）外方政局不稳定或治安不好

（14）其他

7.2 由中方的因素导致的障碍，请按重要性列出您认为关键的五项：

（1）国拨经费的不足

（2）国家对企业走出去的支持政策不足

（3）国家对科技援外存在多头管理

（4）援外人员的待遇保障不到位

（5）海外的工作环境、生活条件差

（6）中方团队与发展中国家合作经验不足

（7）语言障碍

（8）企业走出去的动力不强

（9）单位对援外、走出去的考核激励机制不足

（10）缺少与发展中国家的合作渠道和合作信息

（11）在合作国存在中方其他单位的竞争，扰乱了合作环境和市场秩序

（12）知识产权问题

（13）其他

8. 从您了解的项目来看，您认为南南科技合作项目的执行情况是：

（1）很好 （2）较好 （3）一般 （4）差

三、某专项项目取得的绩效及影响情况

9. 您认为某专项项目的实施有助于推动哪些宏观战略目标的实现（多选）：

（1）配合和促进我国外交战略的实现，落实双边、多边政府间科技合作协定，促进气候变化等国际经济技术谈判和磋商

（2）提高外方的科技水平，促进外方经济社会发展，提高外方应对气候变化、实现可持续发展的能力，使我国的科技发展成果在发展中国家共享，提高我国的国际形象

（3）支持科研机构、大学、企业走出去，推动我国技术、产品、标准输出，促进国际产能合作，提升我国科技的国际影响力

（4）有效利用全球科技资源、人才，有效利用外方科技资源，提高我国科技水平，提升我国自主创新能力

（5）提升我国科技的国际影响、国际地位，在全球性关键能源、资源利用方面占据重要的位置

（6）其他

10. 总体上看，您认为某专项项目的投入产出效率情况如何：

（1）很高 （2）较高 （3）一般 （4）较低

11. 总体上看，某专项项目有哪些突出成效（多选）：

（1）引进或利用了国外特有资源

（2）推动了周边外交、"一带一路"等我国外交战略实施

（3）推动了海外发展中国家市场的开拓

（4）培养了具有全球视野的科学家和青年人才

（5）提升我国在发展中国家科技话语权

（6）配合了国家领导人出访、磋商等重大外交活动

（7）参与全球变化研究、观测等基础科学研究，提高了基础研究水平

（8）促进了国际产能合作

（9）其他

12. 总体上看，某专项项目取得的经济效益情况（多选）：

（1）开发了新品种、新产品、新工艺，并取得了显著的经济效益

（2）在周边科技合作的带动下，促进了周边省份科技和经济发展

（3）推动了我国技术、产品出口和对外直接投资

（4）其他

13. 总体上看，某专项项目对于走出去的推动作用情况（多选）：

（1）促进了我国技术、产品在发展中国家应用推广

（2）促进了我国的技术标准在发展中国家应用

（3）在发展中国家建立了联合实验室、技术示范基地、农业科技园

（4）在发展中国家建立了合资或独资企业

14. 总体上看，某专项项目引进和利用国外资源情况（多选）：

（1）获得了国外重要的科学数据

（2）获取、引进了国外特有资源

（3）利用了国外特有的研究设施、条件

（4）引进了国外关键设备、特有技术、模型、方法

（5）其他

15. 从总体上看，通过某专项项目的实施，我国科技界主要引进、利用了发展中国家的：

（1）农业信息分布

（2）生物种质资源、动植物样本

（3）地质和矿产数据、样本及资源分布信息

（4）气象、水文等全球变化科学数据

（5）环境遥感数据、污染分布

（6）卫生健康领域的科学数据、样本

（7）其他

16. 总体上看，某专项项目优化国际合作环境的情况（多选）：

（1）与发展中国家合作伙伴建立了长期稳定的国际合作关系

（2）开拓了国际科技合作新渠道

（3）建立了国际合作基地

（4）形成了一批熟悉发展中国家合作的优秀团队

（5）形成了一批熟悉发展中国家合作的"走出去"联盟

（6）发起以我为主的、发展中国家参与的多边国际科学研究计划（项目）

（7）其他

17. 总体上看，某专项项目的实施对外方科技、经济、社会、产业发展的推

动作用如何：

17.1 对合作外方科技发展的作用（多选）：

（1）我国的先进适用技术在外方推广应用

（2）帮助合作外方培养了一批科研和技术人才

（3）提高合作外方实验室科研条件

（4）提高了外方制定科技战略、规划、政策的能力

（5）提高了外方的科技管理水平

17.2 对合作外方产业发展的作用（多选）：

（1）带动促进了合作方农业的发展

（2）带动促进了合作方工业的发展

（3）带动促进了合作方服务业的发展

（4）带动促进了合作方新兴产业的发展

（5）以上均不明显

17.3 对合作外方经济、社会发展的作用（多选）：

（1）给合作外方带来经济效益

（2）增加政府税收

（3）增加当地就业

（4）提高居民收入

（5）改善地当卫生健康水平

（6）以上均不明显

17.4 对合作外方环境改善和应对气候变化的作用（多选）：

（1）防止了环境恶化，提高了环境质量

（2）提高了外方防灾减灾能力

（3）提高了外方能源利用率和清洁能源使用率

18.总体上看，某专项项目组织管理情况如何（多选）：

（1）建立健全管理制度

（2）项目管理机制与国际接轨

（3）进行有效的项目组织实施

（4）进行有效的知识产权保护

（5）经费使用合理、管理规范

（6）建立完备的数据库、资料库和技术档案

（7）其他

四、南南科技合作的影响因素

19. 您认为对我国在发展中国家开展科技援助的影响因素主要有（请填五项）：

20. 您认为对我国与发展中国家开展合作研究的影响因素主要有（请填五项）：

21. 您认为对我国开展援外技术培训的影响因素主要有（请填五项）：

五、对某专项项目的评价及建议

22. 请您对某专项实施在以下几个方面所发挥的作用给出综合判断：

对服务国家外交战略的作用：
（1）很大　（2）较大　（3）一般　（4）不明显

对促进提升我与发展中国家双边关系的作用：
（1）很大　（2）较大　（3）一般　（4）不明显

对提升我国科技水平，促进科技发展的作用：
（1）很大　（2）较大　（3）一般　（4）不明显

对促进我国经济发展的作用：
（1）很大　（2）较大　（3）一般　（4）不明显

对促进我国社会发展的作用：
（1）很大　（2）较大　（3）一般　（4）不明显

对提升我国科技的国际影响力作用：
（1）很大　（2）较大　（3）一般　（4）不明显

对提升我国在发展中国家科技话语权的作用：
（1）很大　（2）较大　（3）一般　（4）不明显

对促进企业走出去的作用：
（1）很大　（2）较大　（3）一般　（4）不明显

23. 您对某专项的政策导向和项目管理机制的了解程度如何：
（1）熟悉　（2）较熟悉　（3）不熟悉

24. 您认为现行的某专项项目管理各环节的合理性情况：

立项评审：（1）合理　（2）较合理　（3）不合理　（4）不了解
年度进展报告：（1）合理　（2）较合理　（3）不合理　（4）不了解
中期检查：（1）合理　（2）较合理　（3）不合理　（4）不了解

结题验收：（1）合理 （2）较合理 （3）不合理 （4）不了解

25.从您所了解的项目看来，项目过程管理中应重点关注下列哪些问题（多选）：

（1）没有开展实质性的合作研究

（2）单纯购买国外的专利许可，没有进行消化吸收和再创新

（3）国外合作者的水平较低

（4）与其他科技计划的重复资助

（5）合作中没有合理分享知识产权

（6）没有有效地引进和利用国外资源

（7）合作中我方重要资源和数据流失

（8）专项经费用于与本项目无关的其他用途

（9）合作中引进人才成效不明显

（10）合作中人才培养成效不明显

（11）合作中我方缺乏吸引合作外方的优势和特点

（12）其他

附录Ⅴ 科技援外项目绩效专家评价表

一、项目的基本信息

项目编号：_____

合作国别：_____

项目状态（请填写在研、完成、终止）：

中方单位数量：高校____个、科研机构____个、企业____个、其他____个

外方单位数量：高校____个、科研机构____个、企业____个、其他____个

二、项目实施对合作外方的效益（由中方填写根据实施情况填写）

1. 通过技术合作，合作外方对中方转移技术的掌握程度：

□弱　　□较弱　　□不明显　　□一般　　□较好　　□好　　□很好

2. 示范技术、产品、标准在外方的推广应用情况

□无推广应用

□在合作伙伴机构内部推广应用

□在试验地所在城市范围内推广应用

□在合作国省域内推广应用

□在合作国全国或全行业推广应用

3. 通过项目合作，为培养外方人才情况

（1）短期培训：____人

（2）长期培训（连续6个月以上）：____人

4. 在合作对象国共建技术示范基地____个、联合实验室/联合研究中心____个，科技园区____个。

5. 帮助合作方编制了相关领域的科技规划____份、科技政策____份、科学调查评估报告____份、技术标准____份。外方参与完成了____%。

6. 通过技术合作，给合作外方带来的直接经济收益年均____万美元，项目完成以后3年内的预期经济收益年均____万美元（如项目仍处于执行中，请写未来3年的预期年均经济效益）。

7. 通过项目实施，带动当地就业人数____人。

8. 如有援赠实验仪器、设备，请填写援赠仪器、设备金额____万元人民币。

9. 通过设备援赠、实验室更新改造等，帮助外方提升实验室科研设施水平情况：

（1～7表示外方实验室科研设施水平提升情况，1代表援助前外方的水平，7代表你单位当前的实验室科研设施水平，请填写相应数字，没有请填无）

10. 通过技术合作，提升合作外方的科技管理水平情况：

（1～7表示提升合作外方的科技管理水平情况，1代表援助前外方的水平，7代表你单位当前的科技管理水平，请填写相应数字）

三、项目实施对中方的效益（请根据中方情况填写）

（一）外交政治效益

1. 合作方政府对执行效果的认可度：项目执行效果是否得到了合作方政府部门或国际组织的肯定？如果是，请填写得到哪一层级外方官员的认可：

（可填写受援国国家领导、部长省长、司长、地方行政长官等，如果没有请不填写）

2. 执行效果是否得到了合作国当地主流媒体的宣传报道：　　□是　　　□否

3. 我国政府对执行效果的认可度：项目执行效果是否得到我国政府部门的认可？如果是，项目执行效果得到了我国政府哪一个层级官员的认可：

□国家领导人　　□省部级领导　　□司局厅级领导　　□处级官员 □其他

（二）对走出去的促进作用

4. 向发展中国家输出技术　　项，关键设备　　台，技术标准　　个。

5. 输出的技术、产品、经验等受到合作国的欢迎

□不受欢迎　　□比较不受欢迎　　□一般　　□比较欢迎　　□非常欢迎

6. 通过项目实施带动我国企业走出去情况

（1）通过技术合作，带动＿＿＿家企业走出去

（2）通过技术合作，推动中方在合作国设立合资或独资企业＿＿＿个

（3）项目执行期间，中方技术、产品在当地的出口额（销售额）年均＿＿＿万美元

（三）科技效益

7. 为中方培养了解发展中国家的人才数量＿＿＿人（含员工、博士、硕士）

8. 发表论文情况：

（1）国外学术论文＿＿＿篇

（2）国内论文＿＿＿篇

9. 申请专利情况：

（1）申请国外发明专利＿＿＿个

（2）申请国内发明专利＿＿＿个

10. 获取利用了外方科技资源

（1）领域（可多选）：

□地质　□矿产　□气象　□水文　□农业　□环境　□卫生健康

（2）类型（可多选）：

□科学数据　□样本　□资源分布信息　□生物种质资源

（3）数量：物种数＿＿＿个、样本量＿＿＿个、数据量＿＿＿G

（四）项目的可持续性

11. 项目完成后，是否得到了外方政府、企业或国际组织的进一步资金支持？如果是，支持金额＿＿＿万美元；如果否，本题不填。

12. 项目完成后，是否得到了我国政府、企业的进一步资金支持？如果是，支持金额＿＿＿万元人民币；如果否，本题不填。

13. 通过技术合作，是否与其他外方机构建立了联系并促成了合作（此处的外方机构包括合作对象国的其他机构、其他发展中国家的机构、国际组织等）？如果是，机构数＿＿＿个；如果否，本题不填。

四、实施效益的定性评价

在下面每个题目的右侧，请根据您对相关陈述的同意程度，选择一个相应的数字，填在括号里。

1	2	3	4	5	6	7
非常不同意	不同意	有点不同意	中立	有点同意	同意	非常同意

编号	问题	非常不同意 → 非常同意
一、项目实施对合作外方的社会环境产业效益		
1	项目实施帮助外方减少了贫困，提高了当地居民的收入	1　2　3　4　5　6　7
2	项目实施改善了当地卫生健康水平	1　2　3　4　5　6　7
3	项目实施提高了当地生态环境质量	1　2　3　4　5　6　7
4	项目实施提高了当地农业适应气候变化能力	1　2　3　4　5　6　7
5	项目实施缓解了当地水资源短缺问题	1　2　3　4　5　6　7

续表

6	项目实施提高了当地的防灾减灾能力	1	2	3	4	5	6	7
7	项目实施提高了当地能源利用率和清洁能源使用率	1	2	3	4	5	6	7
8	项目实施带动了合作外方农业的发展	1	2	3	4	5	6	7
9	项目实施带动了合作外方工业的发展	1	2	3	4	5	6	7
10	项目实施带动了合作外方服务业的发展	1	2	3	4	5	6	7
11	项目实施带动了合作外方新兴产业的发展	1	2	3	4	5	6	7
二、项目实施对中方的效益								
1	项目实施促进了我国双边、多边外交工作和国际化战略（如"一带一路"、周边外交）的实施	1	2	3	4	5	6	7
2	项目实施提升了我国的国际形象和影响力	1	2	3	4	5	6	7
3	项目实施促进我国经济发展方式转变与产业结构转型升级	1	2	3	4	5	6	7
4	项目实施促进了我国国际产能输出	1	2	3	4	5	6	7
5	项目实施促进了我国自主创新能力提升	1	2	3	4	5	6	7
6	通过项目实施推动了我国企业走出去，开拓发展中国家市场	1	2	3	4	5	6	7
7	合作方民众对项目实施效果非常认可	1	2	3	4	5	6	7
8	通过技术合作，了解掌握了合作国该领域的科技、产业发展需求	1	2	3	4	5	6	7
9	通过技术合作，了解掌握了合作国相关法律法规和政策、文化风俗	1	2	3	4	5	6	7
10	通过技术合作与外方政府部门形成了良好稳定的合作关系	1	2	3	4	5	6	7
11	通过技术合作与外方科研机构、大学形成了良好稳定的合作关系	1	2	3	4	5	6	7
12	通过技术合作与外方企业形成了良好稳定的合作关系	1	2	3	4	5	6	7

感谢您对此次调研工作的支持！

附录Ⅵ 文献检索发展中国家和发达国家名单

附表 6.1 主要发展中国家地区名单

国家	检索词	地区	大洲	国家	检索词	地区	大洲
文莱	BRUNEI	东南亚	亚洲	柬埔寨	CAMBODIA	东南亚	亚洲
印度尼西亚	INDONESIA	东南亚	亚洲	老挝	LAOS	东南亚	亚洲
马来西亚	MALAYSIA	东南亚	亚洲	缅甸	MYANMAR	东南亚	亚洲
菲律宾	PHILIPPINES	东南亚	亚洲	泰国	THAILAND	东南亚	亚洲
越南	VIETNAM	东南亚	亚洲	朝鲜	NORTH KOREA	东亚	亚洲
孟加拉国	BANGLADESH	南亚	亚洲	不丹	BHUTAN	南亚	亚洲
印度	INDIA	南亚	亚洲	马尔代夫	MALDIVES	南亚	亚洲
尼泊尔	NEPAL	南亚	亚洲	巴基斯坦	PAKISTAN	南亚	亚洲
斯里兰卡	SRI LANKA	南亚	亚洲	巴林	BAHRAIN	西亚	亚洲
伊朗	IRAN	西亚	亚洲	伊拉克	IRAQ	西亚	亚洲
约旦	JORDAN	西亚	亚洲	科威特	KUWAIT	西亚	亚洲
黎巴嫩	LEBANON	西亚	亚洲	阿曼	OMAN	西亚	亚洲
巴勒斯坦	PALESTINE	西亚	亚洲	卡塔尔	QATAR	西亚	亚洲
沙特阿拉伯	SAUDI ARABIA	西亚	亚洲	叙利亚	SYRIA	西亚	亚洲
阿联酋	U ARAB EMIRATES	西亚	亚洲	阿富汗	AFGHANISTAN	中亚	亚洲
哈萨克斯坦	KAZAKHSTAN	中亚	亚洲	吉尔吉斯斯坦	KYRGYZSTAN	中亚	亚洲
塔吉克斯坦	TAJIKISTAN	中亚	亚洲	土库曼斯坦	TURKMENISTAN	中亚	亚洲
乌兹别克斯坦	UZBEKISTAN	中亚	亚洲	埃及	EGYPT	北非	非洲
利比亚	LIBYA	北非	非洲	摩洛哥	MOROCCO	北非	非洲
苏丹	SUDAN	北非	非洲	布隆迪	BURUNDI	东非	非洲
吉布提	DJIBOUTI	东非	非洲	厄立特里亚	ERITREA	东非	非洲
埃塞俄比亚	ETHIOPIA	东非	非洲	肯尼亚	KENYA	东非	非洲
卢旺达	RWANDA	东非	非洲	塞舌尔	SEYCHELLES	东非	非洲
索马里	SOMALIA	东非	非洲	坦桑尼亚	TANZANIA	东非	非洲
乌干达	UGANDA	东非	非洲	安哥拉	ANGOLA	南非	非洲
博茨瓦纳	BOTSWANA	南非	非洲	科摩罗	COMOROS	南非	非洲

续表

国家	检索词	地区	大洲	国家	检索词	地区	大洲
莱索托	LESOTHO	南非	非洲	马达加斯加	MADAGASCAR	南非	非洲
马拉维	MALAWI	南非	非洲	毛里求斯	MAURITIUS	南非	非洲
莫桑比克	MOZAMBIQUE	南非	非洲	纳米比亚	NAMIBIA	南非	非洲
南非	SOUTH AFRICA	南非	非洲	斯威士兰	SWAZILAND	南非	非洲
赞比亚	ZAMBIA	南非	非洲	津巴布韦	ZIMBABWE	南非	非洲
贝宁	BENIN	西非	非洲	布基纳法索	BURKINA FASO	西非	非洲
佛得角	CAPE VERDE	西非	非洲	冈比亚	GAMBIA	西非	非洲
加纳	GHANA	西非	非洲	几内亚	GUINEA	西非	非洲
科特迪瓦	IVORY COAST	西非	非洲	利比里亚	LIBERIA	西非	非洲
马里	MALI	西非	非洲	毛里塔尼亚	MAURITANIA	西非	非洲
尼日尔	NIGER	西非	非洲	尼日利亚	NIGERIA	西非	非洲
塞内加尔	SENEGAL	西非	非洲	塞拉利昂	SIERRA LEONE	西非	非洲
多哥	TOGO	西非	非洲	喀麦隆	CAMEROON	中非	非洲
乍得	CHAD	中非	非洲	刚果	CONGO	中非	非洲
加蓬	GABON	中非	非洲	阿根廷	ARGENTINA	美洲	美洲
巴哈马	BAHAMAS	美洲	美洲	巴巴多斯	BARBADOS	美洲	美洲
伯利兹	BELIZE	美洲	美洲	巴西	BRAZIL	美洲	美洲
智利	CHILE	美洲	美洲	哥伦比亚	COLOMBIA	美洲	美洲
古巴	CUBA	美洲	美洲	多米尼克	DOMINICA	美洲	美洲
厄瓜多尔	ECUADOR	美洲	美洲	萨尔瓦多	EL SALVADOR	美洲	美洲
格林纳达	GRENADA	美洲	美洲	海地	HAITI	美洲	美洲
洪都拉斯	HONDURAS	美洲	美洲	墨西哥	MEXICO	美洲	美洲
尼加拉瓜	NICARAGUA	美洲	美洲	巴拿马	PANAMA	美洲	美洲
巴拉圭	PARAGUAY	美洲	美洲	秘鲁	PERU	美洲	美洲
乌拉圭	URUGUAY	美洲	美洲	委内瑞拉	VENEZUELA	美洲	美洲
斐济	FIJI	南太岛国	南太岛国	基里巴斯	KIRIBATI	南太岛国	南太岛国
所罗门群岛	SOLOMON ISLANDS	南太岛国	南太岛国	汤加	TONGA	南太岛国	南太岛国
瓦努阿图	VANUATU	南太岛国	南太岛国	保加利亚	BULGARIA	东欧	欧洲
克罗地亚	CROATIA	东欧	欧洲	乌克兰	UKRAINE	东欧	欧洲

附表 6.2　主要发达国家/地区名单

国家/地区	检索词	国家/地区	检索词	国家/地区	检索词
美国	USA	以色列	ISRAEL	希腊	GREECE
加拿大	CANADA	瑞典	SWEDEN	新加坡	SINGAPORE
英国	ENGLAND	俄罗斯	RUSSIA	匈牙利	HUNGARY
德国	GERMANY	中国台湾	TAIWAN	葡萄牙	PORTUGAL
法国	FRANCE	比利时	BELGIUM	捷克共和国	CZECH REPUBLIC
日本	JAPAN	丹麦	DENMARK	爱尔兰	IRELAND
意大利	ITALY	波兰	POLAND	威尔士	WALES
澳大利亚	AUSTRALIA	奥地利	AUSTRIA	罗马尼亚	ROMANIA
荷兰	NETHERLANDS	芬兰	FINLAND	斯洛文尼亚	SLOVENIA
韩国	SOUTH KOREA	挪威	NORWAY	北爱尔兰	NORTH IRELAND
瑞士	SWITZERLAND	土耳其	TURKEY	斯洛伐克	SLOVAKIA
西班牙	SPAIN	新西兰	NEW ZEALAND	冰岛	ICELAND
苏格兰	SCOTLAND	塞浦路斯	CYPRUS		

附录Ⅶ 气候变化南南科技合作问题与影响因素调查问卷

一、个人基本情况

1. 您所属的行业领域：_____
2. 您所在的单位属于：
（1）科研院所 （2）大专院校 （3）企业（包括转制院所）
（4）其他 _____
3. 您的职称：
（1）正高 （2）副高 （3）中级 （4）初级 （5）其他
4. 您承担或参与过以下气候变化南南科技合作项目（多选）
（1）国家国际科技合作专项中与发展中国家合作项目
（2）国家科技援外项目
（3）承办过发展中国家技术培训班
（4）未承担或参与过以上项目
5. 您对于我国参与气候变化南南科技合作的了解程度：
（1）不太了解 （2）一般 （3）比较了解 （4）非常了解

二、从您所参与或了解的项目来看，您认为开展气候变化南南科技合作存在哪些障碍或问题：

1. 由外方的因素导致的障碍，请按重要性列出您认为关键的五项：
（1）外方经济、社会发展的落后
（2）外方基础设施配套落后
（3）外方科技水平、能力落后
（4）外方人员科学素养与中方的差距
（5）外方法律法规不完善、市场机制不健全
（6）外方经费投入不足
（7）外方文化背景和思维方式的差异
（8）外方工作效率低下
（9）外方对我方的合作内容的限制，如对中方引进外方自然资源、样本的限制，对中方开展科学调查的限制等
（10）外方合作者人员变动

（11）合作交流不充分

（12）发达国家对合作的干扰

（13）外方政局不稳定或治安不好

（14）其他

2. 由中方的因素导致的障碍，请按重要性列出您认为关键的五项：

（1）国拨经费的不足

（2）国家对企业走出去的支持政策不足

（3）国家对科技援外存在多头管理

（4）援外人员的待遇保障不到位

（5）海外的工作环境、生活条件差

（6）中方团队与发展中国家合作经验不足

（7）语言障碍

（8）企业走出去的动力不强

（9）单位对援外、走出去的考核激励机制不足

（10）缺少与发展中国家的合作渠道和合作信息

（11）在合作国存在中方其他单位的竞争，扰乱了合作环境和市场秩序

（12）知识产权问题

（13）其他

三、气候变化南南科技合作的影响因素

1. 您认为对我国开展气候变化科技援助的影响因素主要有（请填五项）：

（1）

（2）

（3）

（4）

（5）

2. 您认为对我国与发展中国家开展气候变化合作研究的影响因素主要有（请填五项）：

（1）

（2）

（3）

（4）

（5）

致　　谢

　　本书是在国家重点基础研究发展计划（973 计划）（课题编号 2010CB955804）、国家科技支撑计划项目（课题编号 2012BAC20B09）支持下完成的。科技部国际合作司和社会科技发展司对研究工作及书稿的编写工作给予了大力支持。北京理工大学科技评价与创新管理研究中心在绩效评估、文献计量等方面给予了理论和技术支持。相关合作案例研究工作得到了国家国际科技合作专项办公室的支持，同济大学、中国科学院南京地理与湖泊研究所、中国农业科学院、山东省农业科学院等单位提供了大量案例素材。我国气候变化适用技术征集遴选工作得到了相关国家部委、中央企业和中央级科研院所科技管理部门，以及各地方科技管理部门的大力支持。书中涉及的问卷、评价指标、方面设计等得到了有关国际科技合作管理专家的支持。在此对所有支持和参与本研究工作及书稿编写的领导、专家、朋友和课题组成员表示感谢！